西北旱区生态水利学术著作丛书

变化环境下渭河流域
水资源演变与配置

畅建霞　高　凡　王义民　著

科学出版社
北　京

内 容 简 介

本书针对渭河流域水资源供需矛盾日益加剧的现象,开展变化环境下流域水资源演变与配置研究。首先分析径流对气候和土地利用变化的响应,通过评价流域健康状况重构流域健康需水量,在此基础上构建基于"三条红线"最严格水资源管理制度的水资源合理配置模型,通过求解获得不同水平年的配置方案。本书对气候变化和人类活动影响下流域水资源管理具有重要的理论和实践意义。

本书可供水文与水资源工程、生态环境工程等相关专业的科研和管理人员参考使用,也可供大专院校相关专业的师生参考。

图书在版编目(CIP)数据

变化环境下渭河流域水资源演变与配置/畅建霞,高凡,王义民著.—北京:科学出版社,2017.3

(西北旱区生态水利学术著作丛书)

ISBN 978-7-03-051934-4

Ⅰ.①变… Ⅱ.①畅…②高…③王… Ⅲ.①渭河-流域-水资源-演变-研究 Ⅳ.①TV211.1

中国版本图书馆 CIP 数据核字(2017)第 040450 号

责任编辑:祝 洁 / 责任校对:赵桂芬
责任印制:徐晓晨 / 封面设计:迷底书装

科 学 出 版 社 出版
北京东黄城根北街 16 号
邮政编码:100717
http://www.sciencep.com

北京厚诚则铭印刷科技有限公司 印刷
科学出版社发行 各地新华书店经销

*

2017 年 3 月第 一 版 开本:720×1000 1/16
2018 年 4 月第二次印刷 印张:22 1/2
字数:450 000

定价:145.00 元
(如有印装质量问题,我社负责调换)

总　序　一

　　水资源作为人类社会赖以延续发展的重要要素之一,主要来源于以河流、湖库为主的淡水生态系统。这个占据着少于1‰地球表面的重要系统虽仅容纳了地球上全部水量的0.01%,但却给全球社会经济发展提供了十分重要的生态服务,尤其是在全球气候变化的背景下,健康的河湖及其完善的生态系统过程是适应气候变化的重要基础,也是人类赖以生存和发展的必要条件。人类在开发利用水资源的同时,对河流上下游的物理性质和生态环境特征均会产生较大影响,从而打乱了维持生态循环的水流过程,改变了河湖及其周边区域的生态环境。如何维持水利工程开发建设与生态环境保护之间的友好互动,构建生态友好的水利工程技术体系,成为传统水利工程发展与突破的关键。

　　构建生态友好的水利工程技术体系,强调的是水利工程与生态工程之间的交叉融合,由此促使生态水利工程的概念应运而生,这一概念的提出是新时期社会经济可持续发展对传统水利工程的必然要求,是水利工程发展史上的一次飞跃。作为我国水利科学的国家级科研平台,"西北旱区生态水利工程省部共建国家重点实验室培育基地(西安理工大学)"是以生态水利为研究主旨的科研平台。该平台立足我国西北旱区,开展旱区生态水利工程领域内基础问题与应用基础研究,解决了若干旱区生态水利领域内的关键科学技术问题,已成为我国西北地区生态水利工程领域高水平研究人才聚集和高层次人才培养的重要基地。

　　《西北旱区生态水利学术著作丛书》作为重点实验室相关研究人员近年来在生态水利研究领域内代表性成果的凝炼集成,广泛深入地探讨了西北旱区水利工程建设与生态环境保护之间的关系与作用机理,丰富了生态水利工程学科理论体系,具有较强的学术性和实用性,是生态水利工程领域内重要的学术文献。丛书的编纂出版,既是重点实验室对其研究成果的总结,又对今后西北旱区生态水利工程的建设、科学管理和高效利用具有重要的指导意义,为西北旱区生态环境保护、水资源开发利用及社会经济可持续发展中亟待解决的技术及政策制定提供了重要的科技支撑。

中国科学院院士　王光谦

2016年9月

总　序　二

　　近 50 年来全球气候变化及人类活动的加剧,影响了水循环诸要素的时空分布特征,增加了极端水文事件发生的概率,引发了一系列社会-环境-生态问题,如洪涝、干旱灾害频繁,水土流失加剧,生态环境恶化等。这些问题对于我国生态本底本就脆弱的西北地区而言更为严重,干旱缺水(水少)、洪涝灾害(水多)、水环境恶化(水脏)等严重影响着西部地区的区域发展,制约着西部地区作为"一带一路"国家战略桥头堡作用的发挥。

　　西部大开发水利要先行,开展以水为核心的水资源-水环境-水生态演变的多过程研究,揭示水利工程开发对区域生态环境影响的作用机理,提出水利工程开发的生态约束阈值及减缓措施,发展适用于我国西北旱区河流、湖库生态环境保护的理论与技术体系,确保区域生态系统健康及生态安全,既是水资源开发利用与环境规划管理范畴内的核心问题,又是实现我国西部地区社会经济、资源与环境协调发展的现实需求,同时也是对"把生态文明建设放在突出地位"重要指导思路的响应。

　　在此背景下,作为我国西部地区水利学科的重要科研基地,西北旱区生态水利工程省部共建国家重点实验室培育基地(西安理工大学)依托其在水利及生态环境保护方面的学科优势,汇集近年来主要研究成果,组织编纂了《西北旱区生态水利学术著作丛书》。该丛书兼顾理论基础研究与工程实际应用,对相关领域专业技术人员的工作起到了启发和引领作用,对丰富生态水利工程学科内涵、推动生态水利工程领域的科技创新具有重要指导意义。

　　在发展水利事业的同时,保护好生态环境,是历史赋予我们的重任。生态水利工程作为一个新的交叉学科,相关研究尚处于起步阶段,期望以此丛书的出版为契机,促使更多的年轻学者发挥其聪明才智,为生态水利工程学科的完善、提升做出自己应有的贡献。

中国工程院院士

2016 年 9 月

总　序　三

　　我国西北干旱地区地域辽阔、自然条件复杂、气候条件差异显著、地貌类型多样，是生态环境最为脆弱的区域。20 世纪 80 年代以来，随着经济的快速发展，生态环境承载负荷加大，遭受的破坏亦日趋严重，由此导致各类自然灾害呈现分布渐广、频次显增、危害趋重的发展态势。生态环境问题已成为制约西北旱区社会经济可持续发展的主要因素之一。

　　水是生态环境存在与发展的基础，以水为核心的生态问题是环境变化的主要原因。西北干旱生态脆弱区由于地理条件特殊，资源性缺水及其时空分布不均的问题同时存在，加之水土流失严重导致水体含沙量高，对种类繁多的污染物具有显著的吸附作用。多重矛盾的叠加，使得西北旱区面临的水问题更为突出，急需在相关理论、方法及技术上有所突破。

　　长期以来，在解决如上述水问题方面，通常是从传统水利工程的逻辑出发，以人类自身的需求为中心，忽略甚至破坏了原有生态系统的固有服务功能，对环境造成了不可逆的损伤。老子曰"人法地，地法天，天法道，道法自然"，水利工程的发展绝不应仅是工程理论及技术的突破与创新，而应调整以人为中心的思维与态度，遵循顺其自然而成其所以然之规律，实现由传统水利向以生态水利为代表的现代水利、可持续发展水利的转变。

　　西北旱区生态水利工程省部共建国家重点实验室培育基地（西安理工大学）从其自身建设实践出发，立足于西北旱区，围绕旱区生态水文、旱区水土资源利用、旱区环境水利及旱区生态水工程四个主旨研究方向，历时两年筹备，组织编纂了《西北旱区生态水利学术著作丛书》。

　　该丛书面向推进生态文明建设和构筑生态安全屏障、保障生态安全的国家需求，瞄准生态水利工程学科前沿，集成了重点实验室相关研究人员近年来在生态水利研究领域内取得的主要成果。这些成果既关注科学问题的辨识、机理的阐述，又不失在工程实践应用中的推广，对推动我国生态水利工程领域的科技创新，服务区域社会经济与生态环境保护协调发展具有重要的意义。

中国工程院院士

2016 年 9 月

前　言

　　渭河是黄河的第一大支流,是陕西人民的"母亲河"。渭河流域物华天宝、人杰地灵,孕育了千年华夏文明。历史上的渭河流域气候温润、水草丰茂、沃野千里,但近年来上游水土流失、中游水污染、下游河道淤积等问题日趋严重,生态环境持续恶化,小水大灾成为常态。2011 年,陕西省实施了渭河综合治理工程。该工程以改善生态环境为根本,以节水、治污和水资源优化配置为重点,在水资源开发利用方面的基本思路是:节水优先、适度开源、调水补充和优化配置。为了实现渭河流域综合治理目标,水利部 2011 年设立了公益性行业科研专项《渭河流域水资源合理配置及生态问题研究》,该项目由西安理工大学和陕西省水资源管理办公室共同承担,历时 3 年完成。

　　水资源短缺已成为制约渭河流域经济社会可持续发展的全局性、基础性问题,当前需要关注的具体科学问题包括:过去五十年中,尤其是近二三十年,流域水资源变化的原因是什么;未来气候变化下水资源又将如何响应;如何根据最严格水资源管理制度的要求对有限的水资源进行合理利用。解决这些问题是保障流域水资源安全的前提。本书针对渭河流域水资源开发利用问题,结合流域气候变化和人类活动影响,分析径流对气候和土地利用变化的响应过程;通过评价流域健康状况重构流域健康需水量,在此基础上研究基于"三条红线"最严格水资源管理制度下的水资源合理配置方案。

　　本书内容丰富、结构清晰,理论与实践结合紧密,对研究和指导渭河流域水资源优化配置及综合治理具有重要的学术价值和实用性,同时也对气候变化和人类活动影响下流域水资源系统的规划、管理、开发利用和环境生态保护具有重要的理论与实践意义。

　　多年来,课题组成员间相互帮助、联合攻关,完成了课题研究和本书撰写。畅建霞等撰写第 1 章、第 8~12 章,王义民等撰写第 2~5 章、第 13 章,高凡等撰写第 6 章、第 7 章。西安理工大学黄强教授、刘登峰副教授、白涛博士为本书的出版提出了宝贵意见,硕士研究生霍磊、黎云云、张鸿雪、袁梦、阚艳彬、郭爱军、陈昱潼、孙佳宁、翟城武、朱悦璐、赵静、雷江群和魏洁等也参编了本书的部分章节,在此深表感谢!

　　本书的出版得到了许多单位、同行以及专家的大力相助,在此表示衷心的感谢!

目　　录

总序一

总序二

总序三

前言

第1章　绪论···1

　1.1　研究背景及意义···1

　1.2　国内外研究进展···3

　　1.2.1　气候变化对水资源的影响···3

　　1.2.2　人类活动对流域水资源的影响···9

　　1.2.3　水资源配置研究进展···10

　　1.2.4　河流健康评价研究进展···12

　1.3　研究内容···16

第2章　渭河流域概况及基本资料···18

　2.1　自然地理概况···18

　　2.1.1　地理位置···18

　　2.1.2　地形地貌···18

　　2.1.3　河流水系···18

　　2.1.4　植被土壤···20

　2.2　水文气象特征···20

　2.3　社会经济及水资源概况···21

　　2.3.1　社会经济情况···21

　　2.3.2　水资源分区及水资源量···22

　　2.3.3　水资源开发利用情况···24

　2.4　基本资料···27

　　2.4.1　气象及水文资料···27

　　2.4.2　土地利用及土壤数据···28

　　2.4.3　主要水利工程···28

　　2.4.4　陕西省引汉济渭工程···31

第3章　渭河流域气象水文要素及土地利用变化分析···································32

　3.1　渭河流域水文气象要素演变规律···32

3.1.1 降水演变规律 ………………………………………………… 32

3.1.2 蒸发演变规律 ………………………………………………… 36

3.1.3 气温演变规律 ………………………………………………… 37

3.1.4 径流演变规律 ………………………………………………… 39

3.2 渭河流域未来降水、气温变化研究 ……………………………… 44

3.2.1 CMIP5 模式数据处理及排放情景简介 ……………………… 44

3.2.2 统计降尺度研究 ……………………………………………… 45

3.2.3 降水模拟结果分析 …………………………………………… 49

3.2.4 气温模拟结果分析 …………………………………………… 51

3.2.5 渭河流域未来降水、气温变化 ……………………………… 52

3.3 渭河流域土地利用变化特征分析 ………………………………… 61

3.3.1 不同时期土地利用类型构成 ………………………………… 61

3.3.2 土地利用变化率 ……………………………………………… 62

3.3.3 土地利用转移矩阵 …………………………………………… 63

3.3.4 渭河流域土地利用变化驱动力分析 ………………………… 66

第 4 章 气候变化和人类活动对径流影响的研究 ……………………… 68

4.1 研究方法 …………………………………………………………… 68

4.2 TOPMODEL 分布式水文模型 …………………………………… 69

4.2.1 TOPMODEL 模型的原理 …………………………………… 70

4.2.2 TOPMODEL 模型的结构 …………………………………… 74

4.3 VIC 分布式水文模型 ……………………………………………… 75

4.4 SWAT 分布式水文模型 …………………………………………… 81

4.4.1 水文循环的陆地过程 ………………………………………… 82

4.4.2 水文循环的水面过程 ………………………………………… 85

第 5 章 渭河流域气候变化和人类活动对径流的影响研究 …………… 87

5.1 基于水文统计法的气候变化和人类活动对径流的影响 ………… 87

5.1.1 累积径流量变化曲线 ………………………………………… 87

5.1.2 累积降水量、累积蒸发量变化曲线 ………………………… 89

5.1.3 气候变化和人类活动对径流量的影响 ……………………… 89

5.2 基于 TOPMODEL 模型的泾河流域气候变化和人类活动对径流的
    影响 ……………………………………………………………… 90

5.2.1 TOPMODEL 模型数据库的建立 …………………………… 90

5.2.2 基于 DEM 的水文参数提取 ………………………………… 92

5.2.3 气候变化和人类活动对径流影响的定量分析 ……………… 96

5.3 基于 SWAT 模型的渭河流域气候变化和人类活动对径流的影响 …… 98

5.3.1 SWAT 分布式水文模型的本地化构建··

5.3.2 气候变化和人类活动对径流影响的定量分析·······················

5.3.3 流域径流量演变的归因分析···

5.3.4 径流对气候和土地利用变化的响应过程·································

5.4 渭河流域未来径流变化 ··

5.4.1 植被参数 ···

5.4.2 土壤参数 ···

5.4.3 模型输入汇流文件 ··

5.4.4 基准期模型参数率定 ···

5.4.5 渭河流域未来径流变化 ···

第 6 章 渭河流域系统健康评价 ···

6.1 概述 ···

6.2 渭河流域主要生态环境问题 ··

6.3 渭河流域系统健康的概念和标志 ··

6.3.1 渭河流域系统健康的概念 ··

6.3.2 渭河流域系统健康的标志 ··

6.4 渭河流域系统健康评价对象与评价尺度 ·······································

6.5 渭河流域系统健康评价指标体系构建 ··

6.5.1 指标体系构建原则 ··

6.5.2 基于"压力-状态-响应"模型的河流健康评价指标体系框架········

6.5.3 基于粗糙集和极大不相关法的渭河健康关键影响因子识别方法·····

6.5.4 渭河流域健康评价指标体系建立 ·· 1

6.6 渭河流域系统健康评价标准 ·· 1

6.7 渭河流域系统健康评价模型 ·· 1

6.7.1 权重的确定 ·· 17

6.7.2 综合评价模型的选择 ·· 17

6.7.3 评价结果 ··· 18

第 7 章 渭河流域系统健康流量重构 ·· 191

7.1 概述 ·· 191

7.2 河流健康流量重构的基本原理 ·· 191

7.2.1 流量与河流健康的关系 ··· 191

7.2.2 河流生态水文季节 ·· 192

7.2.3 水量平衡原理 ··· 192

7.3 渭河流域生态保护目标的识别及与流量的对应关系 ················· 192

7.4 不同功能需求流量过程的推求 ·· 195

7.4.1　生态基础流量与适宜生态流量 ················· 196

7.4.2　自净流量 ················· 200

7.4.3　输沙需水量 ················· 202

7.4.4　水生生物生存需水流量 ················· 203

7.5　渭河流域不同保护目标下健康流量过程重构 ················· 207

7.6　计算结果的合理性分析 ················· 210

第8章　基于"三条红线"的渭河流域水资源合理配置理论基础 ················· 213

8.1　水资源合理配置的目标 ················· 213

8.2　"三条红线"概念 ················· 213

8.2.1　"三条红线"的提出 ················· 213

8.2.2　"三条红线"之间的关系 ················· 214

8.2.3　基于"三条红线"的水资源合理配置原则 ················· 215

8.3　基于"三条红线"渭河流域水资源配置基本条件 ················· 216

8.3.1　水资源开发利用红线控制 ················· 216

8.3.2　用水效率红线控制 ················· 222

8.3.3　限制纳污控制 ················· 223

第9章　基于"用水效率控制红线"的渭河流域需水量预测 ················· 226

9.1　渭河流域经济社会发展指标分析 ················· 226

9.1.1　陕西省渭河流域经济社会发展总体部署 ················· 226

9.1.2　人口与城镇化 ················· 226

9.1.3　国民经济各行业发展主要指标 ················· 227

9.1.4　农业发展预测 ················· 228

9.1.5　生态环境建设目标 ················· 230

9.2　渭河流域需水量预测 ················· 230

9.2.1　基本需水预测 ················· 230

9.2.2　基于用水效率控制红线的需水预测 ················· 232

9.2.3　引汉济渭工程受水区主要城市及工业园区需水预测 ················· 235

第10章　现状年渭河流域水量水质耦合配置模型及结果 ················· 239

10.1　渭河流域水量水质耦合配置模型建立及求解 ················· 239

10.1.1　河流概化及节点图 ················· 239

10.1.2　渭河流域水质水量耦合配置模型建立 ················· 241

10.1.3　约束条件 ················· 243

10.2　现状水平年方案设置及配置结果 ················· 245

10.2.1　方案设置 ················· 245

10.2.2　配置结果 ················· 245

第 11 章　规划水平年渭河流域水资源配置结果 ·············· 257

　11.1　规划水平年渭河流域水量水质耦合配置模型建立············· 257

　　11.1.1　水资源配置节点图············· 257

　　11.1.2　水资源配置模拟原则············· 261

　11.2　水资源配置方案设置及结果分析············· 263

　　11.2.1　方案设置 ············· 263

　　11.2.2　2020 水平年配置结果 ············· 264

　　11.2.3　2030 水平年配置结果 ············· 286

第 12 章　渭河流域水资源合理配置方案综合评价 ·············· 308

　12.1　评价目的及准则············· 308

　　12.1.1　社会合理性准则············· 308

　　12.1.2　生态环境合理性准则············· 309

　　12.1.3　效率合理性准则············· 309

　　12.1.4　经济合理性准则············· 309

　　12.1.5　资源合理性准则············· 309

　12.2　评价指标的选取············· 311

　　12.2.1　目标层············· 311

　　12.2.2　准则层············· 311

　　12.2.3　指标层············· 311

　12.3　综合评价模型选取············· 313

　　12.3.1　单层次模糊优选模型············· 313

　　12.3.2　多层次模糊优选模型············· 315

　12.4　渭河流域水资源合理配置综合评价结果分析············· 315

　　12.4.1　指标权重············· 315

　　12.4.2　评价模型结果 ············· 319

　　12.4.3　评价结果合理性分析············· 323

第 13 章　结论 ·············· 326

参考文献·············· 329

第1章 绪　　论

1.1　研究背景及意义

　　水是人类生存和发展过程中不可替代的基础性自然资源,是一切生物的生命之源,是构成生态环境的关键性要素。受气候变化和人类活动的双重影响,全球范围内各种尺度上的流域产汇流过程发生了剧烈变化,导致大多数河流的径流过程发生变化。在气候方面,二氧化碳浓度由 18 世纪的 280mg/kg 增加到 2011 年的 391mg/kg,其他温室气体如甲烷和氧化亚氮的浓度也已达 1803mg/kg 和 324mg/kg,3 种气体浓度分别超出工业化时代以前的 40%、150% 和 20%;地球表面的平均温度在过去一百年间(1906~2005 年)升高了 0.74℃,其中过去五十年(1956~2005 年)的增长速率约为过去一百年的 2 倍(IPCC,2007a;IPCC,2007b),与此同时,全球降水也发生了显著变化。联合政府气候变异专门委员会(Intergovernmental Panel on Climate Change, IPCC)的评估报告指出:气候变化与其他因素间相互作用对流域生态水文循环过程造成了不可恢复的负面影响;气候变化对全球水资源的响应程度随河流地理位置不同而呈现出不同的变化趋势:高纬度地区的河流年平均径流量增加了 10%~40%,而中纬度地区的河流年平均径流量减少了 10%~30%(刘昌明等,2008)。中国气候变化趋势与全球气候变化趋势大致相同,自 20 世纪中期以来,全国年平均气温上升趋势尤为明显,上升幅度略高于同期的全球平均气温。全国年平均降水量增加,但波动幅度减小,且不同区域的降水季节分布差异明显。90 年代以后,长江以南地区夏季降水显著增加,而西北和东北地区夏季降水却明显减少(宋晓猛等,2013)。气候系统的能量平衡遭到破坏,导致自然环境演化发生变异,造成冰川融化、海平面上升,极端天气和水文事件(如洪水、干旱等)频发(张强等,2011;夏军等,2011)。近五十年来,我国极端气候事件频频发生,强度增大。例如,在 1952~2007 年,我国连续出现了 15 个全国性暖冬(夏军等,2015;陈峪等,2009)。在此背景下,我国六大江河的径流量均出现整体下降趋势。

　　与此同时,全球气候变化伴随着剧烈的人类活动,土地利用的改变导致覆被发生变化,大规模水利工程的修建以及水土保持工程改变了流域下垫面的状态,影响了水资源循环的蒸发、入渗和产汇流等,改变了流域水资源循环过程。土地利用或覆被变化作为流域下垫面变化的主要表现形式,是引起流域相应地表物理过程发生剧烈变化的主要诱因,与其他环境要素的综合作用直接或间接地影响着流域水文循环过程(Alvaro et al.,2015;Meneses et al.,2015;曾思栋等,2014;Alejandro et al.,

2007)。土地利用或覆被变化虽与自然环境的演变有关,但更与不断增强的人类活动息息相关(张翔等,2014;刘纪远等,2014;董磊华等,2012)。20世纪以来,随着人口的剧增和经济的快速发展,大面积的植树造林、农田开垦、围湖造田、城镇道路建设等人类活动改变了相应区域的土地利用或覆被现状,进而改变了区域的截留、蒸散发、下渗和产流等水循环过程,对流域水资源的转化、形成和时空分布产生了剧烈影响(郝振纯等,2014;刘晓燕等,2014;周凤岐等,2005)。

在气候变化和人类活动双重影响的变化环境下,河川径流量呈递减趋势。另外,随着社会经济的发展以及工业化、城镇化进程的加快,各行业对水资源的需求越来越大,由此引起的水资源短缺已经成为社会经济发展亟待解决的问题。近年来,我国出台了许多有关水资源利用和保护的管理制度。2002年颁布的《中华人民共和国水法》中明确规定了"国家对用水实行总量控制与定额管理相结合的制度";2009年召开的全国水利工作会议上,提出了实行最严格水资源管理制度的要求;2011年中央一号文件和中央水利工作会议明确要求实行最严格水资源管理制度,确立了水资源开发利用控制、用水效率控制和水功能区限制纳污"三条红线"(王义民等,2015;左其亭等,2011)。

受气候变化和人类活动的影响,下垫面改变,我国水资源情势和格局发生了较大变化,其中西北地区近三十年来径流变化尤为显著。我国西北地区处于干旱、半干旱地带,降水稀少,蒸发能力为降水量的4~10倍,水资源短缺,生态环境脆弱,合理开发和有效利用水资源是西部大开发的关键因素。同时,该地区也是气候变化的敏感区域,气候变化对区域的生态过程、水文循环和水资源有显著的影响。

处于西北地区的渭河是黄河第一大支流,流经甘肃、宁夏及陕西三省(自治区),被誉为陕西人民的"母亲河"。历史上,渭河曾是陕西省关中地区的重要航道,并担负着经济最为发达地区的灌溉任务,在中华文明形成和发展中发挥着重要作用,现在渭河流域仍然是我国重要的工业、农业、国防和科研教育基地。然而,作为西北典型的干旱、半干旱区域,渭河流域气候变暖趋势明显,对流域水循环造成了强烈影响;另外,人类活动极大地改变了传统的流域水循环模式,导致河川径流量显著减少,从而由缺水衍生出一系列诸如以"上游水少、中游水脏、下游泥水淤积"为标志的水生态环境问题,尤其是近五十年来,恶化趋势进一步加快(左德鹏等,2013;武玮等,2012;穆兴民,2000)。

水资源短缺已发展成为制约渭河流域经济社会可持续发展的全局性、基础性问题,当前需要关注的具体科学问题包括:过去五十年中,尤其是近二三十年,流域水资源变化的原因是什么;未来气候变化条件下流域水资源又将如何响应;如何根据最严格水资源管理制度对有限的水资源进行合理利用。解决这些问题是保障流域水资源安全的前提,由于流域水文响应、水资源系统本身的复杂性,相关的研究仍不能满足现实管理的需求,在气候变化和人类活动双重影响下,迫切需要加强相关基础性研究。

本书以渭河流域为例,开展变化环境下流域水资源演变规律研究,分析径流对气候和土地利用变化的响应过程。同时,针对渭河流域治理开发中出现的问题和特点,通过评价渭河流域系统健康状况,重构流域健康需水量及其过程,在此基础上研究基于"三条红线"最严格水资源管理制度下的水资源合理配置,研究成果不仅对气候变化和人类活动影响下流域水资源评价和管理具有重要的理论、实践意义,而且对于解决与工业、农业和城市发展等经济领域密切相关的水文水资源系统的规划管理、开发利用和环境生态保护等问题具有重要的现实意义,可为社会经济可持续发展提供科学依据。

1.2 国内外研究进展

1.2.1 气候变化对水资源的影响

目前,气候变化对流域水资源的影响研究主要分为两类:①历史气候变化对水资源的影响,该类研究主要侧重于当前水文气象要素的变化特征,通过对历史径流演变规律及归因因素进行分析,定量分离出气候变化对流域水资源的影响程度和贡献率;②未来气候变化对水资源的影响,这类研究注重于分析流域径流对未来气候变化的响应。针对这两种不同类型,其研究方法也有所不同。

1. 历史气候变化对水资源的影响

气候变暖是无可争辩的事实,政府间气候变化专门委员会在第四次评估报告中指出,过去一百年(1906~2005 年)全球地表平均温度升高 0.74℃±0.18℃,而最近五十年的变暖速率(0.13℃±0.03℃)是过去一百年的近两倍(IPCC,2007a)。全球变暖将加快区域的水循环,从而影响流域的径流过程,也有可能导致洪涝和干旱的发生(IPCC,2007b;2001)。因此,历史气候变化对流域水文的影响已成为学术界关注的热点问题之一,也是人类社会经济可持续发展所面临的巨大挑战之一。自 20 世纪 80 年代起,关于历史气候变化对水文水资源影响的研究已经在国内外积累了很多丰富的研究成果(Rong et al.,2015;邵霜霜等,2015;贺瑞敏等,2015;胡彩虹等,2013;Liu et al.,2011;Oberhänsli et al.,2011;Gautam et al.,2010;IPCC,2007b)。从研究方法和研究思路上,可以将其概括为以下两大类:①利用气候水文要素的历史资料进行时间序列分析;②采用水文模型模拟研究人类活动时期相对于天然时期的径流变化量,来表征历史气候变化对水资源的影响程度。

1)时间序列分析

时间序列分析方法基于长序列气候水文要素的观测资料来分析各要素在历史

演变过程中的变化特征,主要采用数理统计的方法来研究不同要素之间的关系。Roos 在 1987 年利用此方法首次发现了加利福尼亚州北部主要河流径流量的变化,并通过研究 4 条主要河流 1906~1990 年的径流量后认为,春季融雪径流的降低与降水和温度的季节变化有关;Cayan 等(2001)研究了美国西部 1957~1994 年的春季气温与径流的关系,结果表明,春季气温的上升是引起春季径流降低的主要原因;Wang 等(2007)认为黄河利津站径流降低量 51%,是由恩索(ENSO)现象引起的;Xu 等(2008)的研究表明:长江三峡以下流域夏季降水和径流量有所增加,而秋季降水和径流量下降明显;Chen 等(2009)研究了我国塔里木河上游 1958~2004 年气候水文要素的时空变化特征,得出结论:20 世纪 80 年代中期,流域温度和降水量开始显著升高,90 年代是过去五十多年中温度最高的时期,90 年代以后阿克苏河的径流量增加了 10.9%;Xu 等(2010)在塔里木河利用 1960~2007 年的观测资料研究温度与径流的关系后得出:温度对径流的影响取决于季节和位置,在山区由于融雪和冰川融化,温度对径流量的增加有积极作用,而在平原,由于夏季蒸发量的增加,温度对径流有消极作用;Xue 等(2011)利用波谱分析法研究了湄公河 1950~2005 年径流与气候变化的关系,认为中下游地区的径流量与印度洋季风的变化相关;刘志方等(2014)运用交叉小波对黑河上游野牛沟气象站 1959~2010 年和祁连气象站 1957~2010 年年降水(AP)与年均气温(AAT)、北极涛动指数(AOI)和莺落峡站(1944~2010 年)的年均径流量(AAR)进行了多尺度分析,结果表明:AOI 存在 3~5 年尺度的显著周期,AAT 存在 3 年尺度的显著周期,AP 存在 3 年和 4~6 年尺度的显著周期,AAR 存在 3 年、2.5~4 年和 5 年比较显著的周期,黑河上游径流的增加主要是受"暖湿"气候影响,降水和气温是影响径流变化的主导因素;杨鹏鹏等(2015)选取南水北调西线工程引水区 5 个水文站与相应气象站近 50 年径流、降水、温度和日照时间序列资料,首先对自相关性显著水平 5%的序列进行去白化处理,运用 MK 法进行趋势检验和突变分析,并通过 Pearson 法(Pearson,1982)和双累积曲线图形法对结果进行验证,结果表明:虽然引水区年径流量变化趋势总体不明显,但气候变化是流域径流量变化的主要影响因素。

　　2) 水文模型模拟

　　该类方法主要是在降水径流要素趋势变化分析的基础上划分天然时期和人类活动时期,利用天然时期数据资料建立水文模型,模拟研究人类活动时期相对于天然时期径流的变化量来表征气候变化对流域水循环要素的影响量(徐宗学,2010)。常用的水文模型有三大类:一是系统模型,二是集总式概念性水文模型,三是分布式水文模型。发展的趋势是从集总式的概念性模型向分布式水文模型发展。

　　系统模型是将研究流域作为一个整体,利用输入与输出资料,建立某种关系式。常用的模型有统计回归模型和人工神经网络模型等。王钊(2004)根据基准期的数据建立降水-径流一元回归方程,输入人类活动影响期间的降水求解人类活动影响期间的天然径流量;杨新等(2005)利用无定河流域 1956~1971 年的年径流量、年蒸发量、年降水量和年均气温实测记录建立多元线性回归模型,模拟 1972 年以来的天然径流量。

概念性水文模型是以水文现象的物理概念和一些经验公式为基础构造的,它把流域的物理基础(如下垫面等)进行概化,再结合水文经验公式近似地模拟流域水流过程。目前世界上公认的概念性水文模型很多,如 AWBM(澳大利亚水量平衡模型)、SIMHYD(水文模拟模型)、SARC(萨克拉门托模型)、SMAR(土壤湿度计算及演进模型)、TANK(水箱模型)等。在国外,Nemec 等(1982)较早应用概念性流域水文模型分析了气候变化对干旱和湿润地区径流的影响;Mimikou 等(1997)用月水量平衡模型 WBUDG 分析了 CO_2 倍增情景下希腊北部 Aliakmon 河水资源量的变化;在国内,贺瑞敏等(2007)介绍了 AWBM 的结构及计算原理,并利用黄河中游伊洛河流域天然时期的降水径流资料对该模型进行了率定,基于天然月流量过程模拟,分析了环境变化对该流域径流量的影响;王国庆等(2006)将 SIMHYD 模型应用在汾河和三川河流域,应用流域"天然"时期的水文、气象资料率定了模型参数,通过水文模拟还原了人类活动影响期间的天然径流量,进而分析流域径流情势的变化原因(沈大军等,2010);同时,王国庆将 6 个集总式概念性水文模型[AWBM、SIMHYD、SARC、SMAR、TANK、YRWBM(黄河水量平衡模型)]和 2 个分布式水文模型(SWAT 模型和 VIC 模型)应用在三川河和清涧河流域,系统地对比分析了它们在三川河和清涧河流域的应用效果,结果表明:在所有使用的水文模型中,YRWBM 模型和 SMIHYD 模型的模拟效果相对较好,并且 YRWBM 模型具有更简洁的结构和更少的参数(宋进喜等,2004)。

分布式水文模型是全面考虑降水和下垫面不均匀性的模型,通过气象、土壤状况、土地利用、植被和地形等资料确定参数,能够模拟流域径流量、土壤水分含量和蒸散发量等(王浩等,2015;许继军等,2007;刘昌明等,2003)。目前应用较多的分布式水文模型有 SHE(system hydrologic european)、SWAT(soil and water assessment tool)和 VIC(variable infiltration capacity)模型等。夏军等(2008)建立大尺度分布式月水量平衡模型,将模型应用于长江上游的 7 个区间,模拟结果表明模型精度较高,最后应用分布式月水量平衡模型定量识别气候变化及人类活动对流域径流变化的贡献率;黄粤等(2009)利用 MIKE SHE 模型,以开都河流域为研究对象,结合气象、土壤类型、土地利用、地表覆盖、数字高程和降水等资料,对模型进行率定和验证,结果表明 MIKE SHE 模型能模拟开都河流域日径流过程;韩瑞光等(2009)利用 GBHM 模型,将永定河山区 1956~1997 年的降水和水面蒸发系列作为模型的输入计算降水产流量,评价下垫面变化对流域水资源量的影响;丁相毅等(2010)利用 1980~2005 年资料率定和验证 WEPL 模型的参数,并将大气环流模式与之耦合,模拟基准期(1961~1990 年)和 60 年以后(2021~2050 年)的降水、蒸发和径流值,分析变化规律;邓晓宇等(2015)采用 HSPF 水文模型定量分析了1971~1980 年、1981~1990 年、1991~2000 年、2001~2005 年 4 个时段该流域气候变化和人类活动对径流的影响,结果表明:气候变化对径流的影响在 20 世纪 70 年代和 21 世纪初期处于较低水平,在 20 世纪 80~90 年代处于较高水平。

2. 未来气候变化对水资源的影响

未来气候变化对水资源系统的影响研究内容,主要是流域气温、降水、蒸发等与流域径流的关系,预测径流可能的增减趋势及其对未来气候的响应。国内外关于未来气候变化对流域水资源影响的研究较多(郭生练等,2015;唐芳芳等,2012;Merz et al.,2011;汪美华等,2003;Sulzman et al.,1995)。该类方法的研究内容主要有两个部分:一是未来气候情景设定,二是流域水文模型选择。将气候情景作为流域水文模型的输入条件,以此模拟分析量化气候变化对水文水资源的影响。按照气候情景的不同类型,未来气候变化对流域水资源的影响研究主要有两类:①利用假定的降水变化和增温情景的不同组合,即假定气候情景分析未来气候变化对流域水资源的影响;②通过全球气候模式(global climate model,GCM)或者局域气候模式(region climate model,RegCM)获得各种气候模式下的气候变化情景数据,然后输入到水文模型中进行模拟量化分析。

1) 假设气候情景法

该气候情景模式根据未来气候变化范围,任意给定气温等气候要素的变化值。例如,假定年平均气温升高 1℃、2℃、3℃ 等,年降水量增加或者减少 5%、10%、15% 等,或者不同要素之间的组合方案,进行流域水资源对气候变化敏感性的研究。英爱文等(1996)采用假设气候情景,假设温度上升 0℃、1℃、2℃、3℃、4℃ 和降水变化为 0、±10%、±20%,采用 WETBAL 水量平衡模型分析了辽河流域水资源对气候变化的敏感性。Xu(2000)采用假设气候情景,分别假定温度上升 1℃、2℃、4℃ 和降水 ±10%、±20%,并使用水量平衡模型,模拟研究了瑞典 25 个流域的气候变化情况,结果表明冬季径流增大,春季和夏季径流减少。贾仰文等(2008)应用 WEPL 模型分析了气温和降水变化对黄河源区年、月径流过程的影响,设定了气温和降水变化的 8 个情景方案(假定气温变化 ±1℃、±2℃,降水量变化 ±10%、±20%),进行了模拟和对比分析,结果表明:年径流量和年内各月径流量对气温变化的响应情况不同。气温增高会引起年径流量减少,每年 5~10 月径流由于蒸发增大而有较明显地减少,但每年 11 月至翌年 4 月径流受积雪融雪及冻土入渗能力变化的影响会有增加。金君良等(2013)利用十套情景数据驱动大尺度分布式 VIC 模型,分析了黄河源区未来径流和土壤含水量的可能变化,结果表明:黄河源区年平均气温呈显著上升的趋势,高于全球地表平均升温速率;日最低气温比日平均气温和日最高气温增加显著;年降水量呈微弱增加趋势,年径流量呈微弱减少趋势,二者变化趋势都不显著。

2) 全球环流模式气候情景法

基于 GCM 的气候情景输出法即利用 GCM 的模拟结果生成未来的气候变化情景,是目前进行气候变化预估最主要的工具。GCM 能相当好地模拟出一些大尺度因子,如高层大气场、近地气温和大气环流。但是由于目前 GCM 输出的空间分辨率较低(一般为 50000km²),不能反映流域尺度的气候特点和区域内部的差异,很难对区域气候情景做合理的预测。降尺度法已被广泛用于弥补 GCM 在这方面的不足(刘昌明等,2012)。目前,常用的降尺度方法有三种:动力降尺度法、统计降尺度法和统计-动力相结合的方法。动力降尺度最早由美国学者 Dickinson 等(1989)在 20 世纪 80 年代提出,该方法是利用长系列观测资料,建立、验证大尺度气候要素和区域气候要素之间的统计关系并加以应用,来预估区域未来的气候变化情景(如气温和降水)。无论是统计降尺度还是动力降尺度,都需要有 GCM 模型提供的大尺度气候信息,降尺度的过程如图 1.1 所示。表 1.1 给出了动力、统计和动力-统计相结合三种降尺度方法的优缺点。

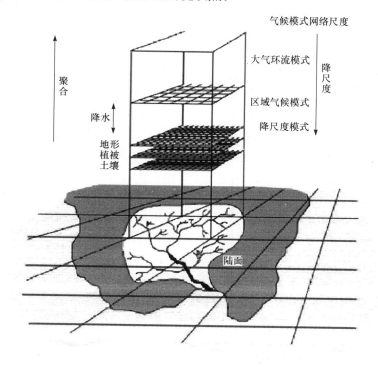

图 1.1 降尺度过程示意图

表 1.1 动力、统计和动力-统计相结合三种降尺度方法的对比分析

对比项目	优点	缺点
动力降尺度法	分辨率较高；较好地表示地形、地表状况等	计算量大，区域模式的性能受 GCMs 提供的边界条件的影响较大，区域耦合模式在应用于不同的区域时需要重新调整参数
统计降尺度法	计算量小；能将 GCMs 输出中物理意义较好的气候信息应用于统计模式；不仅能够模拟地面气候信息，而且还能够模拟非气候要素场	需要足够的观测资料；不能应用于大尺度气候要素与区域气候要素相关不明显的区域
统计-动力相结合法	集合了统计降尺度法和动力降尺度法的优点	空间分辨率受区域模式的限制；降低了时间变率，因为有限的环流分型并不能代表所有的天气现象

基于 GCM 气候情景开展未来气候变化对流域水资源的影响研究，即尝试将水文模型和气候模式二者耦合，对水循环中各要素进行影响分析，定量预估流域径流量对未来气候变化的响应。在国外，Gleick(1987)在 Thornthwaite 等建立的水量平衡模型基础上修改了模型，并将修改后的模型应用到评估气候变化对水资源系统的影响上。以美国加州萨克拉门多流域为研究实例，根据各种不同的 GCMS 模型输出的气温和降水数据，应用修改后的水量平衡方程研究了该流域气候变化对水文情势的影响；Chiew 等(1994)利用日降水径流模型 MODHYDROLOG 结合不同的 GCM 数据，对澳大利亚 28 个代表性流域进行了气候变化对径流的模拟研究；Dvorak 等(1997)采用 BILAN 水量平衡模型、SACRAMENTO(SAC-SMA)模型及 CLIRIJN 水量平衡模型，以及三种全球气候模式 GCM(GISS、GFDL 及 CCCM)，对捷克共和国的四个流域进行了气候变化对径流的影响研究；Middelkoop 等(2001)使用 RHINEFLOW 水量平衡模型，研究 Rhine 流域 UKHI 和 XC-CCGCM 数据，结果显示：冬季流量增加、夏季流量相对减少，但其蒸发是增加的；Christensen 等(2004)采用美国能源中心的大气研究并行气候模式(PCM)数据，驱动 VIC 水文模型，研究克罗里达流域径流对 2010～2039 年、2040～2069 年和 2070～2080 年三个阶段气候变化的响应状况；Fairweather(1999)基于 GCM 输出结果，驱动 SIMHYD 和 GR4J 模型，模拟雅鲁江年/月径流未来(约 2030 年)气候条件的响应。在国内，袁飞等(2005)应用大尺度陆面水文模型、可变下渗能力模型(VIC)与区域气候变化影响研究模型 PRECIS 耦合，对气候变化情景下海河流域水资源的变化趋势进行预测；曾思栋等(2013)基于 SWAT 模型，根据 IPCC 第四次评估报告多模式结果，分析了 IPCCSRES-A2、A1B 和 B1 情景下 2050 年以前降水、气温、径流和蒸发的响应过程；郭生练等(2015)基于 Budyko 水热耦合平衡假

设,选用 BCC-CSM1-1 全球气候模式和 RCP4.5 排放情景,把未来气候要素预估值与 LS-SVM 统计降尺度方法相耦合,预测长江流域未来的气温、降水和径流变化情况。

1.2.2 人类活动对流域水资源的影响

人类社会的发展使其对地球表面的干扰程度日益加剧,各种人类活动诸如土地利用变化、灌溉、水利工程、水保措施等,都直接或间接地对全球或区域水资源产生重要影响(Tang et al.,2011;Zhang et al.,2009;夏军等,2008;王浩等,2005)。如何细分量化人类活动对水资源的影响,是水文学的前沿课题,也是长期以来未能解决的难点问题。

早期的国内外相关研究基本上都是采用水文统计的方法量化人类活动影响。例如,Bosch 等(1982)总结了 94 个小流域关于植被盖度对径流的影响后得出:植被盖度的增加或减少将会导致年径流的减少或增加,当松树林、阔叶林面积增加 10% 时,径流量将会分别减少 40mm 和 25mm;Keppeler 等(1990)对 21 年的观测资料进行了研究,结果表明:砍伐花旗松次生林和红木林产生的径流效应与前期降水条件相关;Sahin 等(1996)用线性回归法分析了 145 次试验资料得出:植被盖度降低 10% 时,针叶林和桉树林的径流量分别增加 20mm 和 6mm;姚治君等(2003)根据潮白河五个水文站 1956 年以来的径流资料,利用基准期的实测降水和径流资料的平均值,建立反映近似天然状况的降水径流模式,计算出各个不同时段的降水、实测径流和计算径流(天然径流)的平均值,分析了人类活动对径流的影响;孙宁等(2007)以潮河密云水库上游流域为研究对象,利用双累积曲线将 1961~2005 年的年降水-径流关系演变划分为三个阶段,并对不同时段进行了人类活动量化分析;曹明亮等(2008)据丰满五道沟以上流域的具体情况,将研究序列分为六个时段,分别建立降水-径流相关关系,并就水利工程建设和下垫面变化对径流变化的影响做了定量分析;孙天青等(2010)建立基准期降水-径流的相关关系,定量地计算出降水和人类活动对径流变化的影响;郭巧玲等(2014)利用王道恒塔和温家川两个水文站的实测降水、径流资料,应用 MK 秩相关系数、R/S 分析和降水-径流双累积曲线法等多种数值模型方法,分析了窟野河径流年际变化特征、径流变化趋势、降水变化以及人类活动对径流变化的影响,结果表明:影响最剧烈的阶段为 1997~2010 年,该阶段人类活动对径流减少的影响所占比例在两个水文站分别高达 80.48% 和 93.62%,人类活动的加剧是导致窟野河径流量锐减的主要原因;王彦君等(2015)采用累积距平、有序聚类等方法,对松花江干流 6 个水文站 1955~2010 年径流量序列进行了分析,应用累积量斜率变化率比较方法,在不考虑蒸散影响时定量估算了不同阶段降水和人类活动对径流量的贡献率,结果表明:与基准期相比,之后三个时期降水对径流量的贡献率为 26%~35%、0.1%~10% 和

25%～43%,而人类活动对径流量的贡献率分别为 65%～74%、90%～99.9%和57%～75%,即人类活动是松花江流域径流量变化最主要的影响因素。

随着水文模型的发展,研究者们开始结合水文模型,考虑对多种影响因素进行人类活动水文效应的综合研究,也取得了一些进展(杨大文等,2015;Zhang et al.,2010;王浩等,2003)。Guo 等(2008)利用 SWAT 模型研究了鄱阳湖信江河流域年、季径流对气候变化和土地利用的响应,结果表明:与土地利用相比,气候变化对年径流的影响程度较大,而土地利用模式对季节径流的影响较大;欧春平等(2009)利用 SWAT 模型定量分析海河流域土地利用/覆被变化对蒸发、径流等水循环要素的影响,研究表明:土地利用/覆被变化对 SWAT 模型水循环模拟结果的影响也很大,人类活动对于海河流域的影响总体上是流域蒸发量在增加,而地表与地下径流和土壤水量在减少;Zhang 等(2012)在现有土地利用的基础上,基于 CLUE-S 模型预测 2030 年的土地利用状况,利用 VIC 模型研究土地利用对多银屏流域径流的影响,结果表明:森林覆被对径流减少率为 6%,汛期径流对土地利用(植树造林或森林砍伐的响应)的敏感性大于非汛期;刘学锋等(2013)采用 HBV 模型还原了人类活动影响期间滦河流域天然径流量,识别了气候变化、人类活动对滦河流域人类活动影响期间径流的定量影响程度;Chang 等(2014)基于 VIC 模型,研究了气候和人类活动对渭河流域径流的影响,发现人类活动(水土保持、大型灌区)对径流的影响大于气候对其的影响,相对于 20 世纪 60 年代而言,70～90 年代和 21 世纪初期,人类活动对径流的减少率分别占 64%、72%、47%和 90%。

关于流域水资源对人类活动的响应研究虽已取得一些有价值的研究成果,但由于水文系统的过程与机制复杂,目前的研究尚处于初级阶段。因此,在未来的研究中还需做很多努力来揭示水文要素对人类活动的响应机理,以便为水资源安全、生态环境及社会经济的可持续发展提供保障。

1.2.3　水资源配置研究进展

水资源合理配置研究的发展,与水资源的持续利用和人类社会协调发展密不可分,其内涵可理解为水资源配置的范围、目标、原则、措施、阶段性和效应(董增川等,2001)。Masse 等(1962)提出的水库优化调度问题,揭开了采用系统分析方法进行水资源合理配置的研究工作。此后,众多学者经过大量的实际研究,在水资源优化配置方面取得了丰硕的研究成果。国内外水资源配置发展历程虽然不尽相同,但大体均经历了“就水论水”的水资源规划、基于宏观经济的水资源规划、面向生态的水资源规划、广义的水资源规划以及水资源与水环境的综合管理规划等五大主要的水资源配置模式(周祖昊等,2009)。

国外方面,自 Masse 提出水库优化调度问题后,水资源配置研究工作进入逐步完善、发展阶段。20 世纪 60 年代初期,美国科罗拉多州的几所高校对计划需水量的估算以及满足未来需水要求的途径进行了研究。之后,随着数学规划技术和模拟技术在水资源学科的应用,水资源合理配置的研究成果也进入了蓬勃发展阶段。Norma 等(1971)联合作物生成模型以及随机规划模型,对区域季节性的灌溉用水分配问题进行了多方面的研究;其后,Marks(1971)和 Cohon(1974)对水资源优化配置中多目标优化问题进行求解;Yeh(1985)把系统分析方法用在水库调度和管理研究中;Wills(1984)应用线性规划理论求解了1个地表水库与4个地下水含水单元构成的地表水、地下水运行管理问题,其目标为供水费用最小或供水不足情况下缺水损失最小,并且利用 SUMT 法求解了1个水库与地下水含水层的联合管理问题。

20世纪90年代以来,由于水污染和水生态环境日益恶化,传统的以供水量和经济效益最大为水资源优化配置目标的模式已不能满足实际需要,水质与生态环境效益约束以及水资源的可持续利用研究等目标逐渐被加入到水资源配置模型中(Reza et al.,2014;Maja et al.,2003)。Afzal 等(1992)针对地区的灌溉系统建立线性规划模型,并对问题进行优化模拟,体现了水质水量联合优化配置的思想。Whipple(1998)提出了以"沟通与协调"为特点的水资源配置理念;Mckinney 等(2002)提出了基于 GIS 系统(OOGIS)的水资源模拟系统框架,进行了流域水资源配置研究的尝试;Reza(2015)通过多目标最优分配模型分配区域水资源,协调社会、经济和生态环境之间的关系。

需要提到的是,优化算法因其求解的优越性与有效性,在水资源配置中也得到了广泛应用(Chang et al.,2013;Tang et al.,2011;Zitzler et al.,2000;Wardlaw et al.,1999)。Villarreal 等(1982)将动态规划算法、神经网络以及模拟退火算法应用到了水库群建模研究方面;Cai 等(2001)把人工智能技术中的神经网络和模糊数学应用于水资源系统的控制决策,结果表明:基于人工智能的模型模拟要比其他优化方法快十倍左右;Han(2012)将自适应遗传算法及模糊约束算法应用到水库操作中,其模型具有科学、适用性高等特点;Zhou(2014)将调度规则与水库优化调度相结合确定水库引水方案,实现水资源的优化配置。

国内在水资源配置方面的研究虽然起步较晚,但发展十分迅速。20世纪60年代,我国开始了以水库优化调度为先导的水资源分配研究。70年代以来,水资源规划和管理的目标,从单一的经济目标逐步转移到统筹考虑经济、社会和环境要求的多目标上(徐斌,2015;王偲,2012;吴泽宁,1990)。程吉林等(1991)采用模拟技术和正交设计对灌区水资源进行合理规划,利用层次分析法扩大了优化范围;黄牧涛等(2004)将大系统分解协调技术应用到云南曲靖灌区,研究了区域水资源合理配置问题。

21世纪初,许新宜、王浩和谢新民等在我国华北地区开展了关于区域水资源配置理论以及相关战略等研究,这些成果说明我国在水资源合理配置相关理论与方法体系方面取得了突出进展(谢新民等,2002;许新宜等,1997);畅建霞等(2001)将改进的遗传算法应用到水库优化调度中,方法简便、快速,可避免水库优化调度中的维数灾,为快速实现水资源的优化配置提供技术支撑;赵建世等(2002)应用复杂适应系统理论的基本原理和方法,构架出了全新的水资源配置系统分析模型;畅建霞等(2002)将水量仿真调度模型应用到南水北调中线工程中,通过仿真计算,得出了引汉水给沿线各省市的分配水量;王浩等(2003)提出基于二元水循环模式的水资源合理配置;王慧敏(2004)将供应链理论应用到南水北调东线水资源配置与调度中,并重点分析了供应链的可行性;畅建霞等(2004)将多目标运行控制协同方法用到缓和流域水库群的调度中,实现供水发电等多目标的协同发展,应用序参量构建了描述水资源子系统协调程度的有序度模型;黄强等(2007)就黄河流域开展水资源调控研究,提出了水资源多维临界调控的理论与方法;刘丙军等(2009)在分析水资源配置系统协同特征的基础上,构建了一种基于协同学原理的流域水资源配置模型;粟晓玲等(2009)在遵循生态平衡原则、效率原则以及公平性原则的基础上,考虑生态目标、经济目标和社会公平目标,建立了水资源配置模型,提出合理配置方案;黄少华等(2009)采用面向对象的方法,建立了概念 GIS 数据结构,将流域水资源配置模型的物理表达和逻辑表达整合到一个可操作的框架中;王宗志等(2010)基于水资源量质统一的基本属性,论述了用水与排污双总量控制的必要性,以及初始水量权与初始排污权统一分配的科学性,提出二维水权的概念;刘文琨等(2013)提出了在大强度水资源开发利用下以水资源合理配置与水循环为基础的联合模型。

2011 年中央一号文件和中央水利工作会议明确要求实行最严格水资源管理制度,确立水资源开发利用控制、用水效率控制和水功能区限制纳污"三条红线"。由此,国内学者开始考虑并开展在"三条红线"控制下流域(区域)水资源配置的相关研究工作。黄昌硕等(2011)对"三条红线"下的水资源管理模式进行了研究;孙可可等(2011)以武汉市为例,量化了"三条红线"的各评价指标;梁士奎等(2013)将人水和谐量化方法与"三条红线"结合起来,对新密市开展水资源配置研究;王义民等(2015)以渭河流域陕西段为例,引入改进型一维河流稳态水质模型,建立了基于"三条红线"的水量水质耦合调控模型,并构建了水资源配置方案集。

水资源紧缺、水环境污染严重是不争的事实,建立并落实水资源管理的"三条红线"是实施最严格的水资源管理制度的必然要求。因此,在新环境、新形势下注重水资源、社会、经济和生态环境的协调发展,以社会、经济、环境三者的综合效益最大化为目标的水资源配置则是今后的研究重点所在。

1.2.4　河流健康评价研究进展

随着国内外对河流保护工作的重视,河流健康及相关研究相继展开,从最初的生物监测、水质评价到河流系统评价,研究主要集中在河流健康概念及内涵的界定、河流健康评价指标体系的构建、河流健康评价模型及评价方法的研究等领域。

　　在过去相当长的一段时间内,人们对河流健康的研究多以河流生态系统为主体,Simpson 等(1999)把河流受扰前的原始状态作为河流的健康状态,认为河流健康是指河流生态系统能够支撑和维持河流主要的生态过程,且具有一定种类组成、多样性和功能组织的生物群落应尽可能接近受扰前状态;Norris 等(1999)、Karr(1999)、An 等学者(2002)认为河流健康即维持河流生态系统的完整性,主要从生态系统健康的角度考虑;美国《清洁水法令》认为河流健康指的是物理、化学、生物的完整性,即生态系统维持其自然结构和功能的状态(杨馥等,2008)。随着对河流健康概念理解的深入,越来越多学者认为河流健康应包含人类健康,即应在保持生态系统自我维持与自我更新能力的同时,满足人类社会对河流的合理需求,从价值角度看,河流健康应包含人类价值。Meyerrogers 等(1999)从管理角度界定河流健康概念,认为健康的河流不仅要保持生态学意义上的完整性,还应强调对人类服务功能的发挥,只有两者的统一才有助于实现河流生态系统的良性循环和对人类服务功能的持续供给;Fairweather(1999)认为,河流健康不仅包含活力、生命力、未受损害的功能等健康状态,还应包含公众对河流的环境期望,以及关于河流健康的社会、经济和政治观点。而我国学者更倾向于后一种提法,李国英(2004)指出黄河健康生命就是要维护黄河的生命功能;冯普林(2005)从渭河存在的主要生态环境问题着手,认为渭河健康生命的基本内涵是:以稳定河床的维持、水域功能的实现、良好生态的维系、人水和谐关系的建立为目标,重新审视河流水文循环中的水沙过程及其搭配关系在河流生命维持中的作用和重塑方向,重新认识枯水期基流、河流湿地和水域功能等河流非生物环境的重要地位,重新把握洪水风险和水沙资源利用问题,进而采取必要的工程和非工程措施,维护河流生命;杨文慧等(2006)认为河流健康应以河流系统为研究对象,其结构和各项功能都处于良好状态,以保证河流可持续开发利用目标的实现;赵银军等(2013)从河流自然角度出发,构建了包含河流自然功能、生态功能和社会功能 3 个一级功能以及 12 个二级功能的河流功能体系,并对各河流功能进行了整体论述。因此,河流健康概念与其认为是一个科学概念,不如将其看做是一种河流管理的工具。

　　研究河流健康的目的在于在河流上建立一种基准状态,并作为河流管理的目标,通过一套科学的诊断体系,评估河流健康状态的变化方向及趋势,据此进行河流的适应性动态管理。河流健康评价研究主要集中在评价指标的选择与处理、评价指标体系与评价标准的建立以及评价模型与方法的研究等方面。从河流健康评价的技术手段看,主要包括河流水体物理化学评估(水质评价)、生物栖息地质量评估、水文评估和生物评估四个方面。从评价原理看,可以分为两类:一类是预测模型法(predictive model)或多元变量统计分析方法(multivariate statistical methods);

另一类是多指标方法(multimetrics index)。多指标方法通过对观测点的一系列特征指标与参考点的对应指标进行比较并计分,累加得分进行评价,代表方法较多,是对河流的综合评价,结果也更加全面、客观,是河流健康评价方法的发展趋势。然而,该类方法也存在诸如指标获取与处理、评价标准确定等问题,评价精度和可操作性也有所欠缺(殷会娟等,2006);Anahita等(2014)指出在变化环境中河流健康评价具有不确定性;Chang(2014)将考虑防洪防凌及发电应用到串联水库的调度中,来维持下游河道健康;Shan(2016)应用初始和改进的河流健康评价方法来评估生态在海河流域中的地位;Cristina等(2016)研究了永久性河流生态流量阈值的选择,为水资源管理、河流健康评价提供了科学的参考依据。

从评价方法看,河流健康评价可以分为两类:一类是生物监测指标法或指示物种法,另一类是综合评价指标法或结构功能指标法。Kart提出的生物完整性指数(IBI)由反映水域生态系统的生物群落物种组成、营养结构、个体健康状况等三方面特征的12个指标量化后形成,同时水环境按照生物完整性分为六个等级(罗跃初等,2003),是目前较普及的河流生态系统健康评价方法。生物监测指标法的关键是指示生物的选择,主要是着生藻类(以硅藻为主)、无脊椎动物和鱼类(刘恒等,2005),代表性方法如"澳大利亚河流评价方案(AUSRIVAS)",是一种快速生物评价法,利用大型无脊椎动物的生存状况评价河流健康(文伏波等,2007);何逢志等(2014)为监测神农架林区河流健康状况及人为活动对其水体理化特征和生物群落的影响,基于水质类别、大型底栖动物Shannon-Wiener多样性指数及BMWP计分系统对神农架林区河流生态系统健康进行评价;Shishani等(2014)将大型无脊椎动物和水质作为关键性指示指标,应用到河流健康评价里;陈俊贤等(2015)借助生态学及生态系统健康评价理论,分析了河流生态系统健康影响因子,甄别了典型区浮游生物、底栖生物、鱼类对梯级开发的响应过程,并构建了河流生态系统健康评价指标体系。

综合评价指标法又可以分为单一指标评价法和指标体系综合评价法。由于在流域范围内对所有干扰都敏感的指标是不可能存在的(Sercon,1997),故单一指标评价法目前较少使用,而指标体系综合评价法可以全面、系统的反映河流系统状态,在美国和澳大利亚等国家被广泛应用。美国国家环境保护局1989年发展了快速生物评价协议(Rapid Bioassessment Protocols,RBPs),1999年又更新了新版本的RBPs,该方法采用生物集合体资料评价河流状态,以无人类干扰或受人类干扰较小的河流为参考,并采用相应于生物指标的生境指标修正生物指标,使生物质量评价结果可以更好地反映河流受损状态(Kolb,1994);澳大利亚水生生物环境质量指数(IAEQ)(Leopold,1997)采用水质、泥沙中有毒物质、大型底栖无脊椎动物、鱼类和河岸植被等五部分指标评价维多利亚州的内陆水体;澳大利亚昆士兰河流状态调查(SRS)方法采用包括水文、河道栖息地、横断面、景观休闲和保护值等十一个方面指标评价河流的物理和环境状态(Barbour et al.,2002);其中,最具代表性的方法是 Ladson 等(1999)提出了澳大利亚溪流状况指数 ISC,该方法构建了河流水文、形态特征、河岸带、水质及水生生物 5 方面共计 22 项指标的评价指标体系,综合评价了澳大利亚 80 多条河流健康状况(蒋卫国,2003);维多利亚河流环境状态(ECVs)采用河床组成、河岸植被、濒危植被、覆盖物、水深和流速等 10 个指标评价维多利亚州河流环境状态(董哲仁,2005);英国 20 世纪 90 年代建立的河流保护评价系统从物理多样性、自然性、代表性、稀有性、种群丰度和特有性等方面采用了 35 个特征指标评价河流状态(骊建强,2008);Uthpala 等(2014)提出城市边缘地区河流健康评价的框架,并把河流健康风险应用到评价指标。

　　近年来河流健康评价指标体系在我国也逐渐得到推广(王蔚等,2016;邓晓军等,2014;山成菊等,2012;张晶等,2010;孙雪岚等,2008)。为建立全国河流健康评价标准的方法框架(包括水文特性、水质特性、河流地貌特性、生物特性和社会经济特性五个方面及全国河流健康评价全指标体系 36 项指标),提出等空间因子的两极水生态区划方法,张晶等(2010)构建了基于一级分区的特定河流健康评价指标体系;冯彦等(2012)通过阅读 1972～2010 年约 150 篇相关文献,整理归纳出 45 个河流健康评价指标体系、902 项指标,应用统计、层次分析法及相关分析法,计算各指标被采用率、重要性、普遍性、可量化性和易获得性,筛选出包括河岸植被覆盖率等 8 个重要指标;朱卫红等(2014)基于河流水文、河流形态、河岸带状况、水体理化参数以及河流生物五个层面选取 22 个指标构建了图们江流域河流生态系统健康评价指标体系,运用层次分析法和加权平均法对其进行了健康评价。

　　国内外主要河流健康综合评价方法、评价指标及内容见表 1.2。

表 1.2　国内外主要的河流健康综合评价方法、评价指标及内容的选择与对比

国家	评价方法	河流健康评价指标及内容									
		水文	水质	物理结构	河岸质量	水生生物	防洪	景观	水资源	通航	水电
澳大利亚	澳大利亚河流评价计划(AUSRIVAS)	√	√	√		√					
	溪流状态指数(ISC)	√	√	√		√					
	河流状态调查(SRS)	√		√	√			√			
	河流环境状态(ECVs)	√		√				√			
	水生生物环境质量指数(IAEQ)		√	√		√					
	特征价格法(HPM)	√		√	√						
	一般结构转换(GRS)	√		√							

续表

国家	评价方法	河流健康评价指标及内容									
		水文	水质	物理结构	河岸质量	水生生物	防洪	景观	水资源	通航	水电
美国	快速生物监测协议(RBPs)	√		√	√	√					
	生物完整性指数(IBI)	√	√		√	√					
	岸边与河道环境细则(RCE)				√	√					
英国	河流生态环境调查(RHS)	√			√	√					
	河流无脊椎动物预测与分类计划(RIVPACS)					√					
	英国河流保护评价系统(SERCON)	√			√	√		√			
南非	栖息地完整性指数(IHI)	√	√	√		√					
	河流健康计划(RHP)	√	√	√		√					
中国	黄浦江水环境评价指标体系	√	√	√				√			
	健康黄河评价指标体系	√	√	√	√	√	√		√		
	健康长江评价指标体系	√	√	√	√	√			√	√	√
	健康珠江评价指标体系	√	√	√	√	√			√	√	√

1.3　研 究 内 容

本书以渭河流域为研究对象,分析变化环境下流域水资源演变规律及气候变化和人类活动对水资源的影响,综合考虑河道内外各供水对象的水资源需求,以渭河干支流现状年及规划水平年水利工程联合调控为手段,并考虑跨流域调水,建立基于"三条红线"的渭河流域水资源合理配置模型,并对模型进行求解。主要研究内容如下。

(1)渭河流域水资源演变规律分析。分析变化环境下渭河流域各河段降水、蒸发、径流等水文气象因子的演变规律,并利用统计降尺度及水文模型对流域气温、降水和径流的变化趋势进行预测。采用水文法、水保法以及 VIC 模型、SWAT模型研究气候和人类活动对水资源变化的影响。

（2）河流健康评价及健康流量重构的理论与方法研究。提出河流健康的概念及标志,构建河流健康评价指标体系与评价标准,建立河流健康评价模型,根据流量与河流健康关系,提出河流健康流量重构方法。

（3）渭河流域系统健康评价与健康流量重构。提出渭河流域健康的标志,构建渭河流域分河段的河流健康评价指标体系,建立渭河流域系统健康评价模型,分析并诊断渭河流域健康状态,重构不同保护目标对应不同来水情形下的河流健康流量过程。

（4）渭河流域水资源配置模型建立及方案求解。结合实际情况,确定渭河流域"三条红线"控制指标,并进行基于用水效率控制红线的需水预测,统筹考虑地表水、地下水、回用水和外调水等各种水源,以及不同用水部门的水质、水量需求,拟定配置原则,建立基于"三条红线"的渭河流域水量水质耦合配置模型,并对模型进行求解,获得渭河流域不同水平年水资源配置方案。

（5）水资源配置方案综合评价。基于渭河流域径流演变规律,定量分析径流变化对流域水资源配置的影响,立足于流域水资源可持续发展阶段性、层次性和区域性的客观实际,从水资源配置的目标（"三条红线"控制）出发,对配置方案进行综合评价。

第2章　渭河流域概况及基本资料

2.1　自然地理概况

2.1.1　地理位置

渭河是黄河第一大支流,发源于甘肃省渭源县鸟鼠山,流经甘肃、宁夏、陕西三省(自治区),在陕西省潼关注入黄河,干流全长 818km,流域总面积 13.5 万 km²,其地理坐标为东经 106.33°~110.6°,北纬 33.67°~37.3°。渭河流域陕西部分位于秦岭以北,境内干流河长 502km,流域面积 6.70 万 km²,占全省总面积的32.6%。流域主要控制水文站有北道、林家村、魏家堡、咸阳、临潼、华县、张家山和状头站,其中林家村站为陕西省入省控制站,华县(潼关)站为出省控制站,另外泾河和北洛河是渭河最大的两条支流,水文控制站分别为张家山站和状头站。渭河流域主要的气象站有 21 个,分别是临洮、岷县、华家岭、天水、西吉、固原、平凉、宝鸡、环县、西峰、长武、武功、佛坪、吴旗、延安、洛川、铜川、华山、西安、商州和镇安。

2.1.2　地形地貌

渭河流域内地貌复杂,主要有黄土丘陵沟壑区、黄土阶地区、河谷冲积平原区和土石山区等类型。渭河上游区主要为黄土丘陵区,面积占该区总面积的 70%,海拔 1200~2400m;渭河中下游北部为陕北黄土高原,海拔 900~2000m;关中地区地处陕西省中部,地势为南北高、中部低,西部高、东部低,中部是一个由西向东的地堑式构造盆地,渭河自西向东穿过盆地中部,两侧是经黄土沉积和渭河干支流冲积而成的"关中平原",平原海拔 325~900m。关中盆地南依秦岭,北界北山,西起宝鸡,东至潼关,东西长约 420km,南北宽约 120km,总面积 4.6 万 km²,占全流域的 68.5%。

渭河流域总的地形特点是西高东低,由中部向南北逐步抬升。最低处潼关海拔 325m,最高处太白山海拔 3767m。渭河干流将流域分为南北两片,北部主要山脉有华家岭、六盘山和关山,南面主要为秦岭山脉。受其地质构造影响,地形地貌极为复杂。

2.1.3　河流水系

渭河支流众多,其中南岸的数量较多,但较大支流集中在北岸,水系呈扇状分布(图 2.1)。集水面积 1000km² 以上的支流有 14 条,北岸有咸河、散渡河、葫芦河、千河、漆水河、石川河、泾河和北洛河;南岸有榜沙河、石头河、黑河、沣河和灞河。北岸支流多发源于黄土丘陵和黄土高原,相对源远流长,比降较小,含沙量大;南岸支流均发源于秦岭山区,源短流急,谷狭坡陡,径流较丰,含沙量小。

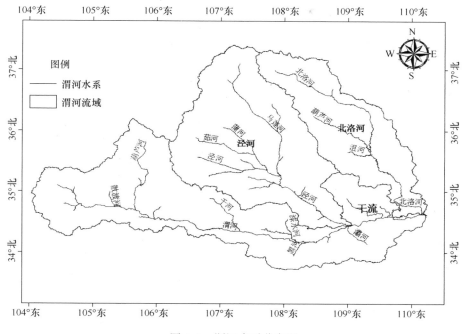

图 2.1 渭河水系分布图

泾河是渭河的最大支流,是关中地区的第二大河流,发源于宁夏回族自治区,全长 455km,流域面积 4.54 万 km²,出高陵后注入渭河,在陕西省境内流域面积为 0.94 万 km²。泾河主河道平均比降 2.47‰,彬县早饭头以上河谷开阔;以下至张家山为峡谷河段,河道弯曲;张家山以下为平原型河道。

北洛河是渭河的第二大支流,发源于陕西省吴旗县白于山,流经吴旗、志丹等县,在大荔注入渭河。北洛河跨陕、甘两省,北部与无定河上游交界,东北部与延河上游流域相接,西部与泾河及石川河流域为邻,东部以入黄诸支流流域为界,南部和渭河下游流域接壤。河流全长 680.3km,流域总面积 2.69 万 km²,其中陕西省境内流域面积 2.46 万 km²,占全流域的 91.45%。北洛河主河道平均比降 1.79‰。干流南城里以上蜿蜒曲折,状头以下逐渐变为平原型河流,其中 1000km² 以上的支流有周水河、葫芦河和沮水河。

渭河是一条多泥沙河流,全流域多年平均输沙量 4.58 亿 t。泥沙主要来自渭河林家村以上、泾河张家山以上及洛河状头以上。泥沙主要集中在 6~9 月,占全年来沙量的 80%以上。泾河含沙量最高,张家山站多年平均输沙量 2.217 亿 t,含沙量 161kg/m³,为洛河状头站的 1.8 倍,是渭河林家村站的 2.6 倍。

2.1.4　植被土壤

渭河流域生态环境复杂,土壤类型多样,水平和垂向分布规律显著。流域以北黄土高原区主要为黑垆土带,疏松多孔、易耕、保水保肥性能好、有机质含量高;关中平原主要为娄土,经人工长期耕作培肥,是最好的耕作土壤之一;关中平原至秦岭北坡主要为褐色土;低山丘陵区主要为黄绵土。在不同土壤支撑下,流域植被由北向南呈现出落叶阔叶林地带和常绿落叶阔叶林地带性分布,且以落叶阔叶林为主。受人为活动影响,目前该区原生植被已被破坏殆尽,主要为人工栽培经过养护恢复的次生林、经济林、绿化林、水土保持林、农田和人工建筑物等,其林相、密度、郁闭度、层次、植被类型等方面较为单调,植被种类主要包括杨柳、臭椿、白榆、中国槐、楸、泡桐和刺槐等。

2.2　水文气象特征

渭河流域属典型的大陆性季风气候,温暖带半湿润气候区。冬季寒冷而干燥;春季气温不稳定,降水较少,陕北多风沙天气;夏季气候炎热多雨,降水集中于 7~9 月,多雷暴雨,常出现伏旱;秋季凉爽较湿润,多有阴雨天气。按主要气候特点可分为:陕北温带、暖温带半干旱和关中暖温带半湿润两个气候区。流域多年平均气温 7.8~13.5℃,由东向西、由渭河向两侧呈递减趋势,极端最高气温 42.8℃,极端最低气温−28.1℃,最冷月份平均气温为−3~−1℃,最热月平均气温达23~26℃。

渭河流域降水地域分布差异较大,总的变化趋势为山区大于平原,自南向北递减。渭河以南秦岭北坡山地降水量较大,多年平均降水量大多在 800mm 以上,并随地形的抬升而增大;关中平原一带降水量为 500~700mm,并由西向东递减,东部小于 550mm,西部接近 700mm。北洛河中上游及泾河的上游,是降水低值区,降水量为 300~400mm。流域降水量年际变化大且年内分配不均,汛期(7~10月)多以暴雨形式集中降落,降水强度大,最小月降水量多发生在 12 月、1 月,连续最大 4 个月降水量占年降水量的 63.2%。渭河流域多年平均水面蒸发量为 600~1100mm,东部高于西部,北部高于南部。一般情况下,冬季气温低蒸发量小,年内最小蒸发量多发生在 12 月。夏季气温高,蒸发量大,最大蒸发量多发生在 6 月、7 月。受降水和气候条件的制约,渭河流域陆地蒸发量一般在 500mm 左右,高山区小于平原区。例如,秦岭山区一般为小于 400mm 的低区,而关中地区为大于500mm 的高区。

渭河是降水补给型河流,河川径流地区分布不均匀,径流的年际变化极大。渭河南岸来水量占渭河流域来水量的 48％以上,而集水面积仅占渭河流域面积的 20％。南岸径流系数平均为 0.26,是北岸的 3 倍左右。天然年径流量的变差系数 C_v 为 0.30～0.60,年径流量的最大值为 207.67 亿 m^3(1964 年),最小值为 21 亿 m^3 (1995 年),两者间相差 10 倍之多;75％偏枯水年份和 95％枯水年份流域天然径流量分别为 73.54 亿 m^3 和 50.34 亿 m^3。另外,流域径流的年内分配不均匀,空间分布也不均匀。1 月份径流量最少,一般仅占全年的 1.6％～3.1％,汛期 7～10 月份径流量约占全年的 60％,其中 8 月份来水量最多,一般占全年的 14％～25％,7～9 月的径流量占全年的 60％～70％,年平均流量 323m^3/s,实测最大洪峰流量 7660m^3/s(1954 年),调查最大洪峰流量 10800m^3/s(1898 年)。渭河关中段汛期连续最大 4 个月径流量约占全年径流量的 6％,一般出现在每年的 7～10 月,而枯水期 3 个月(12～翌年 2 月)径流量只占年径流的 5％～17％。径流的年际变化也较大,如渭河华县站(该站控制全流域面积的 97.8％),最丰年达 187.52 亿 m^3,最枯年仅为 16.82 亿 m^3。

由于渭河流域降水量的时空分布极不均匀,历史上水旱灾害频发,尤其是干旱灾害,因其发生频次多、持续时间长,造成的灾害程度最严重,1960～1962 年、1971～1972 年、1978～1980 年、1986～1987 年和 1994～1997 年等都发生了连续干旱。统计表明,渭河流域连枯年段出现次数多于连丰年段出现次数,而且连枯年段长达 6 年,连丰年段最长达 4 年。除持续干旱外,在一年中的春、夏连旱,夏、秋连旱,夏、秋、冬连旱也经常发生,甚至出现四季连旱的现象。另外,暴雨洪涝是渭河流域仅次于干旱的又一自然灾害。渭河干流洪水峰高量大,最大历史调查洪水洪峰流量:林家村站 6560m^3/s(1933 年),咸阳站 11600m^3/s(1898 年),华县站 11500m^3/s (1898 年),潼关站 36000m^3/s(1843 年)。

2.3　社会经济及水资源概况

2.3.1　社会经济情况

渭河流域包括陕西省宝鸡市、咸阳市、西安市、铜川市、渭南市及延安市,甘肃省定西地区、平凉地区、庆阳地区、天水市和宁夏回族自治区固原等共 84 个县(市、区)的全部或部分。2010 年区内总人口 2346 万人,其中城镇人口 1267 万人,农村人口 1078 万人,城镇化率为 54.02％。流域人口分布以关中盆地最为密集,占流域总人口的 65％;流域南北边缘的秦岭山区和黄土高原区,人口分布稀疏。流域总土地面积 20220 万亩*,其中山丘区占 84％,平原区占 16％,平原区面积的 99％集中在关中地区。流域内现有耕地面积 5723 万亩,占总土地面积的 28.3％,农村

---

* 1 亩≈666.7m^2。

人均耕地 2.5 亩,其中渭河干流地区 3698 万亩,泾河 1819 万亩,北洛河 206 万亩,分别占流域总耕地面积的 64.6%、31.8% 和 3.6%;关中地区有效灌溉面积 1372 万亩,占流域总有效灌溉面积的 81.8%。

渭河流域是陕西省政治、经济、文化的中心地带,是我国主要的国防科研、生产试验基地,以航空、航天、兵器和核工业等行业为骨干,已形成了电子、机械、冶金、石化、医药、轻纺和食品等门类齐全的、较为完善的工业体系。流域内工业主要集中在西安、宝鸡、咸阳、天水和铜川等城市,在甘肃省庆阳地区也已形成能源、重化工产业开发带。

渭河流域是陕西省最重要的灌溉农业和旱作农业区,也是我国重要的粮棉油产区之一,有较好的农业发展条件。流域内农业生产结构以种植业和畜牧业为主,农作物以小麦、玉米、杂粮、棉花、豆类、油菜和瓜果为主,种类繁多,品质优良。关中渭北地区还是我国最大的优质苹果生产基地之一,苹果种植面积 560 万亩,总产量 366 万 t,占全国总产量的 18%。

2.3.2　水资源分区及水资源量

按照《全国水资源综合规划》水资源分区划分,渭河流域陕西段共划分为 9 个水资源利用三级区,分区情况见表 2.1。

表 2.1　渭河流域陕西段水资源分区及年径流量情况表

编号	水资源分区名称	总面积/km²	径流深/mm	径流量/亿 m³
1	北洛河南城里以上	18471	33.7	6.22
2	白于山泾河上游	1413	15.9	0.23
3	泾河张家山以上	5652	57.4	3.25
4	林家村以上渭河南区	374	274.9	1.03
5	林家村以上渭河北区	1330	157.0	2.09
6	渭河宝鸡峡至咸阳南	6480	302.9	19.62
7	渭河宝鸡峡至咸阳北	11392	60.6	6.90
8	渭河咸阳至潼关南岸	7802	159.4	12.43
9	渭河咸阳至潼关北岸	13356	34.2	4.57
	合计	66270	—	56.34
	平均	—	121.8	

1) 地表水资源量

渭河流域陕西段多年平均径流深为 121.8mm,径流深的分布情况与降水分布基本一致,总体是渭河南岸普遍高于渭河北岸,西部高于东部,渭河流域陕西段多年平均自产地表水资源量 56.34 亿 m³。渭河流域陕西段各分区地表水资源计算结果见表 2.1。

2）地下水资源量

地下水资源量为山丘区资源量与平原区资源量之和扣除其重复量,渭河流域陕西段地下水资源总量为 45.48 亿 m^3,其中山丘区地下水资源量为 18.46 亿 m^3,平原区为 32.50 亿 m^3,山丘区与平原区重复量为 5.47 亿 m^3。渭河流域陕西段各分区地下水资源量见表 2.2。

表 2.2 渭河流域陕西段各分区地下水资源量成果表 （单位:亿 m^3)

分区名称	山丘区资源量	平原区资源量	重复量	总资源量
北洛河南城里以上	3.031	0.207	0.015	3.223
白于山泾河上游	0.019	0	0	0.019
泾河张家山以上	1.250	0	0	1.250
林家村以上渭河南区	0.246	0	0	0.246
林家村以上渭河北区	0.686	0	0	0.686
宝鸡峡至咸阳南岸	5.879	8.546	2.617	11.808
宝鸡峡至咸阳北岸	2.896	7.842	1.423	9.315
咸阳至潼关南岸	3.312	7.600	0.921	9.991
咸阳至潼关北岸	1.142	8.300	0.498	8.944
合计	18.461	32.495	5.474	45.482

3）水资源总量

渭河流域陕西段水资源总量为 72.34 亿 m^3,其中地表水资源量 56.34 亿 m^3,地下水资源量 45.48 亿 m^3。各水资源四级区中,宝鸡峡至咸阳南岸区水资源总量最大,为 22.23 亿 m^3。各分区水资源量计算成果见表 2.3。

表 2.3 渭河流域陕西段各分区水资源总量成果表 （单位:亿 m^3)

分区名称	地表水资源量	地下水资源量	地下水与地表水重复量	水资源总量
北洛河南城里以上	6.22	3.223	3.22	6.223
白于山泾河上游	0.23	0.019	0.02	0.229
泾河张家山以上	3.25	1.250	1.12	3.380
林家村以上渭河南区	1.03	0.246	0.25	1.026
林家村以上渭河北区	2.09	0.686	0.69	2.086
宝鸡峡至咸阳南岸	19.62	11.808	9.20	22.228
宝鸡峡至咸阳北岸	6.90	9.315	4.57	11.645
咸阳至潼关南岸	12.43	9.991	7.59	14.831
咸阳至潼关北岸	4.57	8.944	2.82	10.694
合计	56.34	45.482	29.48	72.342

渭河流域水资源具有以下特点。

（1）水资源总量少，属于资源型缺水地区。关中地区人均和耕地亩均水资源量分别为 $290m^3$ 和 $297m^3$，为全省的 26％和 29％，全国平均水平的 14％和 17％，属严重资源型缺水地区。

（2）水资源时空分布不均。渭河以南河流占全区河流的 2/3，水资源总量占区内 56.5％，年径流量南部大于北部、西部大于东部、山区大于平原；年际变化大，年内分配不均。

（3）水质污染严重，河流含沙量高，开发利用难度大。区内河流多为多泥沙型河流，开发利用的难度较大，同时造成河道、库、塘、渠淤积，降低了现有工程的效益，加剧了洪涝灾害。渭河流域陕西段地表水水质污染严重，尤其是干流咸阳以下河段水质常年处于超 V 类状态，丧失了基本的水体功能。根据陕西省水环境监测中心 2007 年水质监测资料成果分析，渭河水系评价河长 524.7km，全年 II 类水质河长占评价河长的 22.8％，III 类占 12.2％，IV 类占 29.4％，V 类及劣 V 类占 35.6％。劣 V 类水质断面为林家村以下的咸阳至华县断面。渭河流域陕西段地下水依据总硬度、NH_4、硝酸盐和氟化物等指标评价，II 类、III 类水质占 45.6％和 47.8％，IV 类水和 V 类水分别占 3.4％和 3.1％。IV 类水和 V 类水主要分布在关中盆地的咸阳至潼关北岸。

2.3.3 水资源开发利用情况

渭河流域水资源开发历史悠久，渭河关中段是陕西省水利化程度最高的地区。目前，该区已基本形成以自流引水为主，蓄、引、提、井相结合，地表水与地下水联合运用的水利工程灌溉网络，部分水利工程已经实现联网调度。截至 2010 年，渭河关中段已建成大、中、小（一）型蓄水工程 399 座，总库容 21.07 亿 m^3，有效库容 13.82 亿 m^3，其中石头河、冯家山和羊毛湾三座大型水库总库容达 6.56 亿 m^3，有效库容达 4.59 亿 m^3；已建成引水工程 1130 处，设计供水能力 20.17 亿 m^3；已建成大、中、小抽水工程 5855 处，已建成机电井 12.90 万眼，其中配套 12.59 万眼，设计供水能力 26.58 亿 m^3；已建成污水处理及中水回用项目 15 个，日处理污水能力 81.8 万 t/d，中水 17 万 t/d，集雨工程 42.4 万座，总容积约 4183 万 m^3。

1980～2010 年渭河流域关中地区供水量有增有减，基本维持在 50 亿 m^3 左右，从供水结构看，由于来水减少、供水能力衰减等原因，地表水供水量呈降低趋势，由 1980 年的 26.68 亿 m^3 下降到 2007 年的 20.46 亿 m^3，且地表水供水量占总供水量的比重逐年降低，由 1980 年的 53％下降到 2007 年的 43％。这主要是由于很多地表水源工程建成于 20 世纪三四十年代，供水能力有衰减趋势，加之 20 世纪 90 年代泾、洛、渭河川来水减少，使得水源工程达不到设计规模。地下水供水量呈先增后减的趋势，由 1980 年的 23.54 亿 m^3 上升到 2003 年的 31.89 亿 m^3，以后逐年减少,到 2010 年为 26.29 亿 m³,供水比例也是先增后减。

渭河流域 1980～2010 年用水量变化幅度不大。由于资源型缺水、水源工程建设相对滞后和城市挤占农业用水等原因,总用水量增长缓慢,但用水结构有较大变化,农业用水呈逐年降低趋势,生活和工业用水则有增加趋势。

从表 2.4、表 2.5 来看,渭河流域人均综合用水量远低于国内一般水平,万元GDP 用水量与全国平均水平、黄河流域水平相比,属高效用水地区。农田实际灌溉用水定额均低于全国和黄河流域总体水平,接近海河流域水平,灌溉水利用系数均高于全省和全国水平。工业万元增加值用水量和重复利用率在黄河流域和西北地区属于较高水平,但与海河流域相比还有一定差距。城市生活用水定额低于海河流域,也低于黄河流域及全国平均水平。

表 2.4 陕西省渭河流域现状各业用水量统计表 (单位:万 m³)

水资源四级分区	生活		生产						河道外生态	合计
	城镇	农村	农业		工业		建筑业	服务业		
			农田灌溉	林牧渔畜	合计	其中火电				
北洛河南城里至状头	1118	655	5598	2927	1533	113	91	106	14	12155
泾河张家山以上	589	1500	3305	1912	1478	873	85	95	12	9849
宝鸡峡以上北岸	51	151	156	30	131	0	4	2	1	526
宝鸡峡以上南岸	0	42	34	11	17	0	1	2	0	107
宝鸡峡至咸阳北岸	7281	6642	72477	13142	18942	3219	1203	1516	1494	125916
宝鸡峡至咸阳南岸	3114	2590	22452	5045	6057	2015	279	385	528	42465
咸阳至潼关北岸	5135	6600	92801	8433	11718	1111	565	1505	673	128541
咸阳至潼关南岸	19716	4589	55414	5903	39400	3784	2625	8582	3796	143809
龙门至潼关干流区间	567	1089	13333	2649	3451	973	49	75	6	22192
潼关至三门峡干流区间	26	111	528	12	229	0	2	8	1	917
合计	37598	23969	266098	40064	82956	12088	4904	12276	6525	486477

表 2.5 陕西省渭河流域现状各部门用水水平表

	项目	单位	关中地区			黄河流域	海河流域	全国	发达国家
			2005 年	2006 年	2007 年				
综合指标	人均综合用水	m³/人	240	217	202	348	283	442	598
	单位 GDP 用水	m³/万元	214	177	136	275	147	229	140
农业	农田灌溉亩均实际用水	m³/亩	264	285	275	405	256	434	—
	灌溉水利用系数	—	0.50	0.50	0.51	0.48	—	0.4～0.5	0.7～0.8

项目		单位	关中地区			黄河流域	海河流域	全国	发达国家
			2005 年	2006 年	2007 年				
工业	万元工业增加值用水	m³/万元	147	93	62	148	66	131	19～60
	重复利用率	%	50	50	51	50		53	75～85
生活	城镇生活人均	L/(d·人)	99	95	92	152	173	211	160～260
	管网漏失率	%	18	17	15	—	—		5
	农村生活用水	L/(d·人)	49	52	53	45	78	71	—

渭河流域属于资源型缺水区域,随着经济不断快速发展、城镇规模扩大和人口增加,缺水问题日趋严重。在枯水期内,来水减少,加上发电和灌溉用水,渭河干流除少量南山支流清水汇入外,基本无生态水汇入,下游逐渐增加的水量大多为沿途的城镇工业排入的废水和生活污水。在用水高峰季节,河道经常出现断流,生态用水变得更加短缺。渭河流域水资源开发利用存在以下问题。

(1) 开发利用程度高。渭河流域现状年地表水资源开发利用率为 44%,已达到国际公认的 40% 最高开发利用率限额,75% 和 95% 代表年地表水消耗率达100% 以上,现状年地下水实际开采量已经超过了平原区地下水资源可开采量。因此,渭河流域无论是地表水资源还是地下水资源开发利用程度都很高。

(2) 地下水供水比例高,超采严重,环境、地质问题突出。渭河流域陕西段平原区地下水资源量 32.495 亿 m³,可开采量 27.34 亿 m³。20 世纪 80 年代以来,由于地表水资源量持续减少和其他原因,地下水开采量呈逐年增加的趋势。据统计,1986～2005 年已累计超采地下水 69.60 亿 m³,年均超采量达 4.59 亿 m³,个别年份超过 5 亿 m³。由于地下水超采,以沿渭城市为中心,已形成 595km² 的下降漏斗,在西安等城市形成地裂缝、地面沉降等地质灾害。与地下水超采相关的潜水污染也相当严重,关中地区潜水污染面积已达 579km²,危及近 200 万人的饮水安全。

(3) 水资源匮乏,城市用水挤占农业用水严重。随着工业化和城市化进程的加快,城市供水呈大幅增加趋势,特别是 20 世纪 90 年代以后,城市和工业需水量增大,一些原本专为农业供水的工程改变了供水对象,开始向城市和工业供水,导致农业缺水量很大。例如,冯家山水库向宝鸡市供水,石头河水库、石砭峪水库向西安市供水,桃曲坡水库向铜川市供水等,导致关中地区农灌面积每年失灌 300～400 万亩,实灌面积中供水也不足。

(4) 水污染日益严重,造成部分地区水质型缺水。关中地区地处渭河中下游区,地表水污染比较严重,渭河干流段尤为突出,据调查统计,沿渭河干流有 69 个排污口分布在渭河两岸,使渭河干流年接纳废污水达 5.55 亿 t,占到渭河废污水排放总量的 77%。目前渭河干流咸阳市以下河段全部为 V 类或劣 V 类水质,基本丧失了水的使用功能。随着经济的发展和城镇人口的增加,工业废水和城市污水排放量逐年增大,更加剧了渭河的水质污染,水污染不仅污染地表水体而且严重危及地下水水体,渭河沿岸一些傍河供水水源井因水质超标需要封闭停采,对沿线城镇供水安全构成了威胁,水质污染不仅对河道内生态环境造成严重影响,而且使水的供需矛盾更加突出,造成严重的水质型缺水。

　　因此,综合考虑以上区域现状水资源开发利用存在的问题后发现,单纯依靠节水、治污不可能解决渭河流域陕西段的缺水问题,唯一有效、可行的解决办法是实施跨流域调水。

2.4　基本资料

2.4.1　气象及水文资料

　　研究所用气象资料从中国气象科学数据共享服务网获得,采用分布在渭河流域及周边 21 个气象站 1960~2010 年的数据,所选气象站点缺测信息较少,大体上均可反映渭河流域近 50 多年来的气象变化情况,气象数据主要包括:降水量、极大风速、极大风速的风向、平均本站气压、平均风速、平均气温、平均水汽压、平均相对湿度、日照时数、日最低本站气压、日最低气温、日最高本站气压、日最高气温、最大风速、最大风速的风向和最小相对湿度等。各气象站点的分布及地理位置见图 2.2。

图 2.2　渭河流域气象站点分布图

径流资料采用渭河流域主要控制站北道、林家村、魏家堡、咸阳、张家山、临潼、华县和状头站 1960～2010 年共 51 年的日、月、年尺度实测径流资料。林家村站是渭河上游干流的控制站,是国家的重要报讯站。魏家堡站位于眉县北坡塬与渭河川道二级台阶上,是渭河重要的报讯站,担负着渭河干流防洪,抗旱等重任。咸阳站设立于 1933 年,资料完整,是重要的防汛站点。华县水文站是渭河下游的主要控制站,是三门峡水库进库站之一,是重要的防汛抗旱站点。临潼站地处临潼区,是三门峡库区重要的控制水文站,也是国家重要的报汛水文站,担负着三门峡库区治理、水文泥沙资料收集、渭河水量调度的重任。张家山站是国家一类精度水文站、中央报讯站,位于泾河下游泾惠渠大坝下游 50m 处。

另外,渭河流域集水面积在 100km² 以上的支流有 176 条,其中年均径流量在 1 亿 m³ 左右的支流有 16 条。本书根据研究区范围及计算单元的划分,主要考虑以下河流:渭河干流北岸的金陵河、千河、漆水河、泾河、石川河和洛河等支流,以及南岸的清姜河、石头河、黑河、沣河和赤水河等。

2.4.2　土地利用及土壤数据

本书收集了渭河流域 2000 年和 2010 年的 TM 影像资料,土地利用采用 1985 年、1995 年及 2005 年三期 Landsat TM 影像遥感数据,比例尺为 1∶10 万。采用 ArcGIS9.3 对三期影像遥感数据进行了重分类,参照标准为《土地利用现状分类》国家标准(GB/T 21010—2007),并结合渭河流域实际情况将研究区的土地利用类型分为耕地、林地、灌木林、高覆盖草地、低覆盖草地、水域、城镇用地、农村用地、建设用地和裸地共 10 种利用方式。

渭河流域的土壤数据来源于中国科学院南京土壤研究所,比例尺为 1∶100 万。参照 FAO98 土壤分类标准,将研究区的土壤类型分成了棕壤、棕壤性土、暗棕壤、石灰性褐土、淋溶性土、暗灰褐土、黑麻土、红黏土和新积土等 25 种。

2.4.3　主要水利工程

1) 黑河金盆水库枢纽工程

黑河金盆水库位于渭河一级支流黑河黑峪口以上 1.5km 处,距西安市 86km,是一项以城市供水为主,兼顾灌溉、发电、防洪等综合利用的大(二)型水利枢纽工程。工程主要由挡水建筑物、泄水建筑物和引水发电系统三大部分组成。水库坝高 130m,总库容 2.0 亿 m³,有效库容 1.77 亿 m³,城市年供水量 3.05 亿 m³,日平均供水量 76 万 t;农灌年供水量 1.23 亿 m³,灌溉农田 37 万亩,电站装机容量 20MW。现状年黑河金盆水库是西安市主要地表水源地之一。

2) 石砭峪水库和引乾济石工程

石砭峪水库位于渭河二级支流石砭峪口,距西安市 35km,原设计是以灌溉为主,兼顾防洪发电等综合利用的中型水库,工程由挡水建筑物、输水洞、泄洪洞和两级电站组成。水库坝高 85m,总库容 0.281 亿 m³,有效库容 0.251 亿 m³,灌溉面积 19.7 万亩。1990 年底,为解决西安市用水危机,石砭峪水库作为西安市供水水源之一,缓解城市用水。为增加石砭峪水库向西安市的供水量,2005 年建成了引乾济石工程,多年平均调水量 0.548 亿 m³。该工程是从汉江二级支流乾佑河引水,通过 30.18km 输水线路,自流调水入石砭峪水库,与石砭峪水库联合调节供西安市用水。

3) 李家河水库

李家河水库供水工程是一项联合利用辋川河、岱峪等流域水资源的供水工程,主要任务是以西安市、阎良区和蓝田县城供水为主,兼顾发电的中型水库。李家河水库位于渭河二级支流辋川河中游,距西安市约 68km。水库坝高 98.5m,总库容 0.569 亿 m³,有效库容 0.452 亿 m³,多年平均供水量为 0.56 亿 m³。

4) 石头河水库及引红济石工程

石头河水库建于 20 世纪 70 年代后期,1981 年开始蓄水,位于渭河一级支流石头河斜峪关。该水库原设计是一座以灌溉为主,结合发电的大(二)型水利枢纽工程,总库容 1.47 亿 m³,有效库容 1.2 亿 m³,灌溉面积 22 万亩,装机容量 1.65 万 kW。1996 年,为缓解西安市供水紧张的局面,向西安市年供水量 9500 万 m³。为增加石头河水库向城市供水量,缓解关中资源型缺水问题,陕西省将引红济石工程列入了"十五"规划,该工程将汉江北岸褒河的支流红岩河水通过 19.7km 的秦岭隧道自流调入石头河,与石头河水库联合调度供关中城市用水,该工程的引水隧洞已全线贯通,工程设计多年平均调水量 0.94 亿 m³。规划 2020 年引汉济渭工程建成后,石头河水库在满足原灌区用水任务基础上,拟就近向当地的宝鸡市和眉县及周围工业园区供水。

5) 涧峪水库

涧峪水库位于渭河一级支流赤水河上游支流涧峪河上,是以城市供水、灌溉和防洪为主,兼顾发电的综合利用中型水库,设计灌溉面积 5.24 万亩,于 2007 年建成。水库位于西涧峪河口以上 280m 处,水库坝高 77.8m,总库容 0.128 亿 m³,有效库容 0.111 亿 m³。

6) 冯家山水库

冯家山水库枢纽位于渭河北岸支流千河干流的下游,距河口 25km,地处凤翔、宝鸡、千阳三县交界,是一座以灌溉为主,兼有防洪、发电等综合利用的大(二)型工程,设计灌溉面积 136 万亩,水库设计总库容 3.89 亿 m³(2003 年大坝加固后设计总库容达 4.13 亿 m³),有效库容 2.86 亿 m³。

7) 羊毛湾水库

羊毛湾水库位于陕西省乾县境内渭河支流漆水河中游,龙岩寺以上 10km,是一座以灌溉为主,兼有防洪、养殖等综合利用功能的大型水利工程。该工程于1970年建成,先后于1986年、2000年两次对羊毛湾水库进行了除险加固,1995年建成引冯济羊输水工程,每年可由冯家山水库向羊毛湾水库输水3000万 m³,有效解决水库水资源不足问题。该水库总库容为1.2亿 m³,正常蓄水位635.9m,有效库容5220万 m³,有效灌溉面积24万亩。

8) 三原西郊水库

三原西郊水库是泾惠渠灌区的一项调蓄工程,设计为中型水库。坝址位于清峪河、冶峪河交汇口以下5.6km的清河干流上。该工程包括大坝、溢洪道、放水泄洪排沙洞及坝后抽水站等。水库大坝为碾压式均质土坝,坝高34.88m,坝长183m,总库容3810万 m³,兴利库容1860万 m³,死库容300万 m³,年可调节水量3400万 m³。规划扩灌三原肖李村灌区和徐木灌区耕地3.24万亩,改善泾惠渠20.7万亩耕地用水状况,缓解泾惠渠灌区水源不足的矛盾。

9) 南沟门水库工程

南沟门水库位于洛河流域最大支流葫芦河口,控制流域面积5449km²。葫芦河流域上、中游植被良好,是洛河流域中一条清水河流。水库多年平均可调节水量1.46亿 m³。该工程是以工业(规划建设黄陵火电厂一期装机120万 kW,二期装机240万 kW)和城镇供水为主,同时兼顾下游生态用水和灌溉补水。电厂及城镇工业年供水7600万 m³,解决65万人畜饮水问题,改善生态环境退耕还林4.5万亩,提供用水1350万 m³,向下游灌区补充地表水3650万 m³。水库坝高64m,均质土坝,总库容1.89亿 m³,调节库容1.39亿 m³。引洛入葫工程低坝引水枢纽工程规模小,主要隧洞工程长6.8km,设计流量10m³/s。

10) 东庄水利枢纽工程

东庄水库是一项以防洪、城市供水、灌溉为主,兼顾发电和减淤的综合性大(一)型水利工程。总库容15.16亿 m³,其中调洪库容7.76亿 m³,调水调沙库容5.63亿 m³,死库容1.77亿 m³。水库枢纽工程由拦河坝、溢洪道、泄洪洞、排沙洞和灌溉引水发电系统五部分组成拦河坝最大坝高160.5m,可缓解西安市阎良区航空工业基地、西安泾河工业园区、铜川市及灌区内5座县城、91个乡镇,187万人,116万头牲畜的饮水困难,改善生活条件,加快城镇化进程。

11) 黑河亭口水库工程

亭口水库位于陕西省长武县县城东南亭口镇以上1km处的泾河支流黑河上。是一座以彬县煤田等工业供水和防洪为主,结合发电和水产养殖的综合利用大型水库。亭口水库规划坝高53m,总库容3.03亿 m³,兴利库容2.07亿 m³。枢纽由大坝、溢洪道、泄洪排沙洞、输水发电洞和坝后电站组成,工程总投资5.99亿元。工程实施后,初期年可向工业供水0.59亿 m³,后期年供水达1.13亿 m³,并可为长武塬9.5万亩生态农业供水。

12）桃曲坡水库工程

桃曲坡水库位于渭北石川河支流沮水河下游,坝址距耀县城 15km。水库总库容 5720 万 m³,兴利库容 3602 万 m³,正常蓄水位 788.5m,多年平均径流量为 6686 万 m³。该水库是一座以灌溉为主,兼有城市供水、防洪和多种经营等综合利用的中型水库,设计灌溉面积 31.83 万亩。

13）石堡川水库

石堡川水库位于洛川县石头公社盘曲河村附近的石堡川河干流上,坝址以上多年平均径流量 2.41 亿 m³,总库容 6220 万 m³,有效库容 3235 万 m³。主要用于灌溉,总设计灌溉面积 31 万亩,其中澄城县 19 万亩,白水县 12 万亩。

14）尤河水库

尤河水库是渭河南山支流沈河上的一座中型水库,坝址位于渭南市南五公里处的蒋家村,控制流域面积 224km²,水库进库站位于坝址上游 3.5km 处,控制流域面积 179km²。水库原设计有效库容 1165 万 m³,总库容 2430 万 m³,坝高 32m,坝顶高程 403m。有效灌溉面积 5.06 万亩,旱涝保收面积 3.84 万亩。

研究区供水系统包括本地水源工程和规划水平年考虑的外流域调水。本地水源包括:雨污水回用供水系统、地表水供水系统和地下水供水系统。地表水供水系统则由蓄水工程、引水工程及抽水工程等水源工程构成。规划水平年考虑外流域调水指的是南水北调西线的引红济石调水工程及中线的引汉济渭调水工程。

2.4.4 陕西省引汉济渭工程

引汉济渭工程为陕西省省内跨流域调水工程,该工程在长江流域的汉江干流黄金峡和支流子午河分别修建水源工程黄金峡水利枢纽和三河口水利枢纽蓄水,在黄金峡水利枢纽坝后修建黄金峡泵站,抽干流水通过黄三隧洞输水至三河口水利枢纽坝后右岸汇流池,所抽水的大部分通过汇流池直接进入秦岭隧洞送至黄河流域陕西省关中受水区。若黄金峡泵站抽水流量大于关中用水流量,多余水量经汇流池由三河口泵站抽水入三河口水库存蓄;当黄金峡泵站抽水流量较小、不满足关中受水区用水需要时,由三河口水利枢纽坝后电站发电后放水补充,所放水经汇流池进入秦岭隧洞送至关中受水区。

引汉济渭工程调水规模为 15 亿 m³,计划 2020 年多年平均调水量 10 亿 m³,出秦岭隧洞调入黄池沟水量 9.30 亿 m³;计划 2030 年多年平均调水量 15 亿 m³,出秦岭隧洞调入黄池沟水量 13.95 亿 m³。

第3章 渭河流域气象水文要素及土地利用变化分析

根据渭河流域八个主要的水文控制站点将流域分为北道以上、北道—林家村(简称北—林区间)、林家村—魏家堡(简称林—魏区间)、魏家堡—咸阳(简称魏—咸区间)、张家山以上、咸阳—临潼(简称咸—临区间)、临潼—华县(简称临—华区间)以及状头以上八个区域,应用 1956～2010 年水文、气象资料,分别研究各区域水文要素演变规律。

3.1 渭河流域水文气象要素演变规律

3.1.1 降水演变规律

针对渭河流域气象站点数目较少,且降水与研究区其他要素的相关关系难以确定的情况,本书中渭河流域的面降水量采用基于 ArcGIS 平台的泰森多边形法进行计算。

1. 降水地区分布

渭河流域降水的地域分布差异较大,总的变化趋势为山区大于平原,自南向北递减。渭河以南秦岭北坡山地降水量较大,是规划区降水高值区,多年平均降水量大多在 800mm 以上,并随地形的抬升而增大;关中平原一带降水量为 500～700mm,并由西向东递减,东部小于 550mm,西部接近 700mm;北洛河中上游及泾河的上游,是降水低值区,降水量为 300～400mm。

2. 降水年内、年际变化特征分析

1) 年内变化特征分析

渭河流域降水序列年内分配不均,主要集中在汛期(7～10 月)。降水量夏季最多,各区域夏季降水量占全年比重 42.14%～51.72%,冬季最少,其所占比重变幅为 2.39%～4.27%,如表 3.1 所示。

表 3.1 渭河流域各子区域不同季节面降水量分配表

区域	春季	夏季	秋季	冬季	合计
北道以上	102.14(20.72%)	254.92(51.72%)	124.04(25.17%)	11.79(2.39%)	492.89
张家山以上	98.67(19.19%)	260.13(50.60%)	141.00(27.43%)	14.27(2.78%)	514.07
状头以上	104.90(18.65%)	290.10(51.58%)	149.53(26.58%)	17.94(3.19%)	562.48

区域	春季	夏季	秋季	冬季	合计
北—林	119.42(20.77%)	267.86(46.58%)	169.03(29.40%)	18.69(3.25%)	575.01
林—魏	137.24(21.75%)	276.34(43.79%)	195.72(31.01%)	21.78(3.45%)	631.07
魏—咸	143.55(22.00%)	286.78(43.95%)	199.92(30.64%)	22.28(3.41%)	652.53
咸—临	140.61(22.77%)	260.27(42.14%)	193.02(31.25%)	23.71(3.84%)	617.61
临—华	140.84(21.32%)	304.21(46.05%)	187.37(28.36%)	28.19(4.27%)	660.61
全区	110.71(20.09%)	270.82(49.15%)	152.53(27.68%)	16.89(3.07%)	550.95

注:表内括号外为降水量,单位 mm,括号内为各季降水量占全年比重。

2) 年际变化特征分析

渭河流域各区域降水均呈现逐年减少的趋势(图 3.1),各区域降水倾向率均为负值,其中全区平均降水量的倾向率为 -1.29mm/a;干流上林家村—魏家堡区域降水以 2.44mm/a 的趋势递减,减少趋势最为明显。渭河流域年降水量的多年平均值为 551mm,最大 806mm(1964 年),最小 367mm(1997 年);降水最大年份主

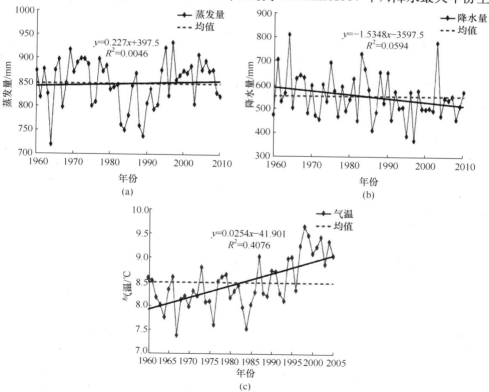

图 3.1 渭河流域蒸发(a)、降水(b)、气温(c)年际变化图

要发生在 1964 年左右与 1983 年,降水最小年份主要发生在 1995 年左右。各区域降水年序列稳定性较好,离散程度较小,变差系数 C_v 为 0.17~0.22;偏态系数 C_s 为 0.20~0.68,说明降水序列为正偏分布;各区域降水极值比均较小,咸—临区域极值比最大,为 2.72。降水年际变化特征值见表 3.2。

表 3.2　渭河流域降水年际变化特征值

区域	均值/mm	变差系数 C_v	偏态系数 C_s	最大年降水量			最小年降水量			最大值/最小值
				年份	极大值/mm	与多年平均比	年份	极小值/mm	与多年平均比	
北道以上	493	0.19	0.36	1967	730	1.46	1982	333	0.67	2.19
张家山以上	514	0.20	0.56	1964	794	1.53	1997	343	0.66	2.31
状头以上	562	0.18	0.54	1964	859	1.53	1995	380	0.68	2.26
北—林	575	0.20	0.29	2003	975	1.44	1997	437	0.64	2.23
林—魏	631	0.22	0.44	1983	943	1.50	1995	366	0.58	2.57
魏—咸	652	0.21	0.58	1983	1029	1.59	1995	390	0.60	2.64
咸—临	617	0.20	0.68	1983	985	1.61	1995	361	0.59	2.72
临—华	660	0.17	0.20	1983	960	1.45	1995	403	0.61	2.38
全区	551	0.18	0.50	1964	806	1.47	1997	367	0.67	2.20

3. 降水丰枯变化

分析渭河流域不同频率年降水量的取值区间及出现年数。特丰、特枯水年出现的概率为 8%左右;丰、枯水年为 13%左右;平水年 60%左右,出现概率最大;各个区域,不同频率下降水量发生频次、频率差别较小,降水量值差别较为明显(表 3.3)。

表 3.3　渭河流域降水丰枯比例

降水丰枯		北道以上	张家山以上	状头以上	北—林	林—魏	魏—咸	咸—临	临—华	全区
特丰年 <10%	降水/mm	>632	>662	>705	>750	>828	>838	>784	>825	>687
	次数/次	4	5	5	4	5	4	3	5	5
	频率/%	7.8	9.8	9.8	7.8	9.8	7.8	5.9	9.8	9.8
丰水年 10%~25%	降水/mm	632~562	662~581	704~628	750~660	828~720	838~733	783~689	824~743	683~610
	发生次数/次	8	6	6	7	4	5	9	7	7
	频率/%	15.7	11.8	11.8	13.7	7.8	9.8	17.6	13.7	13.7

续表

降水丰枯		北道以上	张家山以上	状头以上	北—林	林—魏	魏—咸	咸—临	临—华	全区
平水年 25%～75%	降水/mm	562～428	581～438	628～486	660～510	720～520	733～545	689～520	743～574	610～472
	次数/次	26	28	31	24	33	32	30	28	31
	频率/%	51.0	54.9	60.8	47.1	64.7	62.7	58.8	54.9	60.8
枯水年 75%～90%	降水/mm	428～378	438～390	484～435	510～450	520～447	544～479	520～460	573～504	472～425
	次数/次	9	8	5	11	6	6	5	5	5
	频率/%	17.6	15.7	9.8	21.6	11.8	11.8	9.8	9.8	9.8
特枯年 >90%	降水/mm	<378	<390	<435	<450	<447	<479	<460	<504	<425
	次数/次	4	4	4	5	3	4	4	6	3
	频率/%	7.8	7.8	7.8	9.8	5.9	7.8	7.8	11.8	5.9

4. 降水趋势性、持续性分析

采用 Mann-Kendall 秩次相关检验法及经典重标极差法（R/S 分析法）对降水序列进行趋势性、持续性分析，见表 3.4。年降水序列的检验统计量 U 均为负值，表明序列有减少趋势，显著性检验中选取置信水平为 95%，即 $|U|<U_{\alpha/2}=1.96$，由表 3.4 可以看出，除北道以上区域降水为显著递减趋势外，其余各区域降水趋势均为不显著减少；各区域降水序列的 Hurst 指数均大于 0.5，表明降水序列减少趋势持续性较强。

表 3.4　渭河流域降水序列趋势性、持续性分析表

区域	降水序列			蒸发序列			气温序列	
	检验统计量 U	趋势性	Hurst 指数	检验统计量 U	趋势性	Hurst 指数	检验统计量 U	趋势性
北道以上	−2.28	显著递减	0.71	1.88	不显著递增	0.78	4.10***	显著递增
张家山以上	−1.39	不显著递减	0.62	0.40	不显著递增	0.82	4.12***	显著递增
状头以上	−1.37	不显著递减	0.64	0.85	不显著递增	0.81	3.65***	显著递增
北—林	−1.39	不显著递减	0.65	0.56	不显著递增	0.76	5.10***	显著递增
林—魏	−1.29	不显著递减	0.69	−2.90	显著递减	0.85	4.10***	显著递增
魏—咸	−0.77	不显著递减	0.68	−2.79	显著递减	0.98	3.91***	显著递增
咸—临	−0.53	不显著递减	0.60	−1.44	不显著递减	0.98	4.40***	显著递增
临—华	−1.21	不显著递减	0.72	0.20	不显著递增	0.81	2.43	不显著递增
全区	−1.63	不显著递减	0.67	0.24	不显著递增	0.85	4.12***	显著递增

注：＊＊＊代表通过置信度 99.9% 的检验。

3.1.2　蒸发演变规律

本书应用联合国粮食及农业组织(Food and Agriculature Organization of the United Nations,FAO)推荐的 Penman-Monteith 公式计算渭河流域潜在蒸散量。公式为

$$PE = \frac{0.408\Delta(R_n - G) + \gamma\dfrac{900}{T + 273}u_2(e_s - e_a)}{\Delta + \gamma(1 + 0.34u_2)} \tag{3.1}$$

式中,PE 为潜在蒸散量(mm/d);R_n 为地表净辐射[MJ/(m² · d)];G 为土壤热通量[MJ/(m² · d)];T 为日平均气温(℃);u_2 为 2m 高处风速(m/s);e_s 为饱和水汽压(kPa);e_a 为实际水汽压(kPa);Δ 为饱和水汽压曲线斜率(kPa/℃);γ 为干湿表常数(kPa/℃)。

1. 年内、年际蒸发变化特征

1) 年内变化特征分析

对各区域进行季尺度蒸发分析发现,各区域蒸发 5～8 月较大,夏季蒸发远远大于其他三季,春季次之,蒸发最大月份出现在临—华区域 5 月,咸—临区域夏季蒸发最大,这与咸—临区域及临—华区域明显的城市化密切相关;蒸发由咸—临区域及临—华区域向流域上游逐渐降低,总体呈西北低,东南高的态势,结果见表 3.5。

表 3.5　渭河各区域蒸发季节分配表

区域	春季	夏季	秋季	冬季	合计
北道以上	235.83(30.96%)	313.27(41.13%)	136.30(17.89%)	76.34(10.02%)	761.74
张家山以上	269.02(30.92%)	365.63(42.02%)	151.24(17.38%)	84.26(9.68%)	870.16
状头以上	273.88(31.16%)	362.52(41.24%)	157.12(17.88%)	85.46(9.72%)	878.98
北—林	248.30(30.61%)	343.38(42.33%)	141.09(17.39%)	78.44(9.67%)	811.21
林—魏	246.23(29.46%)	360.03(43.08%)	146.55(17.54%)	82.86(9.92%)	835.67
魏—咸	248.46(29.15%)	362.83(42.57%)	151.79(17.81%)	89.28(10.48%)	852.35
咸—临	255.34(29.17%)	374.76(42.80%)	155.75(17.79%)	89.66(10.24%)	875.51
临—华	269.76(29.65%)	365.74(40.19%)	171.99(18.90%)	102.43(11.26%)	909.92
全区	255.85(30.12%)	356.02(41.91%)	151.48(17.83%)	86.09(10.14%)	849.44

注:表内括号外为蒸发量,单位 mm,括号内为各季蒸发量占全年比重。

2) 年际变化特征分析

渭河流域蒸发年际变化图及基本统计特征值见图 3.1 与表 3.6。由 C_v 值可以看出,张家山以上、魏—咸及咸—临区域蒸发年际变化最为剧烈,干流上北道以

上区域蒸发年际变化最小；由各区域年均蒸发可以看出，流域蒸发呈现由西北向东南逐渐增加的趋势；从倾向率来看，干流林家村—魏家堡、魏家堡—咸阳和咸阳—临潼为负值，年蒸发呈逐年下降趋势，魏家堡—咸阳区域下降趋势最为显著，其他区域年蒸发呈递增趋势，北道以上区域最为显著，全流域蒸发呈微弱递增趋势；年蒸发极大值多出现在 20 世纪，极小值多出现在 1964 年和 1984 年左右。

表 3.6　渭河流域蒸发序列年际变化表

区域	均值/mm	变差系数 C_v	偏态系数 C_s	最高年蒸发		最低年蒸发	
				年份	最高值/mm	年份	最低值/mm
北道以上	762	0.05	−0.46	1997	826	1989	665
张家山以上	870	0.08	−0.53	2004	1092	1964	713
状头以上	879	0.06	−0.59	1997	944	1964	713
北—林	811	0.06	−0.08	1977	896	1964	711
林—魏	836	0.07	−0.07	1969	957	1984	721
魏—咸	852	0.08	−0.13	1966	977	1984	720
咸—临	876	0.08	−0.22	1966	990	1984	722
临—华	910	0.07	−0.36	1997	1028	1989	773
全区	850	0.07	−0.31	1997	934	1964	721

2. **蒸发趋势性、持续性分析**

采用 Kendall 秩次相关检验法及经典重标极差法（R/S 分析法）对蒸发序列进行趋势性、持续性分析，结果见表 3.4。干流林—魏区域、魏—咸区域和咸—临区域检验统计量 U 均为负值，显著性检验时选取置信水平 95%，即 $|U| > U_{\alpha/2} = 1.96$，由表 3.4 可以看出，区域年蒸发呈递减趋势；其他区域 U 值均为正，且 $|U| < U_{\alpha/2} = 1.96$，蒸发呈不显著增加趋势，其中北道以上蒸发增加趋势较其他区域显著，临-华区域增加最为微弱。

各区域蒸发序列的 Hurst 指数均为 0.7～1，表明蒸发序列具有长程相关性，即过程具有正的持续性。魏—咸区域 Hurst 指数最大，表明其未来延续蒸发显著递减趋势的持续性最强，北道以上区域 Hurst 指数最小，持续性最弱。

3.1.3　气温演变规律

1）年内变化特征分析

对各区域月均气温进行分析，北—林区域和咸—临区域气温高于其他各区域；区域气温总体上分布呈西北低，东南高的态势；气温由西安地区向外逐渐降低；由于城市效应，咸阳—临潼区域月均气温均高于其他区域，结果见表 3.7。

表 3.7　渭河流域月均气温表　　　　　　（单位：℃）

区域	3月	4月	5月	6月	7月	8月	9月	10月	11月	12月	1月	2月
北道以上	1.4	7.3	12.0	15.5	17.6	16.7	12.1	6.5	0.3	−5.0	−6.7	−3.9
张家山以上	4.1	10.7	15.8	20.0	21.8	20.3	15.2	9.2	2.4	−3.3	−4.7	−1.7
状头以上	6.0	11.8	15.7	18.8	19.4	17.4	12.7	7.8	2.5	−1.9	−2.6	0.7
北—林	8.0	15.1	20.9	25.9	28.0	26.7	20.4	13.7	6.2	−0.3	−1.8	1.7
林—魏	7.7	13.8	18.9	24.0	25.6	24.2	18.8	13.2	6.6	0.9	−0.4	2.5
魏—咸	7.9	14.0	18.9	23.8	25.5	24.3	19.0	13.3	6.8	1.3	0.0	2.8
咸—临	8.2	14.4	19.3	24.2	26.0	24.7	19.4	13.6	7.1	1.5	0.2	3.0
临—华	3.9	10.3	15.4	19.8	21.6	20.6	15.9	9.9	3.4	−2.0	−3.7	−1.2
全区	5.9	12.2	17.1	21.5	23.2	21.9	16.6	10.9	4.4	−1.1	−2.5	0.5

2) 年际气温变化特征分析

分析各区域气温数据，得到渭河流域气温年际变化图及各区域基本统计特征值，见图 3.1 和表 3.8。由 C_v 值可以看出，北道以上区域气温年际变化最为剧烈，干流上林—魏区域气温年际变化最小。流域年均气温呈现由西北向东南逐渐增加的趋势；从倾向率来看，各区域倾向率均为正值，说明各区域气温呈现逐年递增的趋势，且咸—临区域气温增加最为剧烈，林—魏区域和临—华区域气温增加较为平缓；干流上林—魏区域、魏—咸区域和咸—临区域年最高气温均发生在 2002 年，其他区域年最高气温均发生在 1998 年。

表 3.8　渭河流域气温序列年际变化表

区域	均值/℃	变差系数 C_v	偏态系数 C_s	最高年气温 年份	最高值/℃	最低年气温 年份	最低值/℃
北道以上	5.3	0.09	0.29	1998	6.5	1967	4.3
张家山以上	9.0	0.07	0.09	1998	10.2	1967	7.6
状头以上	9.0	0.06	0.20	1998	10.4	1967	7.9
北—林	7.5	0.06	0.36	1998	8.4	1967	6.6
林—魏	8.3	0.04	0.61	2002	9.3	1967	7.8
魏—咸	13.1	0.05	0.77	2002	14.8	1984	12.2
咸—临	13.5	0.05	0.70	2002	15.0	1976	12.5
临—华	9.4	0.05	0.15	1998	10.6	1984	8.4
全流域	9.4	0.06	0.24	1998	9.7	1967	7.4

3) 趋势性分析

采用线性回归法对渭河流域 1960～2010 年的年气温序列进行了趋势性分析。采用 Mann-Kendall 检验方法进一步对趋势结果的显著性进行了判断,结果见表 3.4。可以看出:各区间年气温序列的斜率均为正值,说明气温呈逐年增加趋势;其中除临—华区域外,其余区域气温均通过显著性水平为 99.9% 的检验,表明渭河流域气温整体上以显著性增加趋势为主要变化状态。

3.1.4 径流演变规律

1. 径流地区分布

渭河流域的地表径流主要来源于大气降水,其分布与降水基本一致,总的趋势是由南向北递减,山区多,平原少。秦岭西部径流量为 200～700mm,径流最高地区在清姜河上游,大于 700mm,为渭河流域之最;最低区在泾、洛河源头,为10～25mm。

2. 径流年内、年际及代际变化特征分析

1) 年内变化特征分析

渭河流域径流主要集中在夏、秋两季,表 3.9 为各水文站年内径流分布。以华县站为例,夏、秋两季径流占全年的 74.0%,秋季略高于夏季,冬季径流量最少为7.91%。各站径流年内分配不均,汛期径流主要集中于 7～10 月,华县区域汛期径流占年径流量的 60.70%,最枯期占 7.91%。

表 3.9　渭河流域主要代表站径流季节分配表

站名	春季	夏季	秋季	冬季	合计
北道	1.87(16.89%)	4.43(40.02%)	3.77(34.06%)	1.00(9.03%)	11.07
林家村	3.01(17.15%)	6.36(36.24%)	7.10(40.46%)	1.08(6.15%)	17.55
魏家堡	5.14(17.60%)	10.10(34.58%)	11.98(41.01%)	1.99(6.81%)	29.21
咸阳	7.22(18.55%)	11.83(30.39%)	16.51(42.41%)	3.37(8.66%)	38.93
张家山	2.12(15.01%)	6.12(43.34%)	5.01(35.48%)	0.87(6.16%)	14.12
临潼	12.50(18.97%)	21.08(31.99%)	26.68(40.49%)	5.64(8.56%)	65.90
华县	11.97(18.10%)	20.92(31.63%)	28.02(42.36%)	5.23(7.91%)	66.14

注:表内括号外为径流量,单位亿 m³,括号内为各季径流量占全年比重。

2) 年际变化特征分析

渭河流域主要代表站径流序列年际变化如图 3.2 和表 3.10 所示,各站径流量呈现逐年减少的趋势;干流上各水文站倾向率的绝对值从上游到下游递增,说明径流减少量从上到下递增,符合一般规律。由各站 C_v 值和极值比可以看出,林家村

站年际变化最为剧烈,干流上临潼站年际变化最小,从上游到下游,各站径流年际变化逐渐变小;各站径流量最大值除北道站外均集中在 1964 年,年径流量最小值多集中于 1997 年左右,由于径流的年际变化起伏较大,对水资源的开发利用造成不利影响。

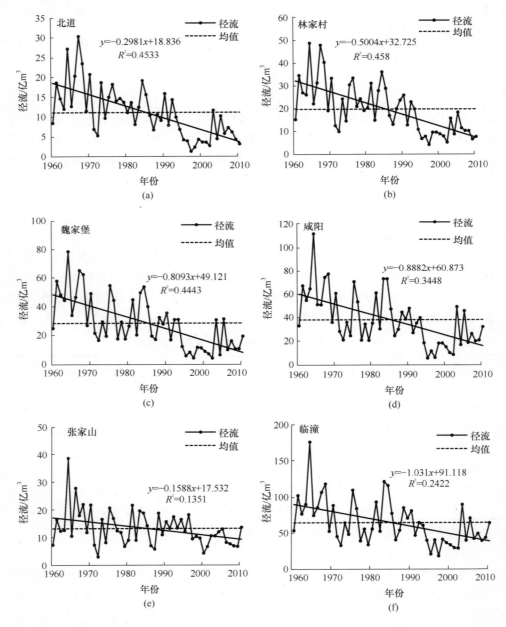

(a)　　　　　　　　　　　　　　　　　(b)

(c)　　　　　　　　　　　　　　　　　(d)

(e)　　　　　　　　　　　　　　　　　(f)

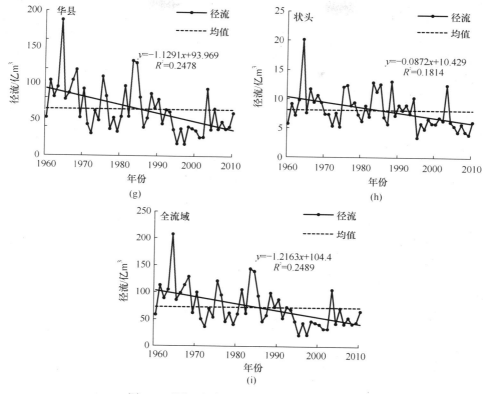

图 3.2　渭河流域主要代表站径流年际变化

表 3.10　渭河流域主要代表站径流序列年际变化表

站名	均值 /亿 m³	标准差	变差系数 C_v	偏态系数 C_s	最大年径流量			最小年径流量			最大值/最小值
					年份	极大值 /亿 m³	与多年平均比	年份	极小值 /亿 m³	与多年平均比	
北道	11.08	6.58	0.59	0.76	1967	30.35	2.74	1997	1.29	0.12	23.53
林家村	19.71	10.99	0.56	0.83	1964	48.82	2.48	1997	0.84	0.04	58.12
魏家堡	28.08	18.05	0.64	0.70	1964	78.55	2.80	2002	4.01	0.14	19.59
咸阳	37.78	22.49	0.60	0.86	1964	111.68	2.96	1995	5.28	0.14	21.15
张家山	13.40	6.42	0.48	1.36	1964	38.82	2.90	1972	3.22	0.24	12.06
临潼	64.31	31.14	0.48	1.10	1964	176.40	2.74	1997	18.19	0.28	9.70
华县	64.61	3372	0.52	1.18	1964	187.52	2.90	1997	16.82	0.26	11.15
状头	8.16	3.04	0.37	1.32	1964	20.15	2.47	1995	3.50	0.43	5.76
全区	72.77	36.24	0.50	1.23	1964	207.67	2.85	1995	21.00	0.29	9.89

3）代际变化特征分析

分析渭河流域主要水文站年径流量的代际变化,结果表明:径流的代际变化统计结果呈现有规律的波动变化,各站 20 世纪 60 年代水量最丰,魏家堡站径流是均值的 1.73 倍,为各站中最大;北道站、林家村站、魏家堡站和张家山站 2000 年以后为最枯期,其余各站 20 世纪 90 年代为最枯,林家村站最枯流量是均值的 0.33 倍,为各站中最小;从 70 年代开始径流总体呈下降趋势,且从 80 年代开始径流量小于多年平均值。尤其是近十年,径流量明显偏小,结果见表 3.10 和表 3.11。

表 3.11　渭河各主要站点径流量代际变化　　　　（单位:亿 m³）

站名	20 世纪 60 年代	20 世纪 70 年代	20 世纪 80 年代	20 世纪 90 年代	21 世纪后	均值	最丰均值	最枯均值
北道	17.92	13.67	11.65	7.05	5.67	11.08	1.53	0.51
较多年平均增加	6.84	2.59	0.57	−4.03	−5.41	—	—	—
林家村	31.49	17.17	17.07	8.27	9.97	19.71	1.87	0.33
较多年平均增加	11.78	−2.54	−2.64	−11.44	−9.74	—	—	—
魏家堡	48.72	29.75	32.92	16.56	14.04	28.12	1.64	0.49
较多年平均增加	20.60	1.63	4.80	−11.56	−14.08	—	—	—
咸阳	61.96	36.76	45.46	22.49	23.65	37.78	1.57	0.57
较多年平均增加	24.18	−1.02	7.68	−15.29	−14.13	—	—	—
张家山	17.96	12.74	13.63	13.78	8.79	13.30	1.30	0.62
较多年平均增加	4.66	−0.56	0.38	0.48	−4.51	—	—	—
临潼	93.57	60.07	76.50	44.90	48.15	64.31	1.41	0.68
较多年平均增加	29.26	−4.24	12.19	−19.41	−16.16	—	—	—
华县	96.18	59.48	79.16	43.79	46.41	64.61	1.44	0.66
较多年平均增加	31.57	−5.13	14.55	−20.82	−18.20	—	—	—
状头	10.12	8.35	9.22	7.11	6.22	8.16	1.19	0.84
较多年平均增加	1.96	0.19	1.06	−1.05	−1.94	—	—	—
全区	106.30	67.83	88.38	50.90	52.63	72.77	1.41	0.68

3. 径流趋势性、持续性分析

Mann-Kendall 法计算结果(表 3.12)表明渭河流域各站径流量均呈显著性减少趋势,林家村站径流量减少最为显著,张家山站最小;各区域径流量呈减少趋势,北—林区域径流减少最为显著。由 Hurst 指数知,各站点、区域 Hurst 指数均大于 0.6,持续性强,在未来一段时间内将继续保持径流减少趋势,其中林家村站径流 Hurst 指数最大,持续性最强。

表 3.12　径流趋势性及持续性检验结果

站名	$\sum d_i$	U	与$U_{\alpha/2}$比较	判别结果	Hurst 指数
北道	318	-5.19	$>$	显著递减	0.88
林家村	314	-5.26	$>$	显著递减	0.90
魏家堡	276	-4.57	$>$	显著递减	0.89
咸阳	373	-4.30	$>$	显著递减	0.86
张家山	375	-4.26	$>$	显著递减	0.77
临潼	423	-3.48	$>$	显著递减	0.80
华县	419	-3.55	$>$	显著递减	0.80
状头	424	-3.47	$>$	显著递减	0.68
全区	406	-3.76	$>$	显著递减	0.79

4. 径流变异诊断

分别采用 Mann-Kendall 法和累积距平法对渭河流域径流进行突变检测,其中显著性水平 $\alpha=0.05$。结果见表 3.13。渭河全区流域变异点出现在 1971 年和 1991 年。其中,北道、魏家堡和状头站变异点有 1 个,分别出现在 1985 年、1988 年和 1994 年;其余各分区均有 2 个变异点,林家村、临潼和华县的变异点出现时间相同,均为 1970 年和 1990 年;而咸阳变异点和张家山的首个变异点出现时间相同(1970 年),第二个变异点时间差异较大,分别为 1985 年和 1996 年。总体来看,渭河流域各分区的径流变异点均出现在 20 世纪 70 年代和 90 年代。

表 3.13　渭河流域主要站点年径流序列变异点表

站名	变异点个数/个	变异点位置	
		第一个	第二个
北道	1	1985 年	—
林家村	2	1970 年	1990 年
魏家堡	1	1988 年	—
咸阳	2	1970 年	1985 年
张家山	2	1970 年	1996 年
临潼	2	1970 年	1990 年
华县	2	1970 年	1990 年
状头	1	1994 年	—
全区	2	1971 年	1991 年

3.2　渭河流域未来降水、气温变化研究

3.2.1　CMIP5 模式数据处理及排放情景简介

　　为了促进气候系统模式的发展,世界气候研究计划(World Climate Research Program,WCRP)从 1989 年相继组织实施了海洋模式比较计划、大气模式比较计划、陆面过程模式比较计划和耦合模式比较计划(coupled model intercomparison project,CMIP),CMIP 是一整套耦合大气环流气候模式的比较计划。CMIP 的目的是向全球气候研究者免费提供在标准化的下垫面条件下,不同耦合模式对于过去、当前和未来气候的模拟数据,以便于研究者分析为什么不同模式对于相同的输入会得出不一样的输出结果,也可以(更多地)直接分析给出模拟结果的各种特征,从而最终有利于模式的改进。

　　CMIP 计划从大气模式比较计划(atmospheric model intercomparison project,AMIP)开始,经历了 CMIP1、CMIP2、CMIP3、CMIP4、CMIP5 几个阶段的发展,并已为模式研究提供了迄今为止时间最长、内容最为广泛的模式资料库,其中最重要的两个阶段是 2005 年至 2006 年的第三阶段(CMIP3)和始于 2010 年的第五阶段(CMIP5),每一个阶段都极大地推动了气候变化研究。相较于 CMIP3,CMIP5 中所有模式都包含了全球碳循环过程和动态植被过程;另外,参与 CMIP5 的全球气候系统耦合模式较 CMIP3 有所改进,体现在海洋和大气模式水平分辨率的提高,改进了大气环流动力框架,改善了通量处理方案对流层和平流层的气溶胶处理方案,有关 CMIP5 模式模拟能力的评估引起了全球众多学者的高度关注。CMIP5 提供了超过 50 个模式的模拟结果,这里列出当前国际上主要的 8 个模式结果,见表 3.14。

表 3.14　8 个 CMIP5 气候模式概况

模式名	单位及所属国家	大气模式分辨率
bcc-csm1-1	国家气候中心,中国	64×128 T42
CanESM2	加拿大气候模式与分析中心,加拿大	64×128 T42
CNRM-CM5	国家气象研究中心及欧洲高级培训与科学计算研究中心,法国	128×256 T127
CSIRO-MK3.6	澳大利亚联邦科学与工业研究院海洋大气研究所,昆士兰气候变化中心,澳大利亚	96×192 T63
inmcm4	数值计算研究所,俄罗斯	120×180
IPSL-CM5A-LR	皮埃尔西蒙拉普拉斯研究所,法国	96×96
MPI-ESM-LR	马克斯普朗克气象研究所,德国	96×192 T63
NorESM1-M	挪威气候中心,挪威	96×144

IPCC5 之前的排放情景特别报告中,给出了 6 种常用排放情景和在各种情景下的变暖估计,每种情景重点考虑局地和地区,不能完全反应气候公约中稳定大气温室气体浓度的目标。CMIP5 中全球气候变化未来预估试验采用温室气体排放新情景——典型浓度路径 RCPs(representative concentration pathways),用单位面积辐射强迫表示未来 100 年稳定浓度的新情景。未来情景试验包括四个试验,即 RCP2.6、RCP4.5、RCP6.0 和 RCP8.5。这样做概括了温室气体排放、大气污染物排放和土地利用对驱动未来气候变化的贡献,是气象研究中最新定义的排放情景。主要通过以下三点区别于以往的排放情景。

(1) 区别于 SRES(special report on emissions scenarios)主要致力于对温室气体排放,RCPs 不仅包含了从最高到最低大气排放情景,还包含了比较明确的气候条件缓解情景。

(2) RCPs 首次提供了土地利用的网格信息,网格信息中包含短期存在的气候驱动因子,如硫酸盐气溶胶,另外还有长期存在的温室气体。

(3) RCPs 包含了 4 个超长时期(2006~2300 年),能够评估未来超长时期的气候变化。

在 CMIP 的有力推动下,针对降水、气温的模拟和预估研究成果相继涌现,但由于 CMIP5 模式数据提交时间的原因,对此模式气候的历史模拟评估和未来预估还很少,对中国区域气候的模拟更少,研究主要集中在评估 CMIP5 模式对中国气候的模拟能力以及对全国或全国某些区域未来气候的预估。

本书采用 CMIP5 计划中精度较高的 CanESM2 模式 rlilpl(初始方法为 1、物理参数化为 1 的 1 次集合)月平均资料,根据资料的代表性及完整性,采用温室气体浓度中等排放(RCP4.5)及高等排放(RCP8.5)情景来预估未来 2011~2055 年的渭河流域月平均降水及气温。

3.2.2　统计降尺度研究

本节以渭河流域作为研究区域,建立降尺度模型,预报因子采用美国国家环境预报中心(National Center of Environment Prediction, NCEP)全球再分析月平均大气环流因子,其空间分辨率为 2.5°×2.5°,覆盖整个渭河流域的 21 个国家气象站点,采用这些气象站点 1960~2010 年实测资料作为计算基础。渭河流域气象站点和 NCEP 网格位置如图 3.3 所示。

统计降尺度是采用统计方法建立大尺度气候变量与区域气候变量之间的线性或非线性关系,基于某一特征量的函数关系,在不同尺度影像之间进行尺度转换。降尺度模型输入资料为 NCEP 再分析资料,此资料中气象因子与 CMIP5 输出气

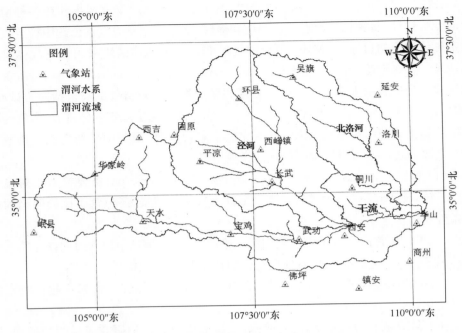

图 3.3　渭河流域气象站点与 NCEP 网格示意图

象因子名称和单位不同,表 3.15 为 NCEP 再分析资料和 CMIP5 输出资料的 20 个
因子对比表。CanESM2 模式网格空间分辨率为 2.8°×2.8°,与 NCEP 再分析数
据的分辨率 2.5°×2.5°不同,利用距离倒数权重插值法将其网格分辨率调整到与
NCEP 再分析数据相同,如图 3.4 所示。

表 3.15　CMIP5 与 NCEP 在再分析资料因子对比表

物理含义	CMIP5 输出资料		NCEP 再分析资料	
	变量名称	单位	变量名称	单位
850/500hPa 气温	ta85000/50000	K	Air850/500	℃
850/500hPa 位势高度	zg85000/50000	m	Hgt850/500	m
850/500hPa 空气压力朗格朗日趋势	wap85000/50000	Pa/s	Omega850/500	hPa/s
850/500hPa 相对湿度	hur85000/50000	%	Rhum850/500	%
850/500hPa 纬向风速	uas85000/50000	m/s	Uwnd850/500	m/s
850/500hPa 经向风速	vas85000/50000	m/s	Vwnd850/500	m/s
表面气温	ts	K	Air	℃
地表大气压力	ps	Pa	Pres	hPa
海平面压力	psl	Pa	Slp	hPa

续表

物理含义	CMIP5 输出资料		NCEP 再分析资料	
	变量名称	单位	变量名称	单位
地表纬向风速	ua	m/s	Vwnd	m/s
地表经向风速	va	m/s	Uwnd	m/s
地表风速	sfcwind	m/s	Wspd	m/s
对流层温度	tatrop	K	Airtrop	℃
对流层大气压力	Pstrop	Pa	Prestrop	Pa

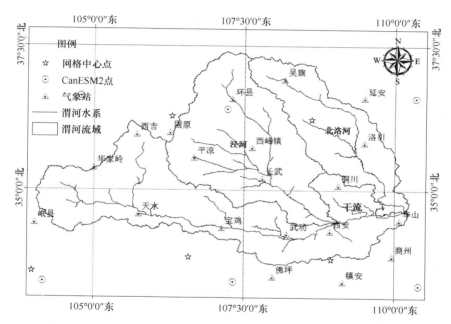

图 3.4　CanESM2 模式与 NCEP 再分析资料网格空间分辨率对比图

1. 大尺度气候因子的选择

统计降尺度法中最为重要的一步就是降尺度预报因子的选择，预报因子选择决定了未来气候情景的特征。气温要素的统计降尺度研究中广泛使用海平面气压、位势高度等气象环流因子，单从物理成因来看这些因子与降水和气温存在内在关联，若从模式自身特点来看，这些变量的模拟效果与实际贴合度高。但是仅仅两个因子并不能完整描述降水和气温的变化。其他因子的选择需遵循四个标准：①所选预报因子与预报量之间要有强相关性；②所选因子必须能表征大尺度气候场的重要物理过程;③必须能够准确模拟所选预报因子;④所选因子之间应为弱相关。预报因子根据上述标准粗选后,经过敏感性分析,选取如表 3.16 所示的预报因子。

表 3.16　统计降尺度中使用的预报因子

序号	预报因子	物理含义
1	Air850	850hPa 气温
2	Air500	500hPa 气温
3	Hgt850	850hPa 位势高度
4	Hgt500	500hPa 位势高度
5	Omega850	850hPa 垂直速度
6	Omega500	500hPa 垂直速度
7	Rhum850	850hPa 相对湿度
8	Rhum500	500hPa 相对湿度
9	Uwnd850	850hPa 纬向风速
10	Uwnd500	500hPa 纬向风速
11	Vwnd850	850hPa 经向风速
12	Vwnd500	500hPa 经向风速
13	Air	表面气温
14	Pres	地表大气压力
15	Slp	海平面压力
16	Vwnd	地表纬向风速
17	Uwnd	地表经向风速
18	Wspd	地表风速
19	Airtrop	对流层温度
20	Prestrop	对流层大气压力

2. 统计降尺度模型的建立和评价指标

确定大尺度气候预报因子后,可利用线性回归、神经网络等方法建立统计降尺度模型。这里利用逐步回归算法筛选因子,建立降尺度模型,然后利用 NCEP 观测资料来检验模式。主要过程如下。

1) 逐步回归法

首先定义一个衡量预报因子 x 对预报对象 y 重要性的指标,以便挑选出对 y 有最显著影响的 x。x 的挑选是依次逐步进行的,在建立回归方程时,每步只选一个 x,要使当步选出的 x 是全部可供筛选的 x 之中残差平方和下降最多的一个,并

能通过指定信度显著性 F 检验,若第一步选出的因子为 x_1,则组成第一步过渡方程:

$$y = b_0^{(1)} + b_1^{(1)} x_1 \qquad (3.2)$$

再根据衡量因子的重要性选出第二个因子,则组成第二步方程:

$$y = b_0^{(2)} + b_1^{(2)} x_1 + b_2^{(2)} x_2 \qquad (3.3)$$

式中,b_0、b_1、b_2 为回归方程的系数;上标(1)、(2)为回归方程的步数。

依此步骤继续下去,直至在还未引入回归方程的因子中,不存在对预报对象作用显著的因子为止。

2) 距离倒数权重插值法

距离倒数权重插值法(IDW)是目前较为常用的空间插值方法中的一种,它以插值点与样本点间的距离为权重进行加权平均,特点是离插值点越近的样本点赋予的权重越大。其计算公式为

$$Z = \sum_{i=1}^{n} \lambda_i Z(x_i) \sum_{i=1}^{n} \lambda_i = 1 \qquad (3.4)$$

式中,λ_i 为权重函数;Z 为权重和。

权重系数通过式(3.5)计算:

$$\lambda_i = h_i^{-p} \Big/ \sum_{i=1}^{n} h_i^{-p} \qquad (3.5)$$

式中,h_i 为相邻点到插值点的距离;p 和 n 为权重参数和相邻点的个数,文中取权重系数为1,相邻点的个数为2。

为了直观地评价两种统计降尺度方法的模拟效果,本书选择拟合度 R^2、均值相对误差 R_{mean}、标准差相对误差 R_{sd} 作为评价指标。

(1) 均值相对误差 R_{mean}

$$R_{mean} = \frac{\overline{X_{sim}} - \overline{X_{obs}}}{\overline{X_{obs}}} \times 100\% \qquad (3.6)$$

式中,$\overline{X_{obs}}$ 为实测月降水量的均值;$\overline{X_{sim}}$ 为统计降尺度法模拟的月降水量的均值。

(2) 标准差相对误差 R_{sd}

$$R_{sd} = \frac{\sigma_{sim} - \sigma_{obs}}{\sigma_{obs}} \times 100\% \qquad (3.7)$$

式中,σ_{obs} 为实测月降水量的标准差;σ_{sim} 为统计降尺度法模拟的月降水量的标准差。

3.2.3　降水模拟结果分析

1. 逐步回归算法率定结果

利用渭河流域 21 个气象站降水预报因子和各月实测降水资料(1960 年 1 月～

2000 年 12 月用于率定参数,2001 年 1 月~2010 年 12 月用于验证参数),采用逐步回归建立统计降尺度模型,对 21 个气象站降水进行模拟,通过泰森多边形法计算渭河流域面降水的变化情况,并计算相应评价指标,具体结果见表 3.17。由表可知:在逐步回归统计降尺度率定期,20 个因子与降水之间的线性关系较好,R^2 为 0.515~0.787,1 月和 5 月的线性关系最好,2 月和 6 月线性关系最差。该方法对月降水序列的均值模拟出的相对误差 R_{mean} 为 -0.49%~13.90%。对标准差的模拟效果相对较差,相对误差 R_{sd} 为 -17.8%~-43.96%,模拟值较实测值偏小。

表 3.17 基于逐步回归法的渭河流域月降水率定结果

月份	实测降水		统计降尺度模拟降水				
	均值/mm	标准差/mm	均值/mm	$R_{mean}/\%$	标准差/mm	$R_{sd}/\%$	R^2
1	4.44	3.30	4.86	9.65	2.71	−17.80	0.743
2	7.06	5.03	7.62	7.91	3.02	−39.99	0.532
3	20.57	9.78	20.99	2.04	6.56	−32.86	0.698
4	39.57	17.18	39.38	−0.48	12.66	−26.29	0.702
5	54.21	29.90	53.95	−0.49	23.05	−22.92	0.787
6	60.62	26.55	62.52	3.13	14.88	−43.96	0.515
7	107.14	36.59	108.73	1.48	23.58	−35.56	0.619
8	101.58	39.98	102.66	1.06	30.50	−23.71	0.697
9	86.89	42.29	88.58	1.95	29.97	−29.13	0.601
10	48.31	24.66	49.31	2.08	18.75	−23.95	0.637
11	17.11	11.33	17.68	3.33	7.64	−32.61	0.591
12	3.69	4.11	4.20	13.90	2.67	−35.04	0.622

2. 逐步回归算法验证结果

据上述已率定好的参数,结合 2001~2010 年的降水预报因子,得出 2001~2010 年的模拟降水数据,并计算流域值,验证逐步回归模拟效果,结果见表 3.18。可以看出,检验期的模拟结果劣于率定期,其中 R^2 为 0.036~0.842,5 月和 10 月的线性关系最好,6 月线性关系最差,基本上不相关。R_{mean} 为 -35.82%~2.20%,R_{sd} 为 -3.59%~-68.96%,模拟值仍然较实测值偏小。

表 3.18 **基于逐步回归法的渭河流域月降水验证结果**

月份	实测降水		统计降尺度模拟降水				
	均值/mm	标准差/mm	均值/mm	R_{mean}/%	标准差/mm	R_{sd}/%	R^2
1	7.30	5.62	5.54	−24.06	4.12	−26.66	0.601
2	10.64	3.91	8.35	−21.52	1.86	−52.39	0.036
3	16.56	8.47	14.84	−10.38	6.79	−19.77	0.758
4	26.59	12.69	26.59	0.01	11.00	−13.29	0.725
5	50.27	23.10	51.37	2.20	22.27	−3.59	0.842
6	65.72	22.53	57.95	−11.82	7.00	−68.96	0.149
7	100.33	28.37	100.72	0.39	21.31	−24.88	0.689
8	106.22	39.54	102.05	−3.93	23.15	−41.45	0.737
9	93.59	28.49	86.64	−7.43	13.60	−52.27	0.328
10	45.13	23.13	41.01	−9.14	18.42	−20.37	0.818
11	12.11	12.27	9.78	−19.25	8.19	−33.29	0.524
12	5.87	3.94	3.77	−35.82	3.52	−10.60	0.813

3.2.4 气温模拟结果分析

1. 逐步回归算法率定结果

对气温的模拟情况见表 3.19。可以看出,逐步回归对月气温序列的均值模拟效果较好,R_{mean} 为 −1.41% ~ 1.19%,对标准差的模拟相对来说较差,R_{sd} 为 −3.66% ~ −25.28%,可见模拟值较实测值来说偏小;R^2 为 0.659 ~ 0.959,2 月和 11 月的线性关系最好,R^2 较大,接近于 1,6 月线性关系最差,R^2 相对较小。

表 3.19 **基于逐步回归法的渭河流域月气温率定结果**

月份	实测气温		统计降尺度模拟气温				
	均值/℃	标准差/℃	均值/℃	R_{mean}/%	标准差/℃	R_{sd}/%	R^2
1	−4.45	1.16	−4.45	−0.01	1.03	−11.75	0.885
2	−1.60	1.89	−1.59	−1.06	1.79	−5.21	0.959
3	4.04	1.27	4.05	0.31	1.21	−4.40	0.934
4	10.55	1.18	10.55	−0.07	1.07	−9.50	0.909
5	15.68	1.09	15.65	−0.16	1.00	−8.82	0.842
6	19.84	0.89	20.08	1.19	0.73	−17.81	0.659
7	21.74	0.89	21.75	0.06	0.66	−25.28	0.697

月份	实测气温		统计降尺度模拟气温				
	均值/℃	标准差/℃	均值/℃	R_{mean}/%	标准差/℃	R_{sd}/%	R^2
8	20.55	1.02	20.58	0.14	0.89	−13.31	0.798
9	15.32	0.99	15.31	−0.10	0.86	−13.47	0.840
10	9.54	0.98	9.47	−0.74	0.82	−16.61	0.877
11	2.78	1.29	2.76	−0.87	1.24	−3.66	0.954
12	−2.84	1.58	−2.80	−1.41	1.52	−4.27	0.952

2. 逐步回归算法验证结果

同样,验证统计降尺度模拟的效果,结果见表 3.20。由表可知,检验期的模拟结果仍劣于率定期,R_{mean} 为 −34.32%～6.05%,R_{sd} 为 −16.13%～10.43%,模拟值仍然较实测值偏小。R^2 为 0.566～0.991,2 月线性关系最好,6 月线性关系最差。

表 3.20 基于逐步回归法的渭河流域月气温验证结果

月份	实测气温		统计降尺度模拟气温				
	均值/℃	标准差/℃	均值/℃	R_{mean}/%	标准差/℃	R_{sd}/%	R^2
1	−3.80	1.42	−3.81	0.19	1.48	3.75	0.929
2	0.20	2.13	0.13	−34.32	2.23	5.15	0.991
3	5.61	0.97	5.56	−0.93	0.84	−12.80	0.880
4	11.41	1.40	11.44	0.25	1.39	−0.64	0.947
5	16.39	1.34	16.30	−0.52	1.25	−6.92	0.948
6	20.68	0.66	20.85	0.82	0.73	10.43	0.566
7	22.08	0.65	22.03	−0.24	0.69	6.53	0.873
8	20.22	0.91	20.36	0.72	0.88	−4.00	0.834
9	15.63	0.79	15.55	0.40	0.66	−16.13	0.764
10	9.92	1.12	10.21	2.92	1.05	−6.67	0.958
11	3.37	1.14	3.47	3.00	1.01	−11.40	0.961
12	−2.72	1.06	−2.88	6.05	0.95	−9.97	0.932

3.2.5 渭河流域未来降水、气温变化

统计降尺度模型是基于 NCEP 再分析资料,其中大尺度预报因子与 CMIP5 中的因子名称有所不同,因此需将两种数据进行对比并转换,如表 3.21 所示。

CMIP5 中 CanESM2 模式的网格空间分辨率为 $2.8° \times 2.8°$，与 NCEP 不同，采用距离倒数权重插值法将其网格分辨率调整到与 NCEP 相同。在上述研究成果的基础上，利用得到的回归方程，根据该模式在 RCP8.5、RCP4.5 两种情景下的输出，选取 1960～2010 年作为基准期，预测未来 2010s(2011～2019 年)、2020s(2020～2029 年)、2030s(2030～2039 年)、2040s(2040～2049 年)和 2050s(2050～2055 年)五个时期的降水和气温。

表 3.21 CMIP5 与 NCEP 因子对比表

因子	CMIP5		NCEP	
	变量名称	单位	变量名称	单位
850/500hPa 气温	ta85000/50000	K	Air850/500	℃
850/500hPa 位势高度	zg85000/50000	m	Hgt850/500	m
850/500hPa 空气压力朗格朗日趋势	wap85000/50000	Pa/s	Omega850/500	hPa/s
850/500hPa 相对湿度	hur85000/50000	%	Rhum850/500	%
850/500hPa 纬向风度	uas85000/50000	m/s	Uwnd850/500	m/s
850/500hPa 经向风度	vas85000/50000	m/s	Vwnd850/500	m/s
表面气温	ts	K	Air	℃
地表大气压力	ps	Pa	Pres	hPa
海平面压力	psl	Pa	Slp	hPa
地表纬向风速	ua	m/s	Vwnd	m/s
地表经向风速	va	m/s	Vwnd	m/s
地表风速	sfcwind	m/s	Wspd	m/s
对流层温度	tatrop	K	Airtrop	℃
对流层大气压力	pstrop	Pa	Prestrop	Pa

1. 未来降水

由图 3.5 可以看出，不论哪种排放情景，未来五个时期，多年平均降水的预测值与基准期实测值相比均有所减少，特别是 2010s，减少量最大。2010s～2050s 期间在 RCP4.5 情景下，均值较基准期减少了 132mm，RCP8.5 情景下减少了 133mm。对比两种不同的排放情景，可以看出，未来渭河流域的降水量随着温室气体排放的增加呈现略微减少的趋势。

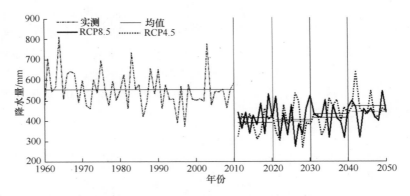

图 3.5　两种排放情景下 CanESM2 对未来渭河流域降水模拟

在 RCP4.5 及 RCP8.5 排放情景下,各个时期未来降水量总体呈现出先减少后增加的趋势,在每个时期内降水量有不同的变化趋势,各个时期降水与基准期均值之差及变化率如表 3.22 所示。

表 3.22　两种情景下 CanESM2 模拟效果对比表

时间	RCP4.5			RCP8.5		
	降水/mm	与基准期均值之差/mm	变化率/%	降水/mm	与基准期均值之差/mm	变化率/%
基准期	551	—	—	551	—	—
2010s	383	−168	−30.5	405	−146	−26.5
2020s	411	−140	−25.4	398	−153	−27.7
2030s	390	−161	−29.2	425	−126	−22.9
2040s	461	−90	−16.3	420	−131	−23.8
2050s	462	−89	−16.2	453	−98	−17.8

在 RCP4.5 排放情景下,未来五个时期与基准期相比,各个时期降水在四个季节中均有不同幅度的减少。由表 3.23 可以看出:降水最大月份出现在 7 月和 8 月,2030s 和 2050s 是 7 月;最小月份均出现在 1 月。在该情景下,将渭河流域未来五个时期月均降水与基准期之差绘于图 3.6,该图表明,渭河流域未来五个时期的降水变化具有明显的季节差异。年均降水在 RCP4.5 情景下以夏、秋季变化最为显著,夏季变化值分别减少了 65mm、44mm、79mm、62mm 和 24mm,秋季变化值分别减少了 53mm、51mm、31mm、17mm 和 39mm。

表 3.23　RCP4.5 情景下 CanESM2 模拟的未来降水与基准期降水年内分配对比表

（单位：mm）

	春			夏			秋			冬			合计
基准期	3月	4月	5月	6月	7月	8月	9月	10月	11月	12月	1月	2月	
	20	37	54	62	106	103	89	48	16	4	5	8	551
	111			271			153			17			
	春			夏			秋			冬			合计
2010s	3月	4月	5月	6月	7月	8月	9月	10月	11月	12月	1月	2月	
	17	39	20	40	73	93	67	23	10	0	0	2	383
	76			206			100			2			
	春			夏			秋			冬			合计
2020s	3月	4月	5月	6月	7月	8月	9月	10月	11月	12月	1月	2月	
	16	40	31	47	83	90	61	32	9	1	0	1	411
	88			220			102			2			
	春			夏			秋			冬			合计
2030s	3月	4月	5月	6月	7月	8月	9月	10月	11月	12月	1月	2月	
	17	38	23	45	78	69	71	35	11	2	0	1	390
	77			192			117			3			
	春			夏			秋			冬			合计
2040s	3月	4月	5月	6月	7月	8月	9月	10月	11月	12月	1月	2月	
	21	40	57	42	83	84	75	43	15	2	0	1	461
	117			209			132			3			
	春			夏			秋			冬			合计
2050s	3月	4月	5月	6月	7月	8月	9月	10月	11月	12月	1月	2月	
	21	41	40	39	114	91	60	42	12	1	0	2	462
	102			243			114			3			

在 RCP8.5 排放情景下，未来各时期与基准期相比，降水在四个季节中均有不同程度的减少。由表 3.24 可以看出：降水最大月份出现在 7 月、8 月；降水最小月份出现在 1 月；未来各个时期降水与基准期相比，减少量最多是 2020s，减少量最少是 2050s。在 RCP8.5 情景下，将该流域未来五个时期月均降水与基准期之差绘于图 3.7 中，明显地看出，渭河流域未来五个时期的降水变化也具有明显的季节差异。年均降水在 RCP8.5 情景下以夏秋季变化最为显著，夏季变化值分别减少了 76mm、62mm、52mm、54mm 和 45mm，秋季变化值分别减少了 22mm、57mm、31mm、56mm 和 22mm。

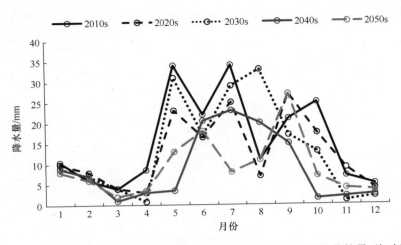

图 3.6　RCP4.5 排放情景下未来渭河流域降水相较于基准期的变化情景（绝对差）

表 3.24　RCP8.5 情景下 CanESM2 模拟的未来降水与基准期降水年内分配对比表

（单位：mm）

	春			夏			秋			冬			合计
基准期	3月	4月	5月	6月	7月	8月	9月	10月	11月	12月	1月	2月	551
	20	37	54	62	106	103	89	48	16	4	5	8	
	111			271			153			17			
	春			夏			秋			冬			合计
2010s	3月	4月	5月	6月	7月	8月	9月	10月	11月	12月	1月	2月	405
	20	34	24	45	71	79	93	26	11	0	0	1	
	78			195			131			1			
	春			夏			秋			冬			合计
2020s	3月	4月	5月	6月	7月	8月	9月	10月	11月	12月	1月	2月	398
	19	41	33	39	82	84	67	19	11	1	0	2	
	93			205			96			3			
	春			夏			秋			冬			合计
2030s	3月	4月	5月	6月	7月	8月	9月	10月	11月	12月	1月	2月	425
	18	37	32	51	88	77	82	28	11	0	0	1	
	88			215			122			1			

续表

	春			夏			秋			冬			合计
2040s	3月	4月	5月	6月	7月	8月	9月	10月	11月	12月	1月	2月	
	17	44	46	48	101	63	53	36	8	1	0	2	420
	107			213			97			3			

	春			夏			秋			冬			合计
2050s	3月	4月	5月	6月	7月	8月	9月	10月	11月	12月	1月	2月	
	21	38	37	47	101	78	68	49	13	1	0	1	453
	96			226			131			2			

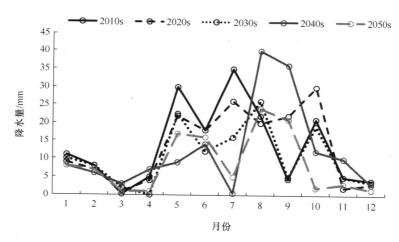

图 3.7　RCP8.5 排放情景下未来渭河流域降水相较于基准期的变化情景（绝对差）

2. 未来气温

由图 3.8 可以看出,2010s、2020s 和 2030s 三个时期多年平均气温的预测值与基准期实测值相比均有所降低,2040s 和 2050s 两个时期多年平均气温的预测值与基准期实测值相比均有所升高,RCP4.5 较基准期降低了 0.17℃,RCP8.5 较基准期降低了 0.14℃。对比两种不同的排放情景,可以看出未来渭河流域的气温随着温室气体排放的增加呈升高趋势。

在 RCP4.5 及 RCP8.5 排放情景下,各个时期未来气温总体呈现出先降低后升高的趋势,但在每个时期内气温有不同的变化趋势,各个时期气温分别与基准期均值之差及趋势(升高或降低率)见表 3.25。

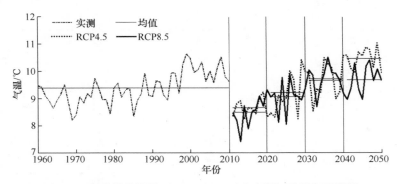

图 3.8　两种排放情景下 CanESM2 对未来渭河流域气温模拟

表 3.25　两种情景下 CanESM2 模拟效果对比表

时间	RCP4.5			RCP8.5		
	气温/℃	与基准期均 值之差/℃	变化率/%	气温/℃	与基准期均 值之差/℃	变化率/%
基准期	9.39	—	—	9.39	—	—
2010s	8.38	−1.01	−10.8	8.67	−0.72	−7.7
2020s	8.99	−0.40	−4.3	8.83	−0.56	−6.0
2030s	9.33	−0.06	−0.6	9.70	0.31	3.3
2040s	9.69	0.30	3.2	10.33	0.94	10.0
2050s	9.87	0.48	5.1	10.33	0.94	10.0

　　RCP4.5 排放情景下,未来五个时期与基准期相比,春冬季气温有所降低,夏秋季气温有所升高。由表 3.26 可以看出:气温最高月份在基准期是 7 月,在其他各个时期也均为 7 月;气温最低月份在基准期和其他各个时期均是 1 月;未来各个时期气温较基准期降低最多的是 2010s,升高最多的是 2050s。

表 3.26　RCP4.5 情景下 CanESM2 模拟的未来气温与基准期气温年内分配对比表

（单位:℃）

	春			夏			秋			冬			年平均
基准期	3 月	4 月	5 月	6 月	7 月	8 月	9 月	10 月	11 月	12 月	1 月	2 月	
	4.34	10.72	15.82	20.01	21.81	20.49	15.38	9.61	2.90	−2.82	−4.33	−1.25	9.39
	10.29			20.77			9.30			−2.80			
	春			夏			秋			冬			年平均
2010s	3 月	4 月	5 月	6 月	7 月	8 月	9 月	10 月	11 月	12 月	1 月	2 月	
	−0.42	6.41	16.84	21.90	24.08	23.09	14.64	6.79	3.63	−8.11	−9.22	0.88	8.38
	7.61			23.02			8.35			−5.49			

续表

	春			夏			秋			冬			年平均
2020s	3 月	4 月	5 月	6 月	7 月	8 月	9 月	10 月	11 月	12 月	1 月	2 月	
	−0.05	7.63	16.87	21.51	24.64	23.16	15.61	7.63	4.71	−6.51	−8.07	0.77	8.99
	8.15			23.10			9.31			−4.61			
	春			夏			秋			冬			年平均
2030s	3 月	4 月	5 月	6 月	7 月	8 月	9 月	10 月	11 月	12 月	1 月	2 月	
	−0.11	8.70	17.72	22.07	24.89	23.81	15.81	7.63	5.25	−6.85	−8.80	1.85	9.33
	8.77			23.59			9.56			−4.60			
	春			夏			秋			冬			年平均
2040s	3 月	4 月	5 月	6 月	7 月	8 月	9 月	10 月	11 月	12 月	1 月	2 月	
	1.03	9.06	17.14	22.69	25.33	24.32	16.21	7.41	5.20	−6.40	−8.24	2.53	9.69
	9.08			24.12			9.61			−4.04			
	春			夏			秋			冬			年平均
2050s	3 月	4 月	5 月	6 月	7 月	8 月	9 月	10 月	11 月	12 月	1 月	2 月	
	1.16	8.89	17.75	22.88	24.75	23.84	16.68	8.09	5.67	−5.82	−7.25	1.83	9.87
	9.26			23.82			10.15			−3.75			

在该情景下,将该流域未来各个时期月均气温与基准期之差绘于图 3.9,由图可知,该流域未来各个时期的气温在 RCP4.5 情景下以春冬季变化较为显著,该情景下未来五个时期的春季分别变化 2.7℃、2.1℃、1.0℃、1.2℃和 1.0℃,冬季分别变化 2.7℃、1.8℃、1.8℃、1.2℃和 1.0℃。

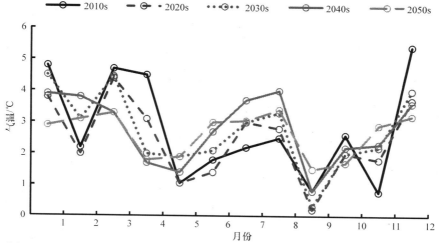

图 3.9　RCP4.5 排放情景下未来渭河流域气温相较于基准期的变化情景(绝对差)

RCP8.5 排放情景下,未来五个时期与基准期相比,春冬季气温有所降低,夏秋季气温有所升高;由表 3.27 可以看出:气温最高月份在基准期和其他各个时期均是 7 月;气温最低月份在基准期和其他各个时期均为 1 月;未来各个时期气温较基准期降低最多的是 2010s,升高最多的是 2040s 和 2050s。

表 3.27　RCP8.5 情景下 CanESM2 模拟的未来气温与基准期气温年内分配对比表

（单位:℃）

	春			夏			秋			冬			年平均
基准期	3 月	4 月	5 月	6 月	7 月	8 月	9 月	10 月	11 月	12 月	1 月	2 月	
	4.34	10.72	15.82	20.01	21.81	20.49	15.38	9.61	2.90	−2.82	−4.33	−1.25	9.39
	10.29			20.77			9.30			−2.80			
	春			夏			秋			冬			年平均
2010s	3 月	4 月	5 月	6 月	7 月	8 月	9 月	10 月	11 月	12 月	1 月	2 月	
	−0.78	6.90	17.39	21.70	23.96	23.21	14.78	6.28	4.91	−6.87	−8.27	0.83	8.67
	7.84			22.96			8.66			−4.77			
	春			夏			秋			冬			年平均
2020s	3 月	4 月	5 月	6 月	7 月	8 月	9 月	10 月	11 月	12 月	1 月	2 月	
	−0.56	7.04	16.01	22.54	24.38	22.98	15.52	7.72	4.97	−8.02	−8.56	1.98	8.83
	7.50			23.30			9.40			−4.87			
	春			夏			秋			冬			年平均
2030s	3 月	4 月	5 月	6 月	7 月	8 月	9 月	10 月	11 月	12 月	1 月	2 月	
	0.84	9.01	17.83	22.14	24.89	24.31	16.07	7.69	5.33	−5.98	−7.95	2.24	9.70
	9.23			23.78			9.70			−3.90			
	春			夏			秋			冬			年平均
2040s	3 月	4 月	5 月	6 月	7 月	8 月	9 月	10 月	11 月	12 月	1 月	2 月	
	1.74	8.85	18.42	22.98	25.16	24.54	17.02	7.79	6.23	−4.82	−7.15	3.24	10.33
	9.67			24.23			10.35			−2.91			
	春			夏			秋			冬			年平均
2050s	3 月	4 月	5 月	6 月	7 月	8 月	9 月	10 月	11 月	12 月	1 月	2 月	
	0.60	9.79	19.65	23.53	25.89	25.11	16.68	9.02	5.49	−6.39	−7.82	2.41	10.33
	10.01			24.84			10.40			−3.93			

同样,将该流域在 RCP8.5 情景下未来各个时期月均气温与基准期之差绘于图 3.10,由图可知,该流域未来各个时期的气温也以春冬季变化较为显著,该情景下未来五个时期的春季分别变化 2.5℃、2.8℃、1.1℃、0.6℃和 0.3℃,冬季分别变化 2.0℃、2.1℃、1.1℃、0.1℃和 1.1℃。

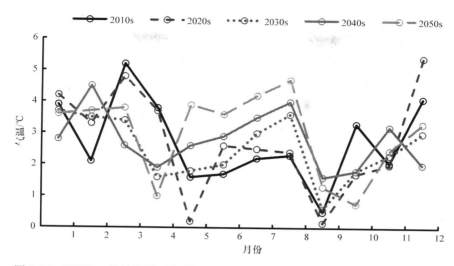

图 3.10 RCP8.5 排放情景下未来渭河流域气温相较于基准期的变化情景（绝对差）

3.3 渭河流域土地利用变化特征分析

土地利用方式的改变或覆被的变化受人类活动和自然因素两个方面的影响，主要包括土地利用或覆被类型、面积及组合方式在空间上随时间的变化。

3.3.1 不同时期土地利用类型构成

通过 ArcGIS 空间分析工具，对渭河流域 1985 年、1995 年和 2005 年三期土地利用数据（图 3.11）进行了解析，得到不同时期流域土地利用类型面积及所占比例，结果如表 3.28 所示。从表 3.28 可以看出，渭河流域土地利用类型由耕地、有林地、灌木林、低覆盖草地、高覆盖草地、水域、农村居民用地、城镇用地、建设用地及裸地构成。其中，耕地为最主要的土地利用方式，面积约为 60000km²，占总面积的 50% 左右；其次为低覆盖草地利用方式，面积约为 40000km²，占总面积的 30% 左右，两者之和约占总面积的 80%。其余土地利用方式面积所占比例较小，有林地约占 8%，灌木林约占 6%，高覆盖草地约占 4%，农村居民用地、水域、城市建设及裸地面积甚小，所占比例不足 1%。

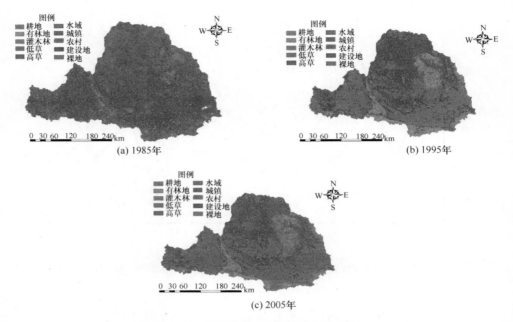

图 3.11　渭河流域不同时期土地利用图

表 3.28　渭河流域土地利用类型所占面积及比例

土地利用类型	1985 年		1995 年		2005 年	
	面积/km²	比例/%	面积/km²	比例/%	面积/km²	比例/%
耕地	60250	44.91	65962	49.16	66399	49.49
灌木	8778	6.54	7839	5.84	8449	6.30
有林	12399	9.24	11013	8.21	11089	8.26
高草	6062	4.52	5746	4.28	6441	4.80
低草	42968	32.03	42428	31.62	40499	30.18
水域	829	0.62	401	0.30	300	0.22
农村	2186	1.63	249	0.12	249	4.80
城镇	414	0.31	163	0.30	587	0.44
建设	69	0.05	76	0.06	69	0.05
裸地	204	0.15	137	0.10	91	0.44

3.3.2　土地利用变化率

　　渭河流域主要的土地利用方式虽然为耕地、林地和草地,三者面积之和占到流域总面积的 98% 以上,但面积变化不明显。1995 年耕地面积比 1985 年增加了

9.48%,林地和草地面积均有所减少,林地减少的速度更为明显。林地类型中,有林地和灌木林面积分别减少了 11.18% 和 10.70%;草地类型中,高覆盖草地和其他草地面积分别减少了 5.21% 和 1.26%。与 1995 年相比,2005 年耕地、有林地、灌木林和高覆盖草地面积均有所增加,灌木林和高覆盖草地增加速度较快,分别为 7.22% 和 10.78%;耕地和有林地增加速度较缓慢,分别为 0.66% 和 0.69%;低覆盖草地面积减少了 4.76%。其余几种土地利用类型所占面积较小,但变化剧烈。1995 年与 1985 年相比,农村居民用地、水域和裸地均大面积减少,减少比例分别为 92.54%、51.61% 和 32.52%。建设用地和城镇用地分别增加了 10.11% 和 1.49%。2005 年与 1995 年相比,水域、裸地和建设用地分别减少了 33.91%、51.82% 和 9.92%,城镇用地和农村居民用地分别增加了 30.64% 和 34.45%(图 3.12)。

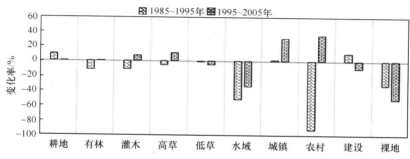

图 3.12 渭河流域不同时期土地利用类型面积变化比例

3.3.3 土地利用转移矩阵

土地利用转移矩阵是土地利用类型相互转换关系的定量描述,用于分析土地利用类型的内在变化过程和转换趋势,它不仅包含了一定时期内土地利用方式的静态信息,而且包含了更为丰富的各类土地利用在时期初和末的动态转换信息。土地利用转移矩阵的通用形式如表 3.29 所示。

表 3.29　土地利用转移矩阵

$T_1 \sim T_2$	A_1	A_2	$\cdots$	A_n
A_1	P_{11}	P_{12}	$\cdots$	P_{1n}
A_2	P_{21}	P_{22}	$\cdots$	P_{2n}
$\vdots$	$\vdots$	$\vdots$	$\vdots$	$\vdots$
A_n	P_{n1}	P_{n2}	$\cdots$	P_{nn}

注:T_1 和 T_2 时刻分别表示时段初和时段末;P_{nn} 表示时段初 T_1 时刻第 i 类土地利用的总面积或百分比。

　　本书采用 ArcGIS 软件分析计算土地利用类型的空间转移面积,将时段初和时段末两期土地利用类型图在 ArcGIS 软件中进行空间矢量叠加,得到时段内土地利用类型的空间矢量变化图,进而提取出流域土地利用类型的空间变化属性值。渭河流域 1985～1995 年的土地利用转移矩阵如表 3.30 所示,1995～2005 年的土地利用转移矩阵如表 3.31 所示。

表 3.30　1985～1995 年渭河流域土地利用转移矩阵

转移面积/km²	耕地	有林	灌木林	高草	低草	水域	城镇	农村	建设	裸地
耕地	44421	683	963	643	13065	205	117	102	32	20
有林	1385	7145	1189	935	1695	14	11	7	8	10
灌木	1194	949	4064	721	1835	6	1	0	2	6
高草	622	1160	588	2827	856	5	2	1	0	3
低草	15730	974	998	599	24543	35	19	12	10	48
水域	483	23	19	11	148	122	7	4	4	7
城镇	141	5	2	1	19	3	240	2	1	0
农村	1874	23	8	8	218	9	9	33	3	1
建设	42	1	1	1	5	1	2	2	15	0
裸地	63	45	7	2	42	1	0	0	0	43
转移比例/%	耕地	有林	灌木林	高草	低草	水域	城镇	农村	建设	裸地
耕地	74	1	2	1	22	0	0	0	0	0
有林	11	58	10	8	14	0	0	0	0	0
灌木	14	11	46	8	21	0	0	0	0	0
高草	10	19	10	47	14	0	0	0	0	0
低草	37	2	2	1	57	0	0	0	0	0
水域	58	3	2	1	18	15	1	1	1	1
城镇	34	1	0	0	5	1	58	0	0	0
农村	86	1	0	0	10	0	0	1	0	0
建设	61	1	1	1	7	1	2	3	22	0
裸地	31	22	3	1	21	0	0	0	0	21

表 3.31　1995～2005 年渭河流域土地利用转移矩阵

转移面积/km²	耕地	有林	灌木林	高草	低草	水域	城镇	农村	建设	裸地
耕地	53661	594	880	643	9547	143	252	189	37	14
有林	527	7627	936	984	900	9	8	2	3	17
灌木	724	902	4782	554	861	6	3	2	1	5

续表

转移面积/km²	耕地	有林	灌木林	高草	低草	水域	城镇	农村	建设	裸地
高草	496	839	525	3333	548	1	1	1	0	2
低草	10451	1086	1310	917	28552	45	18	28	5	15
水域	265	8	7	3	25	85	3	2	3	1
城镇	102	6	0	1	11	0	283	4	0	0
农村	106	3	1	1	11	1	16	20	3	0
建设	34	13	2	1	3	2	3	0	13	0
裸地	33	11	5	3	42	7	0	0	0	37

转移比例/%	耕地	有林	灌木林	高草	低草	水域	城镇	农村	建设	裸地
耕地	81	1	1	1	14	0	0	0	0	0
有林	5	69	9	9	8	0	0	0	0	0
灌木	9	12	61	7	11	0	0	0	0	0
高草	9	15	9	58	10	0	0	0	0	0
低草	25	3	3	2	67	0	0	0	0	0
水域	66	2	2	1	6	21	1	0	1	0
城镇	25	2	0	0	3	0	69	1	0	0
农村	65	2	1	1	6	1	10	13	2	0
建设	45	17	3	2	4	3	4	1	21	0
裸地	24	8	3	2	31	5	0	0	0	27

渭河流域 1985～1995 年的土地利用转移矩阵表明,耕地、林地和草地之间相互转移频率较高。其中,耕地主要转化为低覆盖草地,转移比例为 22%,转化面积为 13065km²;有林地主要转化为耕地和低覆盖草地,转移比例分别为 11% 和 14%,转化面积分别为 1385km² 和 1695km²;灌木林主要转化为耕地、有林地和低覆盖草地,转移比例分别为 14%、11% 和 21%,转化面积分别为 1194km²、949km² 和 1835km²;高覆盖草地主要转化为有林地和低覆盖草地,转移比例分别为 19% 和 14%,转化面积分别为 1160km² 和 856km²;低覆盖草地主要转化为耕地,转移比例为 37%,转化面积为 15730km²。水域、城镇用地、农村居民用地、建设用地和裸地的转移趋势大致相同,都主要转化为耕地。其中,以农村居民用地转移趋势最为明显,转移比例高达 86%,转化面积为 1874km²;水域转移比例为 58%,转化面积为 483km²;城镇用地转移比例为 34%,转化面积为 141km²;建设用地转移比例为 61%,转化面积为 42km²;裸地转移比例为 31%,转化面积为 63km²。除此之外,水域和裸地还主要转化成了低覆盖草地,转移比例分别为 18% 和 21%,转化面积分别为 148km² 和 42km²。

　　由表 3.31 的转移矩阵可以看出,渭河流域 1995～2005 年的土地利用转移趋势与 1985～1995 年大致相同,依旧是耕地、林地和草地之间的相互转移频率较高,但转移比例有所下降。其中,耕地主要转化为低覆盖草地,转移比例均为 14%,转化面积为 9547km²;有林地主要转化为灌木林和高覆盖草地,转移比例均为 9%,转化面积分别为 936km² 和 984km²;灌木林主要转化为有林地和低覆盖草地,转移比例分别为 12% 和 11%,转化面积分别为 902km² 和 861km²;高覆盖草地主要转化为有林地和低覆盖草地,转移比例分别为 15% 和 10%,转化面积分别为 839km² 和 548km²;低覆盖草地主要转化为耕地,转移比例为 25%,转化面积为 10451km²。水域、城镇用地、农村居民用地、建设用地和裸地的转移趋势也大致相同,都主要转化为耕地。其中,水域和农村居民用地转移趋势最为明显,转移比例分别为 66% 和 65%,转化面积分别为 265km² 和 106km²;城镇用地转移比例为 25%,转化面积为 102km²;建设用地转移比例为 45%,转化面积为 34km²;裸地转移比例为 24%,转化面积为 33km²。除此之外,农村居民用地还主要向城镇用地转移了 10%,转化面积为 16km²;裸地还主要转化成了低覆盖草地,转移比例 31%,转化面积分别为 148km²。

3.3.4　渭河流域土地利用变化驱动力分析

　　从土地利用类型变化情况及土地利用转移矩阵来看,渭河流域土地利用方式发生了显著变化,主要表现为:耕地和城镇用地面积呈增加趋势;林地、低覆盖草地、农村居民用地、水域和裸地面积呈减少趋势;灌木林、高覆盖草地和建设用地面积呈先减少后增加的趋势。流域土地利用或覆被变化是自然因素和社会因素共同作用的结果。自然因素是流域内土地利用或覆被变化的客观条件和物质基础,主要包括气候、地形、坡度、环境变化和自然灾害等驱动因子,但其变化过程缓慢,因此在短时期内只能在微观上影响着土地利用类型及分布格局;社会因素主要包括人口增长、经济增长、政策因素和土地利用者主体行为等驱动因子,其引起的流域下垫面变化是渭河流域土地利用类型在短时期内发生剧烈变化的主要原因。

　　渭河流域人口增长与社会经济发展加速了城市化进程,这是流域土地利用发生变化的主要驱动力之一。21 世纪初期后,渭河流域城镇化率高达 54.02%,研究结果显示,流域城镇用地面积呈上升趋势,尤其是 1995～2005 年,城镇居民用地猛增 30.64%,反映出人口增长对流域土地格局分布变化的驱动作用。另外,大量农村人口涌进经济发达的城镇地区,人口流动是造成农村居民用地面积大幅度减少的主要原因,1985～1995 年,农村居民用地面积减少率达到了 92%,这说明区域内人口流动可引起流域土地利用类型发生剧烈变化。

　　政策因素是引起流域土地利用类型在短时期内发生变化的另一主要驱动力。20 世纪 80 年代末,随着农村土地联产承包责任制的大力推行,流域森林被砍伐,大面积草地、河滩和荒地等被围垦成农田,这是渭河流域在 1985～1995 年耕地面积增加,林地、草地及裸地面积减少的主要原因。而水土保持措施是流域在 1995～2005 年土地利用方式变化的主要政策驱动力,渭河流域自 1991 年正式颁布《水土保持法》后,水土保持治理工作在 90 年代后期陆续进入了正轨,大量水保治理措施(生态措施、工程措施)的实施使得流域土地利用类型发生了相应变化。渭河流域推出了生态修复政策后,对流域内灌木林和高覆盖草地的恢复起到了积极的推动作用,并取得了显著成效。研究期间,耕地大面积转化为草地,有林地转化为灌木林和高覆盖草地。

第4章 气候变化和人类活动对径流影响的研究

20世纪80年代以来,我国大多数河流的径流量呈减少趋势,河川径流的锐减,不仅直接影响到流域水资源的开发利用,而且对工农业及社会经济的可持续发展也产生了一定的影响。在河川径流变化的研究中,定量分离气候变化和人类活动对其影响,是目前流域管理者所面临和关注的难题。客观上讲,气候变化与人类活动对河川径流的影响并不是孤立的,气候变化是导致人类活动加剧的原因之一。例如,持续干旱的气候条件,加剧了人类兴建水利工程的活动;人类活动又是影响气候因素变化的原因之一,如植被覆盖度变化、城市化的温室效应等。然而在当前阶段,无论从研究方法还是从技术手段方面都不能够将其严格地划分清楚,目前量化气候变化与人类活动对河川径流影响的研究都是在假定二者对径流的影响是相互独立的基础上进行的。

4.1 研 究 方 法

根据不同人类活动及流域尺度大小,河川径流变化成因的分析方法主要有以下几种。

1)基于统计长序列资料的对比方法

在流域状况保持不变的情况下,径流变化可被视为单一气候变化的结果,通过不同时期内气象要素与相应时段径流变化的对比分析直接得到。对于受人类活动作用影响的流域,可以通过对比分析相似降水条件下人类活动前后水文变量的变化,得出人类活动扰动对流域水文的影响。由于该方法是在同一个流域上进行的,原则上可以适用于任何尺度的流域,其难点在于寻求包括降水量、降水强度及其空间分布均相似的降水。

2)对比试验方法

在同一气候区内,平行选择相邻的试验流域,其中一个流域保持原状,称为控制流域,在另外一个流域内进行一定规模的人类活动,称为处理流域。在这两个流域内进行长期的水文气象观测,通过对比水文变量的差异,进而研究人类活动对流域水文的影响。这种方法要求试验流域不能太大,否则难以保证流域的相似性及气候变化空间分布的均匀性。

3)基于水保法的分项计算组合方法

基于不同类型的人类活动(造林、种草、梯田修建)对水文影响的试验研究,通过调查研究区内人类活动强度,叠加得到人类活动对径流量的影响,该方法的关键在于以下两个方面:一是通过小区的试验得到不同水土保持措施对径流影响指标;二是通过调查得到不同水土保持的实施面积。其局限性在于:小区试验指标移动到中大尺度流域,必须解决尺度差异的影响且不能分析气候变化对径流的影响,另外该方法也难以全面考虑所有人类活动各个方面的影响。

4) 流域水文模拟方法

采用流域水文模拟途径分析流域径流变化的原因,是将人类活动(土地利用变化等)和气候变化二者视为影响径流变化的两个相互独立的因子,建立或选用合适的流域水文模型,应用水文气象平稳状态下的降水、蒸发和径流等观测资料率定模型参数,率定的模型参数基本上可反映流域在人类活动显著影响前的产流状况,然后保持模型参数不变,将人类活动影响期间的气候要素输入选用的水文模型,延展模拟相应时期的径流量,进而分析流域径流变化的原因及贡献量。水文模型模拟方法主要根据物质和能量守恒定律,基于地理要素的空间差异性,把流域离散化为一系列的单元,每个单元之间有水分的流动与交换,并确保一个单元内的地理要素相对一致,从而模拟分析地理要素对水文过程的影响。在此过程中,根据各地理要素的不同水文响应,将各要素模型参数化,构建各外部要素与水文过程的数量关系。该方法是目前量化气候变化与人类活动对河川径流影响的主要途径。

因此,通过构建流域水文模型,尤其是分布式水文模型,可有效地反映流域内各地理及空间要素的水文响应,保证人类活动影响期间的模拟径流量与模拟时期的实测径流量在成因上的一致性,并且不需要大量详细具体的人类活动资料,能更加科学合理地评价和预测变化环境下流域水资源的变化情况。

4.2　TOPMODEL 分布式水文模型

TOPMODEL(topography-based hydrological model)是一种基于物理过程以数学方式表示水文循环过程的半分布式流域水文模型,由 Beven 和 Kirkby 于1979 年提出,是以变动产流面积为基础的模型。该模型自提出以来,在国内外被应用于多个领域,包括模型参数率定(Beven et al.,2001)、复合洪水频率计算(Cameron et al.,2000)、地形对水质的影响(Putz et al.,2003)等。该模型主要特征是基于 DEM 的广泛使用性以及水文模型与地理信息系统(GIS)的结合应用,来推求地形指数$[\ln(\partial/\tan\beta)]$,并利用地形指数来反应下垫面的空间变化对流域水文循环过程的影响,模型结构明晰,参数较少且具有明确的物理意义,不仅适用于坡地集水区,还能适用于无资料流域的产汇流计算。

4.2.1　TOPMODEL 模型的原理

1. 模型对产流的解释

TOPMODEL 模型以变动产流概念为基础,描述的是结构化水分运动 (图 4.1),流域降水首先满足冠层截留、填洼和植物截留之后,再下渗到土壤非饱和层,非饱和层又分为根带蓄水层和过渡带含水层,入渗的降水直接对根带蓄水层进行补偿,达到饱和即满足田间持水量后多余的水分才会进入下一层土壤,同时储存在这一层的水分以一定的速度蒸散发,直到这一层枯竭为止。在重力排水层,只有一部分水分通过大空隙直接进入饱和地下水层,所以入渗没有马上引起地下水位抬升至地表面。当包气带中的含水量达到饱和含水量,即满足完全重力排水含水量时,土壤中的水都变成自由水完全在重力的作用下流动,由于垂直排水及流域内的侧向水分运动,一部分流域面积地下水位抬升至地表面形成饱和面。产流只发生在这种饱和地表面积或者叫做源面积上,所有落在饱和源面积上的雨水都将形成直接径流,而且集中在地下水埋深较浅的地方,在饱和面积上形成饱和地表径流,饱和层的出流视为基流。在整个降水过程中,源面积是不断变化的,也称为变动产流面积模型。TOPMODEL 模型主要通过流域含水量(或缺水量)来确定源面积的大小和位置,而含水量的大小可以由地形指数来计算。

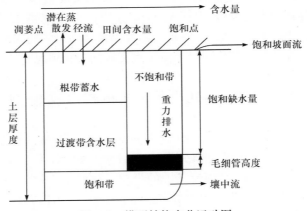

图 4.1　模型结构水分运动图

2. 模型的基本方程

1) 连续性方程

TOPMODEL 模型中用土壤含水量来确定源面积的大小及其位置。缺水量 D 是饱和含水量与土壤含水量的差值,$D \leqslant 0$ 的面积是饱和源面积,在这些饱和源面积上会产生饱和地表径流。缺水量方程主要应用了连续性方程和达西定律,依据

一个变宽的水流带的连续性方程,推导出了水流带通用的连续性方程式:

$$a\frac{\partial j}{\partial x}-\frac{\partial D}{\partial t}=i-j \tag{4.1}$$

式中,i 表示降水强度;j 表示每个单元面积的流量;D 表示缺水量;x 表示沿坡度最陡处的水流方向;a 表示总面积和带宽之比;t 表示时间。

达西定律可表示为

$$q=kJ \tag{4.2}$$

式中,q 表示任意一点的渗流速率;k 是系数;J 表示水力梯度。

为了得到该模型方程的解,作出了三个基本假设。

第一个假设是,饱和面积的地形坡度 $\tan\beta$ 值与水力梯度近似,即 $J=\tan\beta$。此假设更符合饱和地下水情况,但与饱和面的地表径流情况却是不一致的,所以将模型中地表径流、地下径流分开计算。

第二个假设是,土壤传导度是缺水量的指数递减函数,即 $T=T_0 e^{-D/m}$。其中,T_0 是土壤刚达到饱和时的侧向导水率(m^2/h);m 是模型的参数(m)。设定 A 代表的是水流带总汇水面积,w 为水流带宽度,水流带单宽流量就可表示为

$$q=Aj/w=\alpha j \tag{4.3}$$

式中,α 为某一单位等高线上汇水面积的大小。

联立式(4.2)和式(4.3),能够得出:

$$\tan\beta\times T_0\times e^{-D/m}=\alpha j \tag{4.4}$$

因此可以求出流域内任何一个点的缺水量D_i:

$$D_i=-m\ln\left(\frac{\alpha j}{T_0\tan\beta}\right) \tag{4.5}$$

全流域的平均缺水量$\overline{D}$:

$$\overline{D}=\frac{1}{A}\sum_i A_i\left[-m\ln\left(\frac{\alpha j}{T_0\tan\beta}\right)\right] \tag{4.6}$$

$$\frac{\overline{D}-D_i}{m}=\left[\ln\left(\frac{\alpha}{\tan\beta}\right)-\lambda\right]-(\ln T_0-\ln T_e)+\ln j-\frac{1}{A}\sum_i A_i\ln j \tag{4.7}$$

式中,$\lambda=\dfrac{1}{A}\sum_i A_i\ln\left(\dfrac{\alpha}{\tan\beta}\right)$,是流域地形指数空间分布的平均值;$T_e$ 为土壤侧向导水率(m^2/h);$\ln T_e=\dfrac{1}{A}\sum_i A_i\ln T_0$。

第三个假设是,产流在空间上是均等的,即 $\ln j = \dfrac{1}{A}\sum\limits_i A_i \ln j$。由式(4.7)就可得到式(4.8):

$$\frac{\overline{D} - D_i}{m} = \left[\ln\left(\frac{\alpha}{\tan\beta}\right) - \lambda\right] - (\ln T_0 - \ln T_e) \tag{4.8}$$

假定 T_0 在空间分布上均匀,则式(4.8)的最后一项是零,基本方程可变为

$$\frac{\overline{D} - D_i}{m} = \left[\ln\left(\frac{\alpha}{\tan\beta}\right) - \lambda\right] \tag{4.9}$$

由式(4.9)可以得到,在流域内具有相同地形指数的栅格单元,其水文过程相同,而且可以看出流域内任意一点的土壤缺水量 D_i 是由流域的平均缺水量 $\overline{D}$ 加上地形指数来确定。

2)非饱和层水流运动方程

(1)重力排水。在 TOPMODEL 模型中,采用土壤缺水中以导水率为基础的公式和以时间改变为基础的公式。采用不饱和层排水通量 q_v 的经验函数描述这种流动。缺水量表示为

$$q_v = \frac{S_{uz}}{D_i t_d} \tag{4.10}$$

式中,S_{uz} 是(重力排水)不饱和蓄水层;t_d 是以时间为单位的常数;D_i 是非饱和层满足重力排水的缺水量,与地下水深度相关。

在一定的时间段内,水流流入地下水的通量全部是 q_v,而地下水补给均为 Q_v:

$$Q_v = \sum_{i=1}^{n} q_{v,i} A_i \tag{4.11}$$

式中,A_i 是地形指数的个数 i 占全流域的百分数;n 为子流域总数;$q_{v,i}$ 为第 i 个子流域的流量。

(2)水分蒸发。当 E_a 不能给出时,那么就需要由潜在蒸发量 E_p 和根带蓄水层的含水来计算出实际蒸发值 E_a。在 TOPMODEL 模型中,Beven(2001)提出,无论是非饱和层还是饱和层,土壤表面水分以完全蒸发的能力进行蒸发。而当重力排水层达到枯竭程度的时候,存在于根带蓄水层中的水分还会以 E_a 的速率进行蒸散发。

3)饱和层水流运动方程

饱和带流出的水分看做是基流 Q_b。将 m 级河道中单位尺度上的地下水径流加起来计算,那么通过地下缺水量的平均值 $\overline{D}$ 就可以计算出基流:

$$Q_b = Q_0 e^{-\overline{D}/m} \tag{4.12}$$

式中，Q_0 是 $\overline{D}$ 为零时的流量。

4）饱和坡面流方程

在土壤的缺水量小于或者等于零时，就会产生饱和坡面流 Q_s：

$$Q_s = \frac{1}{\Delta t} \sum_i \max\{[S_{uz,i} - \max(z_i,0)],0\}A_i \qquad (4.13)$$

式中，Δt 是时间变化值；A_i 为各个网格单元上具有相同地形指数值的流域面积和；Z_i 为地下水埋深。

5）河道汇流方程

（1）坡面汇流。流域内任意一个点汇流到流域出口所消耗时间的计算公式为

$$T = \sum_i^N \frac{x_i}{v\tan\beta_i} \qquad (4.14)$$

式中，x_i 为汇流长度值；$\tan\beta$ 为汇流流过的路断坡度值；v 为速度。

在本书中，计算坡面汇流利用等流时线法，假设流域内的坡面汇流速度 CHv 值是相同的，所以就有流域内无论是哪里的点，它的坡面汇流时间计算式均为

$$t_i = L_i/\text{CHv} \qquad (4.15)$$

式中，t_i 为第 i 点坡面处汇流时间的大小；L_i 为第 i 点的坡面处汇流的时间值。

（2）河网汇流。假定流域中任意一点的河网汇流速度保持一致，值设定为 Rv，计算公式为

$$t_i = L_i/\text{Rv} \qquad (4.16)$$

3. 模型参数

在 TOPMODEL 模型中，不同的版本对应不同的参数个数，本书中采用的是 97.01 的版本，在这个版本中模型参数共有 5 个，具体含义分别为：M 为土壤下渗率呈指数衰减的速率参数（m）；T_0 为土壤刚达到饱和状态时候的土壤有效下渗率（m^2/h），假定它在流域内均匀分布；SR_{max} 为土壤层的最大持水量（m）；SR_0 为根带土壤饱和缺水量的初始值（m），与 SR_{max} 成比例；CHv 是与流域径流长度/面积成比例关系的一个有效的地表径流速度（m/h）。

4. 地形指数

地形指数反映了在重力作用下径流沿着顺坡方向流动的趋势，以及径流在流域内任意一点处的累积趋势。早期对 TOPMODEL 的应用是利用等高线地形图采用人工方法计算地形指数 $\ln(\alpha/\tan\beta)$ 值，后来由于栅格 DEM 的出现以及计算机

的飞速发展,使该过程实现了自动化。有很多种方法计算地形指数值:单流向法、多流向法和改进的多流向法,本书选取单流向法。

地形指数的计算公式为 $\ln(\alpha/\tan\beta)$,α 表示单位宽度上的集水面积,指每单位宽度等高线上所对应的上游来水面积,α 的计算需要借助 A 和 L。其中,A 表示集水面积,指水流经过某段等高线宽度的流量所对应的上游来水面积,L 表示在这个水流方向上的等高线的长度和,所以 α 值就是 A 和 L 的比值,$\tan\beta$ 指此点的坡度大小。

单流向法原理是:从中心网格流出的水流向八个方向中坡度最陡的那一个方向流动。计算相对比较简单,计算之前需要设定的坡度是最大坡度,为顺坡方向,而且单元栅格的长度与有效的等高线的长度是一样的,那么 α 的计算公式为

$$\alpha = \frac{A}{L} \tag{4.17}$$

式中,A 为单个单元栅格的总面积;L 为每一个栅格单元的长度。

坡度的计算公式为

$$\tan\beta = \frac{\Delta h}{\Delta l} \tag{4.18}$$

式中,Δh 为邻近栅格之间的高程的差值;Δl 为邻近栅格之间中心距离值。

4.2.2 TOPMODEL 模型的结构

流域产流计算分为三部分:饱和层出流(也称地下径流)、不饱和层水分运动和地面径流计算。

TOPMODEL 模型把整个流域按照 DEM 网格分块,划分成若干个规则的正方形栅格,每一个栅格称为一个水文单元。大面积流域又被分为若干个小的子流域(或者称为单元流域),计算每一个流域单元的产汇流。在空间上,地下径流与地表径流被认为是相等的,可以依据等流时线法做汇流演算,最后得到单元流域出口处的流量过程,如图 4.2 所示。

在对单元流域做产流计算时,并不是将每个栅格都进行计算。TOPMODEL 中假定了地形指数相同的栅格,它们具有相同的水文响应。"地形指数-面积的分布函数"是地形指数值相同的栅格与所占的流域面积之间的一种数学关系,用来形容水文要素空间分布的不均匀性。因此,需要计算具有不相同水文响应的栅格,相同的地形指数栅格计算一次即可。计算栅格的地形指数需要用经过处理后的 DEM,再通过统计学方法计算其分布曲线。

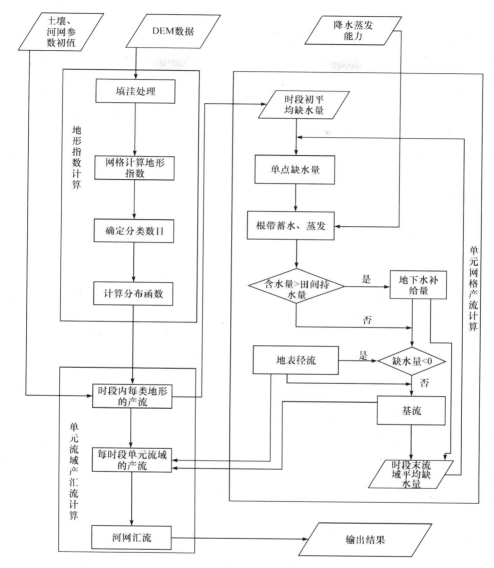

图 4.2　单元流域上出口处的流量过程

4.3　VIC 分布式水文模型

可变下渗能力水文模型（variable infiltration capacity，VIC）是华盛顿大学、加利福尼亚大学伯克利分校及普林斯顿大学共同研制的大尺度陆面水文模型。该模型是为适应气候系统模式发展和陆面过程模拟研究的需要，在传统的水文模型基础上发展起来的。大尺度是相对于传统水文学研究中以小尺度流域（1～1000km²）为对象的传统水文模型而言的，其研究尺度大致在 10000～1000000km²。这里的陆面过程是指能够影响气候变化发生在陆地表面和土壤中控制地气之间动量、热量及水分交换的过程，主要包括地面上的热力过程、动量交换、水文过程、地表与大气之间的物质交换、地面以下土壤的热传导和孔隙中的热输送以及地下的水文过程等。这些过程受到大气环流和气候的影响，反过来又影响大气的运动。大尺度陆面水文模型需要保持传统水文模型能较真实地预报地表径流、河网流量和入海淡水通量的功能，这对于改进大洋环流，全球海—陆—气耦合过程的模拟，以及进一步改善气候科学的研究水平十分重要。除此以外，更能体现多圈层系统中水圈所扮演的重要角色，即要通过大尺度水文过程与陆面蒸发过程和能量平衡过程的真实耦合，体现水文过程与大气圈、海洋圈的相互作用。因此，只有对陆地尺度上的水文循环进行良好的描述，才能更好地预测人类活动、土地利用等条件改变下未来全球气候可能发生的变化，以及水资源、水文气候的极端过程和极端事件。

VIC 模型的特点是可同时进行陆—气间能量平衡和水量平衡的模拟，也可以只进行水量平衡的计算，输出每个网格上的径流深和蒸发，再通过汇流模型将网格上的径流深转化成流域出口断面的流量，该过程弥补了传统水文模型对热量过程描述的不足。VIC 模型在一个计算网格内分别考虑裸土及不同的植被覆盖类型，并同时考虑陆-气间水分收支和能量收支过程。模型最初设置一层地表覆盖层，两层土壤，一层雪盖，主要考虑了大气—植被—土壤之间的物理交换过程，反映土壤、植被、大气之间的水热状态变化和水热传输，称为 VIC-2L 模型。后来为了加强对表层土壤水动态变化以及土层间土壤水的扩散过程的描述，将 VIC-2L 上层分出一个约 0.1m 的顶薄层，称为 VIC-3L 模型，该模型已作为大尺度的水文模型分别用于美国的 Mississippi、Columbia、Arkansas-Red、Delaware 等流域的大尺度区域径流模拟。后续的研究学者发展了同时能考虑蓄满产流和超渗产流机制，以及土壤性质的次网格非均匀性对产流影响的新的地表径流机制，在此基础上，基于 60km×60km 网格，建立了气候变化对中国流域径流影响的评估模型，本书则将这一模型继续发展，建立人类活动和气候变化对渭河流域径流影响的新型评估模型。

在 VIC 模型中，水文过程主要包括降水、蒸发、地表产汇流、底层基流及河道汇流，其结构示意图如图 4.3 所示。

1）地表覆盖层与土壤分层

VIC-3L 模型设置一层地表覆盖层、三层土壤，模型基于简化的 SVATS 植被覆盖分类，认为陆地表面由 $N+1$ 种地表覆盖类型描述，这里 $n=1,2,\cdots,N$，表示 N 种植被覆盖类型，$n=N+1$ 代表裸土。陆面覆盖类型由植物叶面积指数（LAI）、

大尺度半分布式水文模型

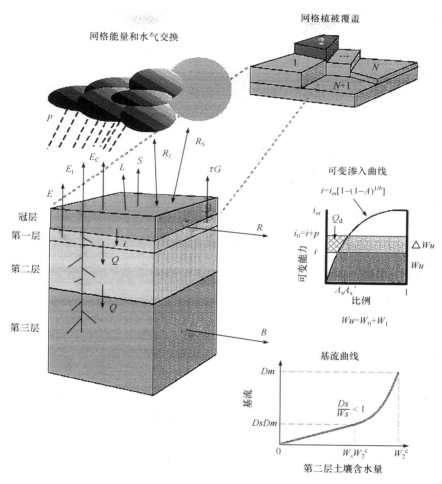

图 4.3　VIC 模型示意图

叶面气孔阻抗,以及根系在不同层之间的分配比例来确定,每种植被的蒸散发量由该植被覆盖层的蒸散发潜力、空气动力学阻抗、地表蒸发阻抗和叶面气孔阻抗来计算,和每种地面覆盖类型联系在一起的是单层的地表植被层及垂直方向的三个土壤层。

　　模型将土壤分为三层,其中第一层顶薄层对小降水事件较为敏感,主要用来反映土壤水分的动态变化;上层(第一层和第二层)土壤用来反映土壤对降水过程的动态影响;下层土壤(第三层)反映暴雨过程影响的缓慢变化过程,用来刻画土壤含水量的季节特性。

模型考虑了地表覆盖及土壤类型的次网格水平不均匀性,在每一网格内,对每类地表覆盖独立计算冠层截留、入渗、地表径流、基流、蒸散发、潜热通量及感热通量等,最终累计网格内所有地表覆盖类型的计算结果,就可以得到向大气传输的感热通量、潜热通量、有效的地表温度,以及总的地表径流和基流过程。

2)蒸散发计算

VIC 模型中考虑了三类蒸发:冠层湿部蒸发E_C^*、植被蒸腾 E_t 及裸土蒸发。

冠层湿部蒸发是指植物冠层截留水分的蒸发,与冠层截留总量、冠层最大截留量、叶面和大气湿度梯度差产生的地表蒸发阻抗、水分传输的空气动力学阻抗(与风速、大气稳定性等有关)及地面蒸发潜力等有关。

$$E_C^* = \left[\frac{W_i}{W_{im}}\right]^{\frac{2}{3}} \frac{r_w}{r_w+r_0} E_p \tag{4.19}$$

式中,W_i 为冠层的截留总量;W_{im} 为冠层的最大截留量;2/3 为根据 Deardorff 而确定的指数;E_p 为基于 Penman-Monteith 公式将叶面气孔阻抗设为零的地表蒸发潜力;r_0 为在叶面和大气湿度梯度差产生的地表蒸发阻抗;r_w 为水分传输的空气动力学阻抗。

实际冠层湿部蒸发量 E_C 可根据式(4.20)计算:

$$E_C = f E_C^* \tag{4.20}$$

式中,f 为冠层蒸发耗尽冠层截留水分所需时间段的比例,它可以通过式(4.21)计算:

$$f = \min\left(1, \frac{W_i+P\times\Delta t}{E_C^*\times\Delta t}\right) \tag{4.21}$$

式中,P 为降水强度;Δt 为计算时段步长;W_i 为冠层的截留总量。

植被蒸腾是通过气孔阻抗来反映辐射、土壤水、水汽压差和空气湿度等因素的影响,每种植被的蒸散发量由该植被覆盖层的蒸散发潜力以及空气动力学阻抗、地表蒸发阻抗和叶面气孔阻抗来计算。

在计算时段步长内蒸腾量 E_t 的计算公式为

$$E_t = (1-f)\frac{r_\phi}{r_\phi+r_0+r_c}E_p + f\left[1-\left(\frac{W_i}{W_{im}}\right)^{\frac{2}{3}}\right]\frac{r_\phi}{r_\phi+r_0+r_c}E_p \tag{4.22}$$

式中,r_0 为在叶面和大气湿度梯度差产生的地表蒸发阻抗;r_ϕ 为水分传输的空气动力学阻抗;r_c 为叶面气孔阻抗。$(1-f)\dfrac{r_\phi}{r_\phi+r_0+r_c}E_p$ 表示没有从冠层截留水分蒸发的时段步长比例,$f\left[1-\left(\dfrac{W_i}{W_{im}}\right)^{\frac{2}{3}}\right]\dfrac{r_\phi}{r_\phi+r_0+r_c}E_p$ 为冠层蒸腾发生的时段步长

比例。

裸土蒸发分为潜在蒸发(E_p)和实际蒸发(E_g)两种。模型中采用 Penman-Monteith 方程来计算潜在蒸发。当土壤处于非充分供水状态时,土壤实际蒸发为 βE_p,其中 β 为土壤湿度的函数,反映土壤含水与裸土蒸发之间的关系。

模型采用了新安江模型的结构,引入蓄水能力分布曲线。

因此,裸土的蒸发量 E_1 为

$$E_1 = E_p \left\{ \int_0^{A_s} \mathrm{d}A + \int_0^{A_s} \frac{i_0}{i_m \left[1-(1-A)^{\frac{1}{b}} \right]} \mathrm{d}A \right\} \tag{4.23}$$

式中,i 为蓄水能力;i_m 为最大蓄水能力;A 为蓄水能力小于 i 的面积比例;b 为蓄形状参数;A_s 为裸土地土壤水分饱和的面积比例;i_0 为相应点的蓄水能力。当 $A_s=1$ 时,全流域的裸土地土壤水分全部饱和,则 $E_1=E_p$。

3）冠层水平衡

冠层(截留)的水平衡可以表示为

$$\frac{\mathrm{d}W_i}{\mathrm{d}t} = P-E_c-P_t, 0 \leqslant W_i \leqslant W_{im} \tag{4.24}$$

式中,P_t 为该植被具有最大截留能力 W_{im} 时,降水量穿过冠层落到地面的部分。

4）径流机制

VIC-3L 模型采用新安江模型的产流计算方式。假设上层土壤含水能力在研究区域内或者模型网格单元内变化,土壤含水能力的空间变化主要是土壤土层的深度和土壤特性的各向异性产生的,土壤含水能力的空间变化特性可以用一个空间概率分布函数表示:

$$i = i_m \left[1-(1-A)^{\frac{1}{b}} \right] \tag{4.25}$$

式中,i 为某点土壤蓄水能力;i_m 为最大土壤蓄水能力;A 为土壤蓄水能力小于 i 部分的面积比例;b 为土壤蓄水能力形状特征参数,是土壤含水能力空间变化的表征,定义为土壤土层最大含水量,可以表示土壤特征性的空间变异性。土壤的平均蓄水能力可表示为

$$\int_0^i \left[1-(1-A)^{\frac{1}{b}} \right] \mathrm{d}A = i_m(1+b) \tag{4.26}$$

与研究区域土壤蓄水能力空间变化的概念类似,点的入渗能力也随空间变化,可采用式(4.27)表示:

$$f = f_m \left[1-(1-C)^{\frac{1}{B}} \right] \tag{4.27}$$

式中，f 为入渗能力；f_m 为最大入渗能力；C 为入渗能力小于或等于 f 的面积比例；B 为入渗能力形状参数，是入渗能力空间变化的表征。

初始未饱和的面积 $1-A_s$ 的土壤平均入渗能力为

$$\int_0^1 f_m \left[1-(1-C)^{\frac{1}{B}}\right]dC = f_m(1+B) \tag{4.28}$$

在 VIC-3L 中，同时考虑了蓄满产流和超渗产流机制，以及土壤性质的次网格空间变异性，蓄满产流（用 R_1 表示）发生在初始饱和的面积 A_s 和在时段内变为饱和的部分 $(A_s'-A_s)$ 上，超渗产流（用 R_2 表示）发生在剩下的面积 $1-A_s$ 上，且在整个超渗产流计算面积内重新分配。在给定时段降水量 P 的情况下，推导出相应时段的蓄满产流 R_1、超渗产流 R_2 和土壤水分变化 ΔW，根据水量平衡公式，可以得到：

$$P = R_1 + R_2 + \Delta W \tag{4.29}$$

$$y = R_1 + \Delta W \tag{4.30}$$

式中，y 是土壤含水能力的垂直深度。

综上所述，土壤含水能力、蓄满产流、超渗产流都可以表示成 y 的函数，对于某一时刻的 P：

$$P = R_1(y) + R_2(y) + \Delta W(y) \tag{4.31}$$

有唯一解，从而可以计算出地表径流量为

$$R_d = R_1 + R_2 \tag{4.32}$$

5）基流模拟

VIC-3L 中对基流的描述采用的是 ARNO 模型，认为基流只发生在最下层土壤。模型中，用 Richards 方程来描述垂向一维土壤水运动，土壤各层间的水汽通量服从达西定律，从而计算出基流。该理论认为土壤水分含量在某一阈值以下时，基流是线性消退过程，而当土壤水分含量高于这个阈值时，基流过程是非线性的，非线性部分是用来表示有大量基流发生时的情况，在从非线性到线性变化的过程中，有连续的一阶导数。

6）网格总蒸发、地表径流和基流

VIC-3L 模型将网格的地表覆盖层分为 N 类植被和土壤，对于裸土蒸发可直接计算蒸发、地表径流和地下基流；对于有植被覆盖的土壤，考虑覆盖种类后计算冠层蒸发和植被蒸腾，各土层的水量平衡公式和裸土的情况完全相同，因此网格中总的蒸发蒸腾量 E 和总的径流过程 Q 可以表示为

$$E = \sum_{n=1}^{N} C_v[n] \times (E_c[n] + E_t[n]) + C_v[N+1] \times E_1 \tag{4.33}$$

$$Q = \sum_{n=1}^{N+1} C_v[n] \times (Q_d[n] + (Q_b[n])) \tag{4.34}$$

式中，$C_v[n]$ 为第 n 类（$n = 1,2,\cdots,N$）地表覆盖类型占总面积的比例，且 $\sum_{n=1}^{N} C_v[n] = 1$；$C_v[N+1]$ 为裸地占总面积的比例；$E_c[n]$ 为第 n 类（$n = 1,2,\cdots,$ $n+1$）陆面覆盖的冠层蒸发；$E_t[n]$ 为第 n 类（$n = 1,2,\cdots,n+1$）路面覆盖的地表径流；$Q_b[n]$ 为第 n 类（$n = 1,2,\cdots,n+1$）路面覆盖的基流。

从上面的叙述可以看到，VIC 模型借鉴了传统水文模型的原理和特点，也有其自身的优势：首先在于它的尺度相对传统水文模型较大，因此对次洪或日流量的模拟精度不够，但仍能抓住流量的月尺度变化，这对研究人类活动对径流规律变化的影响很有意义；其次大尺度路面水文模型中也有一些参数需要确定，如植被反照率、叶面积指数、气孔阻抗、根带分布，以及与土壤特性有关的参数，这些参数大多有其自身的物理意义，可以通过一定的方法来获取，从而尽可能减少参数的不确定性；最后大尺度路面水文模型不仅能模拟水量平衡过程，还能模拟能量平衡过程，这就使其有能力与气候模型耦合，对研究渭河流域气候—人类活动—径流规律问题很有帮助。

4.4　SWAT 分布式水文模型

SWAT 由土壤（soil）、水（water）、评估（assessment）、工具（tool）单词的首字母组成，是美国农业部（U. S. Department of Agriculture, USDA）农业研究中心（Agricultural Research Service, ARS）Jeff Arnold 博士于 20 世纪 90 年代开发的流域分布式水文模型。它最初是由 SWRRB(simulator for water resource in rural basins)模型与 ROTO(routing output to outlet)模型耦合实现的，克服了 SWRRB 模型只能模拟小尺度流域水文循环的缺陷，又提高了模型的运算效率及模拟效果。SWAT 可以模拟流域内发生的各种物理过程，如流域径流量、泥沙量、营养物的运移和转化、土壤水、地下水、蒸散发等水文过程。与其他模型相比，SWAT 模型的优点在于能定量分割土壤、土地利用和气候变化对水文过程的影响程度。模型自开发以来，已在加拿大、北美、亚洲及欧洲等国家得到了广泛应用并取得了良好的效果。此外，该模型还具有以下特征。

（1）基于物理机制。模型需输入流域水文气象、土壤属性和土地利用类型措施等详细信息来描述输入变量和输出变量之间的关系，可用于模拟径流、泥沙运移和作物生长等过程。该方法的优点在于：①可模拟观测数据缺测（如降水、气温等）的流域；②可定量化输入参数（如管理措施、气候和植被等变化）对流域产流、产沙、水质或其他变量的影响。

（2）计算效率高。可模拟大型流域且运算速率快。

（3）可模拟流域长期连续的水文过程。

SWAT 是一个水沙综合性较强的分布式水文模型，由水文过程子模块、土壤侵蚀子模块和水质子模块组成。主要包括四部分：子流域、水库、池塘和河道。其中，子流域由 8 个组件组成：气象、水文、作物生长、土壤、泥沙迁移、养分状况（N、P）、农药/杀虫剂施用和农药管理措施，共包括 701 个方程和 1013 个中间变量。研究学者可以根据不同的研究目的选择不同的子模块进行模拟，这里主要采用水文子模块模拟渭河流域的径流过程，它将流域的水文循环过程分为两个阶段：水文循环的陆地阶段（陆地的产汇流阶段）和水文循环的水面阶段（河道的汇流阶段）。陆地产汇流阶段主要分为降水、截留、蒸散发、土壤下渗、壤中流、地表径流和地下径流等水文过程，它控制着每个子流域内径流、泥沙或营养物等向主河道的运移；河道的汇流阶段指各个子流域中水、沙或营养物等沿着河网流向流域出口的过程。

为了充分考虑流域下垫面和气候因素在空间上的差异性，SWAT 模型首先对流域的 DEM 数据进行填挖处理，提取生成河网，通过设置流域最小汇水面积阈值，划分出子流域。然后，在每个子流域内，根据土地利用类型、土壤类型及坡度的异同性划分出不同的水文响应单位（HRU）。最后，每个 HRU 进行相互独立的分布式产汇流计算，累加得到相应子流域产流量，各子流域的产流量再沿着河网叠加汇流至水文监测出口，并与实测观测值进行对比（参数校准和验证），直到模拟值与实测值的误差在可以接受的范围内为止。

在 SWAT 研究的各种问题中，水量平衡始终是流域内所有过程的驱动力。其中，水文循环陆地阶段模拟是基于式（4.35）所示水量平衡方程进行的：

$$SW_t = SW_0 + \sum_{i=1}^{t} (R_{day} + Q_{surf} - E_a - W_{seep} - Q_{gw}) \tag{4.35}$$

式中，SW_t 表示土壤的最终含水量（mm）；SW_0 表示第 i 天土壤的初始含水量（mm）；t 表示时间（d）；R_{day} 表示第 i 天的地表径流量（mm）；E_a 表示第 i 天土壤的蒸散发量（mm）；W_{seep} 表示第 i 天离开土壤底部的渗透量（mm）；Q_{gw} 表示第 i 天的回归水量（mm）。

对任一水文响应单元（HRU）或子流域而言，水文循环（图 4.4）都包含两个阶段：水文循环的陆地阶段（地表径流、壤中流、蒸散发和地下水）及水文循环的水面阶段（河道过程和蓄水体）。

4.4.1 水文循环的陆地过程

1）地表径流

SWAT 模型提供了两种方法估算地表径流：SCS 曲线法与 Green & Ampt 下

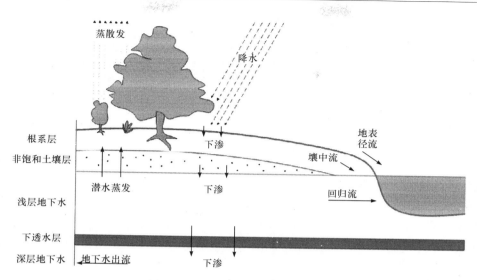

图 4.4　SWAT 模型水循环示意图

渗法。由于本书采用的降水数据是日尺度,不满足 Green & Ampt 下渗法要求的降水精度(日以下的时间步长),所以采用前者模拟估算地表径流。SCS 径流方程是 20 世纪 50 年代由美国农业部开发的一种模拟洪水过程的模型,该方程主要通过计算地表径流量,已在很多国家得到了广泛应用。CN 值是描述降水前流域特征的综合性参数,与流域的地形、植被、土壤含水量、土壤及土地利用类型等有关,一般由流域实测资料推算得出。因此,SCS 曲线法可以模拟不同土壤或土地利用类型情景下的多尺度(年、月、日)径流过程。

SCS 曲线法方程为

$$Q_{\text{surf}} = \frac{(R_{\text{day}} - I_{\text{a}})^2}{(R_{\text{day}} - I_{\text{a}} + S)^2} \tag{4.36}$$

式中,Q_{surf} 表示累计径流量(mm);R_{day} 表示某天的雨深(mm);I_{a} 表示初损量(mm);S 表示滞留系数(mm),它随着流域土壤、坡度、土地利用及管理措施的在空间上不同而异,其定义为

$$S = 25.4\left(\frac{1000}{CN} - 10\right) \tag{4.37}$$

式中,CN 表示某天的曲线数。I_{a} 一般等于 0.2S,这时式(4.36)可变为

$$Q_{\text{surf}} = \frac{(R_{\text{day}} - 0.2S)^2}{(R_{\text{day}} + 0.8S)} \tag{4.38}$$

仅当 $R_{\text{day}} > I_{\text{a}}$ 时,流域才能产生地表径流。

2）壤中流

进入土壤中的水分可沿不同的路径运动，水分可以通过植物吸收或土壤蒸发从土壤中损失掉，也可以渗透到土壤，最终补给含水层，还可以在土层中侧向运动，补给地表径流。SWAT 模型中计算壤中流采用的是动态存储模型，该模型充分考虑到了流域坡度（地形）、土壤有效含水量、土壤深度、土壤饱和渗透系数对壤中流的影响。

3）蒸散发

蒸散发是一个集合项，包括液态或固态水转化为气态水的所有过程。具体包括植物冠层水分的蒸发和蒸散、土壤水分的升华和蒸发等过程。蒸散发是流域水分散失的主要途径，其与降水量之间的差值可供人类利用和管理。因此，准确估算蒸散发量，对于气候和土地利用变化对水资源的影响研究至关重要。

SWAT 模型将植物的蒸腾和土壤的水分蒸发分开考虑。潜在土壤水蒸发由叶面指数和潜在蒸散发估算得到，实际土壤水蒸发由土壤含水量和土壤厚度之间的关系估算得到，植物的蒸腾量则由叶面指数和潜在蒸散发（potential evapotranspiration，PET）的线性关系估算得到。估算潜在蒸散发的方法有很多，SWAT 模型提供了三种方法：Hargreaves 方法、Priestly-Taylor 方法及 Penman-Monteith 方法。三种方法要求输入数据的类型各不相同，其中 Hargreaves 方法只需输入气温数据；Priestly-Taylor 方法需要输入气温、太阳辐射和相对湿度；Penman-Monteith 方法对输入数据的要求更高，除需要前面的数据外，还需要风速数据，计算值相对较准确。因此，本书采用 Penman-Monteith 方法计算潜在蒸散发。

4）地下水

地下水是贮存在高于大气压的正压下的地层饱和带中的水。主要通过下渗/渗透获得补给，也可来自地表水体的渗漏；地下水主要汇入河流或湖泊，也可从潜水面向上运动进入毛管作用带及潜水面之上的饱和带。

在 SWAT 模型中，地下水分为浅层地下水和深层地下水，然后分开进行模拟计算。前者直接汇入流域的主河道中，后者则假定汇入流域之外的河流。

浅层含水层的水量平衡方程为

$$aq_{sh,i} = aq_{sh,i-1} + W_{rchrg,sh} - Q_{gw} - W_{revap} - W_{pump,sh} \qquad (4.39)$$

式中，$aq_{sh,i}$ 表示第 i 天浅层含水层的存储水量（mm）；$aq_{sh,i-1}$ 表示第 $i-1$ 天浅层含水层的存储水量（mm）；W_{revap} 表示第 i 天因土壤水分不足而进入土壤带的水量（mm）；$W_{pump,sh}$ 表示第 i 天浅水含水层的抽水量（mm）；Q_{gw} 表示第 i 天汇入河道的地下水（mm），仅当浅层含水层的储存水量超过用户指定的水位阈值时，才能给河道补给水量。

深层含水层的水量平衡方程为

$$aq_{sp,i} = aq_{sp,i-1} + W_{deep} - W_{pump,sp} \qquad (4.40)$$

式中，$aq_{sp,i}$ 表示第 i 天土壤深层含水层所存有的水量(mm)；$aq_{sp,i-1}$ 表示第 $i-1$ 天深层含水层的存储水量(mm)；W_{deep} 表示第 i 天由浅层含水层进入深层含水层的水量(mm)；$W_{pump,sp}$ 第 i 天深层含水层的水量被上层含水层所吸收的水量(mm)。

4.4.2　水文循环的水面过程

水文循环的水面过程主要包括两部分：蓄水体和河道汇流。

1) 蓄水体

蓄水体通过减少洪峰流量和泄洪水量，来改变河网中的水流运动。在防洪和供水中，蓄水起着非常重要的作用。SWAT 模型可以模拟四种蓄水体：坑塘、湿地、洼地/壶穴和水库。子流域中的坑塘、湿地以及洼地/壶穴不位于主干河道，汇入这些水体的水量来自所有的子流域。而水库位于主干河流，其水量来自上游的所有子流域。以水库为例，其充分考虑了降水、蒸发、入流、出流、回流及底部渗透等过程。对于水库的出流，SWAT 模型提供了四种方法：实测日出流、实测月出流、无控制水库的年均泄流量及控制水库的目标泄流量。

水库的水量平衡方程为

$$V = V_{stored} + V_{flowin} - V_{flowout} + V_{pcp} - V_{evap} - V_{seep} \tag{4.41}$$

式中，V 表示水库某天末的储水量(m^3)；V_{stored} 表示水库某天初的储水量(m^3)；V_{flowin} 表示水库某天的入库水量(m^3)；$V_{flowout}$ 表示水库某天的出库水量(m^3)；V_{pcp} 表示水库某天接受的降水量(m^3)；V_{evap} 水库水面某天的蒸发量(m^3)；V_{seep} 表示水库某天的渗透损失量(m^3)。

2) 河道汇流

河道汇流即水流沿着河网向流域出口运移的过程。由于河道流量属于明渠流，SWAT 模型中采用曼宁公式(Manning equation)计算河道流量和流速，马斯京根法演算河道流量。该方法是由运动波方程变换来的，具体方程为

$$V = k \times [X \times q_{in} + (1+X) \times q_{out}] \tag{4.42}$$

$$k = \frac{600 \times L_{ch}}{v_c} \tag{4.43}$$

式中，V 表示流域总出口的水量(m^3)；k 为河道储水时间(s)；X 表示控制河道存储水量的权重系数(0~0.5)；q_{in} 表示河道的入流量(m^3/s)；q_{out} 表示河道的出流量(m^3/s)；L_{ch} 表示河道长度(km)；v_c 表示流速(m/s)。

在 SWAT 模型中，水文过程主要包括地表产汇流、壤中流、地下水及河道汇流等，其结构示意图如图 4.5 所示。

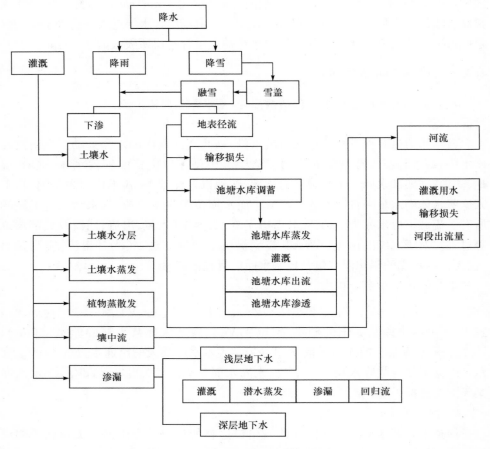

图 4.5　SWAT 模型结构示意图

第 5 章 渭河流域气候变化和人类活动 对径流的影响研究

5.1 基于水文统计法的气候变化和人类活动对径流的影响

本节采用累积量斜率变化率比较法计算气候变化(降水和蒸发)和人类活动对径流变化量的贡献率。假设累积径流量-年份线性关系式的斜率在拐点前后两个时期分别为 S_{Rb} 和 S_{Ra}(亿 m^3/a),则累积径流量斜率变化率为$(S_{Ra}-S_{Rb})/|S_{Rb}|$,同理,累积降水量斜率变化率为$(S_{Pa}-S_{Pb})/|S_{Pb}|$,那么降水量对径流量变化的贡献率 $C_P(\%)$ 为

$$C_P = \left(\frac{S_{Pa}-S_{Pb}}{|S_{Pb}|}\right) \Big/ \left(\frac{S_{Ra}-S_{Rb}}{|S_{Rb}|}\right) \times 100\% \qquad (5.1)$$

同样,蒸发对径流量变化的贡献率也如此,假设累积蒸发量-年份线性关系式的斜率在拐点前后两个时期分别为 S_{Eb} 和 S_{Ea}(mm/a),则累积蒸发量斜率变化率为$(S_{Ea}-S_{Eb})/|S_{Eb}|$,那么蒸发量对径流量变化的贡献率 $C_E(\%)$ 为

$$C_E = -\left(\frac{S_{Ea}-S_{Eb}}{|S_{Eb}|}\right) \Big/ \left(\frac{S_{Ra}-S_{Rb}}{|S_{Rb}|}\right) \times 100\% \qquad (5.2)$$

依据水量平衡原理,人类活动对径流量变化的贡献率 $C_H(\%)$ 为

$$C_H = 100 - C_P - C_E \qquad (5.3)$$

将径流序列划分为五个时段:1960~1969 年、1970~1979 年、1980~1989 年、1990~1999 年和 2000~2010 年,由 3.1.4(4.)小节渭河流域径流变异诊断结果可知,渭河流域径流变异特征于 1971 年首次出现,考虑到 20 世纪 70 年代前流域受人类活动影响较小,因此以 1960~1969 年为天然时期(基准期),分别计算其余各时段气候变化和人类活动相对于基准期对径流量的影响。

5.1.1 累积径流量变化曲线

根据渭河流域径流序列绘制其累积径流量与年份的线性关系图(图 5.1),得到基准期和计算期的斜率及拟合关系式,可以看出各时间段相关系数 R 均达到 0.99 以上。表 5.1 为不同时段径流累积量斜率与拟合关系特征。

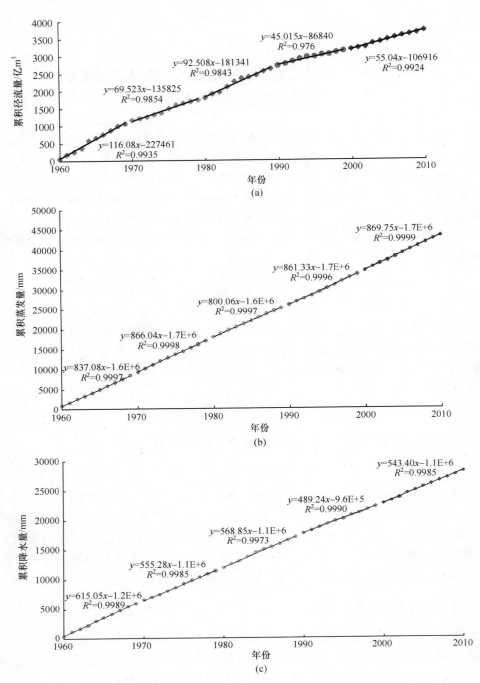

图 5.1　渭河流域累积径流量(a)、累积蒸发量(b)、累积降水量(c)与年份关系曲线图

表 5.1　渭河流域累积径流量、蒸发量、降水量斜率及其变化率

时段	径流			蒸发			降水		
	S_R /(亿 m³/a)	变化量 /(亿 m³/a)	变化率 /%	S_E /(mm/a)	变化量 /(mm/a)	变化率 /%	S_P /(mm/a)	变化量 /(mm/a)	变化率 /%
1960～1969	116.08	—	—	837	—	—	615	—	—
1970～1979	69.52	−46.56	−40.11	866	28.96	3.46	555	−59.77	−9.72
1980～1989	92.51	−23.57	−20.31	800	−37.02	−4.42	569	−46.20	−7.51
1990～1999	45.02	−71.07	−61.22	861	24.25	2.90	489	−125.81	−20.46
2000～2010	55.04	−61.04	−52.58	870	32.67	3.90	543	−71.65	−11.65
1970～2010	65.39	−50.69	−43.67	841	3.69	0.44	539	−76.17	−12.38

注：S_R 表示累积径流量-年份关系曲线的斜率；S_E 表示累积蒸发量-年份关系曲线的斜率；S_P 表示累积降水量-年份关系曲线的斜率。

20 世纪 70 年代～21 世纪初期径流量相对于基准期均呈减小状态，1990～1999 年累积径流量-年份线性关系式的斜率相对于基准期(1960～1969 年)减少最为显著，达到 71.07 亿 m³/a，20 世纪 80 年代径流量减小趋势最小，为 23.57 亿 m³/a。

5.1.2　累积降水量、累积蒸发量变化曲线

按同样方法可获得不同时段累积降水量、蒸发量相对于基准期的变化率，见图 5.1 和表 5.1。

除 20 世纪 80 年代外，其余各年代蒸发量相对于基准期均呈增加状态，21 世纪初期蒸发量增加最为显著，增加率达到 3.90%。各年代降水量相对于基准期均呈减小趋势，20 世纪 90 年代减小最为显著，达到 20.46%，80 年代最小，仅为 7.51%。

5.1.3　气候变化和人类活动对径流量的影响

采用累积量斜率变化率比较法计算降水、蒸发和人类活动对径流量的影响。结果见表 5.2。

表 5.2　气候变化和人类活动对径流量变化的贡献率

时段	径流量 /亿 m³	总减少量 /亿 m³	气候变化				人类活动	
			蒸发 贡献/%	降水 贡献/%	总贡献率/%	减少量 /亿 m³	贡献率/%	减少量 /亿 m³
1960～1969	106.29 ·	—	—	—	—	—	—	—
1970～1979	67.76	38.53	8.64	24.32	32.96	12.70	67.04	25.83
1980～1989	88.36	17.93	−21.77	36.84	15.07	2.70	84.93	15.23
1990～1999	50.84	55.45	4.68	33.47	38.15	21.16	61.85	34.29
2000～2010	52.63	53.66	7.50	22.26	29.76	15.97	70.24	37.69
1970～2010	64.6	41.69	1.09	28.30	29.39	12.25	70.61	29.44

各时段计算结果均表明,渭河流域人类活动是导致径流量减小的主要因素。20 世纪 70～80 年代人类活动作用呈增加趋势,90 年代人类活动影响作用减小至61.85%,减小径流量 34.29 亿 m³;21 世纪初期后人类活动对径流影响作用增加达到 70.24%,减小径流量为 37.69 亿 m³;20 世纪 90 年代气候变化对径流的影响作用达到最大 38.15%,影响径流量达到 21.16 亿 m³;21 世纪初期气候作用变弱,影响幅度为 29.76%,影响量为 15.97 亿 m³;降水为气候变化主要影响因子,蒸发对径流影响较弱。

5.2　基于 TOPMODEL 模型的泾河流域气候变化和人类活动对径流的影响

泾河是渭河一级支流,全长 455.1km,流域面积 43216km²,年降水量在 350～650mm,主要集中于夏季,夏季降水量占到年降水量的 60% 以上,同时年际变化差异显著,在时间变化上呈显著减少趋势;流域多年平均气温 9℃,由东南向西北递减;多年平均径流量 13.3 亿 m³,径流年内分配不均匀,夏季大于秋季,冬季最小。泾河是渭河泥沙的主要来源,平均含沙量为 161.1kg/m³,每年向渭河输送 2.21 亿 t泥沙,也是黄河水系输沙量最大的二级支流,泥沙年内分配不均匀,90% 的泥沙集中于汛期(7～9 月)。

泾河流域属于半湿润半干旱地区,是我国水土流失严重、生态环境脆弱的地区之一。基于以上原因,分析研究泾河流域气候变化对流域径流的影响,建立水资源与气候变化间的相关模式,对于制订合理的水资源管理策略、保证流域社会经济可持续发展具有重要意义。

TOPMODEL 自提出以来,已受到广大学者的青睐,被广泛应用于湿润、干旱半干旱等地区。一些学者将 TOPMODEL 模型的 DEM 分辨率拓展到 1500m×1500m,应用于中国西北干旱区内陆河黑河流域进行径流模拟,模拟过程分别以日和月为步长,日径流模拟结果在 DEM 分辨率较粗的情况下,模型有一个较长时间的土壤含水量调整期,之后模拟效果较好,尤其是枯水径流(陈仁升等,2003)。一些学者应用 TOPMODEL 在黄河中游干旱半干旱地区进行洪水模拟,确定性系数为 0.7～0.9,说明该模型可以应用于干旱半干旱地区大尺度流域,从而拓宽了该模型的应用范围(倪用鑫等,2015)。本章利用 TOPMODEL 模型对泾河流域径流进行模拟,研究该流域气候变化和人类活动对径流的影响。

5.2.1　TOPMODEL 模型数据库的建立

1) 流域数字高程图

数字高程模型(digital elevation model,DEM)是采用一组有序的数值阵列形式来表示地面高程的一种实体地面模型,它是数字地形模型(digital terrain model, DTM)的一个分支。DEM 数据属于现实世界的三维抽象模型,因此对 DEM 进行分析不仅可以掌握地形真实的特征,还可以为相关地形学的模拟提供一些基础信息。DEM 是由数字地面模型发展而来的,刚开始是用来解决道路工程问题,后来结合计算机的飞速发展,逐渐成为数字高程模型。数字高程模型包含了很多流域基本信息,从中可以提取出流域内河流的流向、流量、河网、坡度和地形指数等方面的地貌信息。DEM 数据分为三种类型,即矢量型数据、栅格型数据和不规则三角网,这三种数据都可以在 ArcGIS 平台下实现相互之间的转化。图 5.2 是泾河流域 DEM 及水文气象站点分布图。

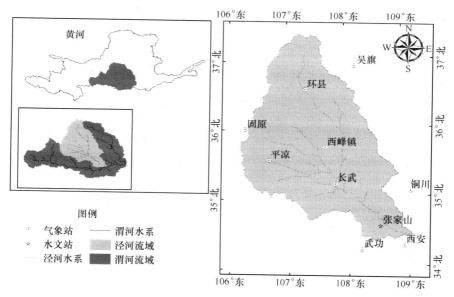

图 5.2　泾河流域 DEM 及水文气象站点分布图

泾河流域的 DEM 在 TOPMODEL 水文模型的具体应用主要包括以下两个方面:第一,通过 DEM 提取数字流域信息,包括河流的流向、流域的汇流累积量、流域河网、流域边界和流域坡度等流域地貌信息;第二,通过 ArcGIS 提取流域地貌的基本信息,在栅格计算器中输入计算公式,计算出地形指数值,作为 TOPMODEL 的输入条件。本书以空间分辨率为 30m 的 SRTM_DEM 为基础数据,版本 SRTM3V4.1,由美国太空总署(National Aeronautics and Space Administration, NASA)和国防部国家测绘局(National Imagery and Mapping Agency, NIMA)联合测量。

2) 气象数据

采用泾河流域 10 个气象站(吴旗、环县、固原、平凉、西峰镇、长武、铜川、宝鸡、武功和西安)的气象数据(图 5.2)。由于各站的建站年代、数据质量存在一定差

别,采用克里金插值法,将较短的时间序列插补延长,使各站的序列长度统一在
1960~2010年时段。流域面降水量根据各站点降水量,采用基于ArcGIS平台的泰
森多边形法计算。径流序列资料选用张家山水文站相应时段的历年实测径流量。

5.2.2　基于DEM的水文参数提取

1) DEM预处理

任何流域的DEM数据或多或少都会存在局部凹陷的栅格单元,会使水流无
法正常流出,而实际情况并非如此。因此,就需要对这些栅格单元进行处理,使
DEM中不再含有坑或者是坝,以便水流可以顺利地流出流域边界。DEM预处理
主要是对在信息采集过程中出现的一些洼地和小平地进行填洼。目前使用比较广
泛的两种算法分别是平地起伏算法和洼地标定抬升算法。

DEM预处理的软件平台利用美国环境系统研究所ESEI公司的ArcGIS9.3,
ArcGIS9.3拥有很多数据转换和分析功能,集成的多种模块和工具箱对地理信息
数据的提取、分析及水文模型建立有极其重要的意义。目前在ArcGIS9.3中能对
初始的DEM进行填洼处理,最后形成无洼地的DEM。

2) 水流方向的提取

预处理得到有效的DEM数据后,进而确定栅格的流向。在DEM中流向判断
的基础是建立于DEM的栅格网,栅格流向是水流离开每一个填洼高程栅格单元
的方向。如果某一个单元格的高程值大于周围的一个或者几个网格单元,则从这
个单元格流出的水流方向不止一个,可能是多个。水流方向的确定也有很多种算
法,每一种算法是基于不同的假设前提,所得的结果也是各不同的。但是目前主要
有两种算法:单流向法和多流向法。

本书采用单流向法研究泾河流域流向分布图,如图5.3所示。

3) 流域河网的提取

在对地表径流模拟的过程中,根据水流方向数据计算出汇流累积量。DEM
用规则的网格来表示,首先赋予每个栅格单元一个具体的流向单位,根据水流由高
向低的自然规律,并结合提取的栅格流向,进而得到流域上每个栅格点的流量数
值,得到汇流累积量,其他的栅格采用同样的方法进行计算,得到全部流域栅格在
空间上的汇流累积量矩阵。

集水面积阈值是河网提取的一个重要因子,得到汇流累积量之后,可以得出该
流域的河网网格。对于同一个流量累计栅格来说,阈值越大,它的河网密度就越
小,其内部的流域也就越少。这个阈值是流域分析非常必要的输入条件,对于此
值的选择随意性较大,理想情况下,由集水面积生成的河网应该与传统方法生成的
河网相一致。其原理是首先要设定一个阈值,阈值的设定要结合实际使用状况考
虑;阈值设定之后,需要在计算机中编写出计算程序,把该流域中所有累积量大于

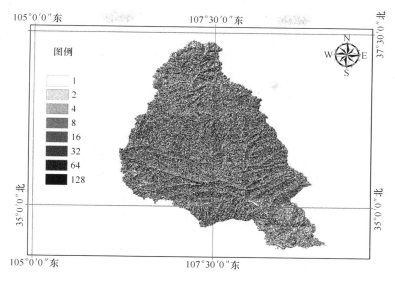

图 5.3　泾河流域流向分布图

该阈值的网格点提取出来,并赋予某一个特定的值。此外,把剩下的所有小于此阈值的网格赋予另一个值,大多数情况下是无值,就可得到此流域的河网网格。

4）流域汇流长度的提取

流域汇流是指产流水量在某一范围内的集中过程。流域汇流是由坡地表面水流运动、坡地地下水流运动和河网水流运动所组成的。而汇流长度是指对于流域内的一个点,沿它的水流方向到其流向起点(终点)间的最大地面距离在水平面上的投影长度。在 ArcGIS9.3 中水流长度有两种,Downstream 和 Upstream。其中,Downstream 指沿着水流方向到流域出水口的距离在水平面的投影,而 Upstream 指沿着水流方向到水流起源点的距离在水平方向的投影。

5）流域坡度的提取

坡度通常情况下定义为最陡方向上的高程落差与距离之比。目前有三种计算流域坡度的数据模型:平均地形坡度、平均流经距离坡度和平均水流流经坡度。

在 ArcGIS9.3 中求解流域坡度采用拟合曲线面法。地面坡度不仅可以间接地表现出地形的起伏情况,而且也是衡量水土流失程度、影响地表物质流动和能量转换的重要指标,同时也是土壤侵蚀、分布式水文模型及土地规划利用等分析的基础数据。

6）河网分级及小集水区域的生成

河网分级依据河流的形态、流量等因子对线性河网进行分级别的标识。河流分级的方法有多种,在 ArcGIS9.3 的水文分析模块中,提供了两种河网分级方法,分别是 Strahler 分级和 Shreve 分级。本书采用 Shreve 分级法,其原理是将所有河网弧段中没有支流的划分为第一级,两个一级弧段汇流成为第二级,以此类推,分别形成第三级、第四级等,直至河网出水口,将相同级数的两个弧段汇聚成一条时,级数才会增加,而对于低级河网弧段汇入高级河网弧段的情况,高级河网弧段的级数并不会发生变化,此方法较为常用。

　　流域是一个以分水岭为界限,由河流、湖泊或海洋等水系所覆盖的区域,以及由该水系所构成的集水区。或者说,地面上以分水岭为界的区域称为流域。每条河流都有自己的流域,一个大流域可以按照水系的等级不同分成数个小流域,小流域又可以分成更小的流域等。本书首先确定该区域的出水点(一般是这个区域的最低点),再根据水流流向,分析该点上游所有流经过的栅格,直到该集水区域的栅格位置全部都确定,即搜索到流域的边界。再以分水岭工具得到的出水口数据作为输入数据,生成每一条河网弧段的集水区域图(图 5.4)。

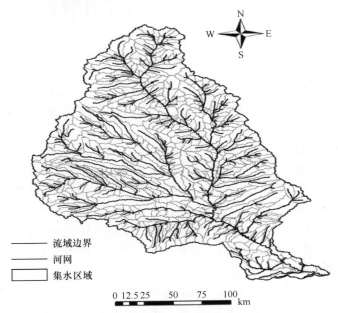

图 5.4　泾河流域小集水区域生成结果

7) 子流域划分和面积提取

　　提取河网之后,为了更好、更准确地研究面积较大区域的水文信息,需要对其划分子流域。本书根据 Shreve 河网分级、小集水区域的生成结果和流域特征,将泾河流域划分为 25 个子流域,并对他们进行编码。图 5.5 为子流域划分结果,表 5.3 为各子流域面积。SRTM_DEM 数据提取的泾河流域面积为 $45453km^2$,流域实际面积为 $45421km^2$,相对误差为 0.7%,说明提取的结果和实际情况很接近。

图 5.5　子流域结果和编码

表 5.3　提取子流域面积

编号	提取面积/km²	编号	提取面积/km²
1	1923.027	14	1330.997
2	2461.848	15	263.108
3	5678.704	16	1608.780
4	2919.622	17	1558.047
5	3451.801	18	887.940
6	3232.464	19	88.525
7	2383.795	20	2440.802
8	1776.836	21	1861.470
9	1281.656	22	1269.000
10	169.526	23	1005.586
11	452.960	24	1127.112
12	3024.197	25	1984.923
13	270.903		

8）地形指数的提取和算法实现

根据单流向的算法求解地形指数,需要三个参数,即坡度 β、入流方向单位等高线长度 L、上坡集水面积 A。在 ArcGIS9.3 中,DEM 经过预处理后,生成流向数据,进而分析得到汇流累计量,利用水文分析模块工具得到泾河流域的坡度数据,然后再利用栅格计算器计算地形指数值。

5.2.3　气候变化和人类活动对径流影响的定量分析

1）TOPMODEL 模型参数率定

选取 1960～1965 年为模型率定期,1966～1969 年为模型检验期,输入张家山站以上月降水量、潜在蒸散发量和实测径流量,对模型参数进行率定,采用纳什效率系数 R^2 和相对误差 σ 检验模拟结果:

$$R^2 = \left[1 - \frac{\sum_i (Q_i - Q_s)^2}{\sum_i (Q_i - \overline{Q_c})^2} \right] \times 100\% \qquad (5.4)$$

$$\sigma = \frac{\sum_i |Q_i - Q_s|}{Q_i} \times 100\% \qquad (5.5)$$

式中,Q_i,Q_s 分别为实测径流流量和模拟径流流量;Q_c 是率定阶段平均实测径流流量。

图 5.6 为模型在率定期和验证期内的月径流实测值与模拟值的比较,表 5.4 为模型参数,模型在率定期的效率系数为 0.88,相对误差为 0.05,检验期效率系数为 0.60,相对误差为 0.03,满足模型的精度要求。

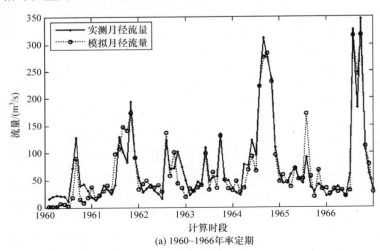

(a) 1960~1966年率定期

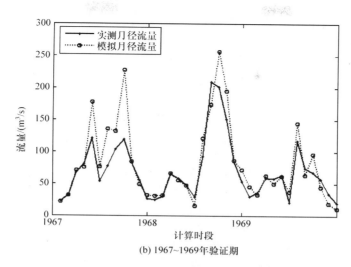

(b) 1967~1969 年验证期

图 5.6　泾河流域(张家山)月径流量实测值与模拟值比较

表 5.4　模型参数

T_0	M	SR_{max}	CHv	SR_0
0.003	0.005	0.011	5000	0.001

2) 气候变化和人类活动对径流的影响

根据率定好的模型参数,输入 1960~2010 年泾河流域月气象数据,得到 1960~2010 年的模拟流量值,如图 5.7 所示,并分析气候因素和人类活动对径流量的影响,计算结果如表 5.5 所示。

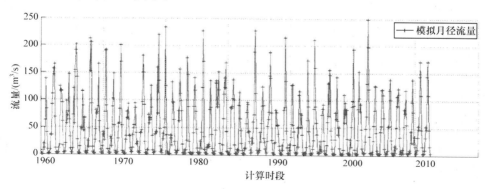

图 5.7　泾河流域(张家山)1960~2010 年月径流量模拟值

表 5.5　气候变化和人类活动对张家山站径流量的影响

时段	实测径流 /(m³/s)	径流变化值 /(m³/s)	径流变化 百分比/%	模拟径流 /(m³/s)	人类活动		气候变化	
					影响量 /(m³/s)	贡献率 /%	影响量 /(m³/s)	贡献率 /%
1960～1969	692.76	—	—	—	—	—	—	—
1970～1979	491.57	−201.19	−40.93	660.02	−168.45	83.73	−32.74	16.27
1980～1989	527.66	−165.10	−31.29	673.20	−145.54	88.15	−19.56	11.85
1990～1999	531.57	−161.19	−30.32	629.72	−98.15	60.89	−63.04	39.11
2000～2010	480.99	−211.77	−44.03	639.72	−158.74	74.96	−53.04	25.04

从表 5.5 可以看出：模型的模拟径流值较实测径流量值偏大；人类活动对径流的影响从 20 世纪 70 年代开始占主导位置，气候变化的影响值在 90 年代后略有增大。人类活动对于泾河流域下垫面的影响主要是改变了土地利用和覆被类型，流域内的耕地、草地、林地、建设用地及水域工程等对径流变化也有很大的影响。

5.3　基于 SWAT 模型的渭河流域气候变化和人类活动对径流的影响

5.3.1　SWAT 分布式水文模型的本地化构建

1. SWAT 模型数据库的建立

采用 SWAT2009 模拟研究渭河流域径流过程，数据库主要包括流域数字高程图（DEM）、土壤数据库、土地利用数据库和气象数据库。这些数据的格式和结构各不相同，需转换成 SWAT 要求的输入格式，为 SWAT 模型的运行做好准备。SWAT 模型要求所有的空间数据必须采用相同的坐标系统。由于 SWAT 在模拟流域水文循环的过程中，子流域、土壤及土地利用等相关特征分类均需通过面积阈值来控制，Alber 等积圆锥投影后的面积能够更好地反映地球表面的真实面积，因此选用 Krasovsky-1940-Albers 等积圆锥投影系统。

1）流域数字高程图

流域数字高程图（DEM）通过等高线的形式来刻画实体地面的空间分布，可以提取流域地形信息（坡度、坡向），数字河网和水系等。本研究区的 DEM 来源于地理空间云，空间分辨率为 30m（图 5.8）。

2）土地利用数据库

SWAT 模型中自带了土地利用的属性值，且每种土地利用由 4 位代码表示。本研究区渭河流域 1985 年的土地利用类型图来源于中国科学院东北地理与农业生态所遥感与信息中心，比例尺为 1∶10 万（图 5.9）。参考渭河流域实际情况及

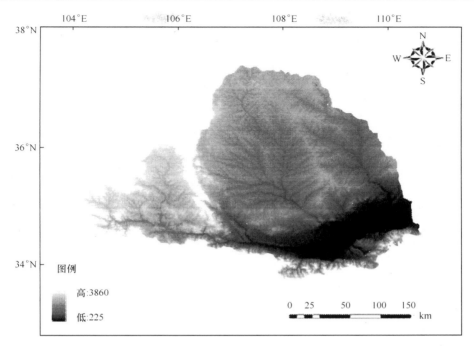

图 5.8　渭河流域 DEM 图

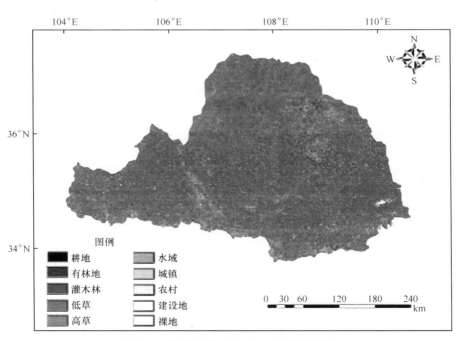

图 5.9　渭河流域 1985 年土地利用类型图

SWAT 模型中土地利用分类规则,本书将渭河流域的土地利用类型在 ArcGIS 中重分类为 10 种土地利用类型,如表 5.6 所示。

表 5.6　渭河流域 1985 年土地利用类型

编号	土地利用类型	含义	SWAT 模型代码
1	耕地	种植农作物的土地	AGRL
2	林地	郁闭度<40%的天然木或人工林	FRST
3	灌木林	郁闭度>40%的天然木或人工林	RNGB
4	高草	覆盖度>50%的天然草地、改良草地和割草地	PAST
5	低草	覆盖度<50%的天然草地、改良草地和割草地	WWGR
6	水域	天然形成或人工开挖形成的蓄水区或水域	WATR
7	城镇	大、中、小城市及县镇以上建成区用地	URBN
8	农村	农村区住房用地	URLD
9	建设地	独立于城镇以外的厂矿、交通道路、机场等	UINS
10	裸地	目前还未利用土地,包括比较难利用的土地	BARE

3）土壤数据库

SWAT 模型中的土壤数据库由土壤分布图、土壤物理属性数据库及土壤化学属性数据库组成。本书只对流域径流过程进行模拟研究,因此不需准备土壤的化学属性数据库。

（1）土壤分布图。

本书采用的土壤分布图来源于中国科学院南京土壤研究所,比例尺为 1∶100 万。土壤类型共 25 种,如图 5.10 所示。

（2）土壤物理属性数据库。

土壤的物理属性与土壤内部的水分运动密切相关,对流域的水文循环过程会产生重要影响,主要包括 SOL_Z、SOL_BD、SOL_AWC 和 SOL_K 等 18 个土壤物理属性参数。

（3）土壤颗粒直径转换。

中国科学院南京土壤研究所的土壤数据库采用国际制对土壤粒径进行分类,而 SWAT 模型中要求的土壤粒径分类标准为美国制,因此需要把土壤粒径的分类标准由国际制转换为美国制。本书采用双参数修正的经验逻辑生长模型对土壤粒径的分类进行转换,国际制与美国制的区别如表 5.7 所示。

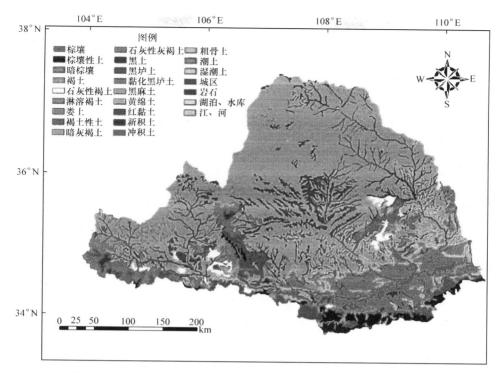

图 5.10 渭河流域土壤图

表 5.7 土壤粒径分类对照表

美国制		国际制	
黏粒 clay	粒径<0.002mm	黏粒	粒径<0.002mm
粉砂 silt	粒径:0.002~0.05mm	粉砂	粒径:0.002~0.02mm
砂粒 sand	粒径:0.05~2mm	细砂粒	粒径:0.02~0.2mm
石砾 rock	粒径>2mm	粗砂粒	粒径:0.2~2mm
		石砾	粒径>2mm

（4）土壤水文分组。

土壤水文分组（HYDGRP）主要是根据 0~5m 厚的表层土壤的饱和导水率大小，将土壤分为 A、B、C、D 四类，如表 5.8 所示。土壤的下渗率可由经验公式计算得到：

$$X=(20Y)^{1/8} \tag{5.6}$$

$$Y=S/10\times0.03+0.002 \tag{5.7}$$

式中，X 为土壤的饱和渗透系数；Y 为土壤的平均颗粒直径；S 为砂粒（sand）含量的百分比。

表 5.8　土壤水文分组

水文分组	土壤渗透性	土壤成分	最小下渗率范围/(mm/h)
A	强	砂土、砾石土	7.26~11.34
B	较	砂壤土、粉砂壤土	3.81~7.26
C	中等	壤土、砂性土	1.27~3.81
D	微弱	黏土	0~1.27

（5）土壤湿密度、土壤的饱和导水率及土壤有效持水。

上述三个参数可由美国农业部开发的 SPAW 软件计算得到。该软件主要利用其中 Soil Water Characteristics 模块，根据土壤中黏粒（clay）、砂粒（sand）、有机质含量（organic matter）、盐度（salinity）和砂砾（gravel）等含量来计算土壤数据库中所需的土壤湿密度 SOL_BD、有效持水量 SOL_AWC 和饱和导水率 SOL_K 等参数。

（6）土壤侵蚀力因子。

本书利用 Williams 等在 EPIC 模型中发展起来的土壤可蚀性因子 K 值估算土壤侵蚀力因子，只需土壤的有机碳和颗粒组成资料即可计算。

$$K_{USLE} = f_{csand} \times f_{cl\text{-}si} \times f_{orgc} \times f_{hisand} \qquad (5.8)$$

式中，f_{csand} 为粗糙沙土质地土壤侵蚀因子；$f_{cl\text{-}si}$ 为黏壤土土壤侵蚀因子；f_{orgc} 为土壤有机质因子；f_{hisand} 为高沙质土壤侵蚀因子。

$$f_{csand} = 0.2 + 0.3 \times e^{\left[-0.256 \times sd\left(1 - \frac{si}{100}\right)\right]} \qquad (5.9)$$

$$f_{cl\text{-}si} = \left(\frac{si}{si + cl}\right)^{0.3} \qquad (5.10)$$

$$f_{orgc} = 1 - \frac{0.25c}{c + e^{(3.72 - 2.95e)}} \qquad (5.11)$$

$$f_{hisand} = 1 - \frac{0.7 \times \left(1 - \frac{sd}{100}\right)}{\left(1 - \frac{sd}{100}\right) + e^{\left(-5.51 + 22.9 \times \left(1 - \frac{sd}{100}\right)\right)}} \qquad (5.12)$$

式中，sd 为砂粒含量百分数；si 为粉粒含量百分数；cl 为黏粒含量百分数；c 为有机碳含量百分数。

4）气象数据库

SWAT 模型要求输入的气象数据包括日最低气温、日最高气温、日降水量、太阳辐射、相对湿度和风速。这些数据为流域气象站实际监测数据，也可由 SWAT 模型自带的天气发生器（weather generator）模拟生成得到。

本书中 21 个气象站的日降水量、最低和日最高气温为实测数据,其他气象数据由天气发生器模拟生成。

5) 天气发生器各参数计算

天气发生器根据流域多年(至少 20 年)的逐月气象资料模拟生成逐日气象资料,其要求输入的参数较多,主要为月平均最高/最低气温、月平均降水量和月最高气温标准偏差等。本书根据渭河 1960~2010 年共 51 年的逐月气象资料计算得到渭河流域的天气发生器。表 5.9 列出了天气发生器参数的计算公式。

表 5.9　天气发生器参数的计算公式

参数	公式
月平均最低气温/℃	$umn_{mon} = \sum\limits_{d=1}^{N} T_{mn,mon}/N$
月平均最高气温/℃	$umx_{mon} = \sum\limits_{d=1}^{N} T_{mx,mon}/N$
最低气温标准偏差	$\sigma mn_{mon} = \sqrt{\sum\limits_{d=1}^{N}(T_{mn,mon}-umn_{mon})^2/(N-1)}$
最高气温标准偏差	$smx_{mon} = \dfrac{\sqrt{\sum\limits_{d=1}^{N}(T_{mx,mon}-umx_{mon})^2}}{N}/(N-1)$
月平均降水量/mm	$\overline{R_{mon}} = \sum\limits_{d=1}^{N} R_{day,mon}/yrs$
平均降水天数/d	$\overline{d_{wet,i}} = day_{wet,i}/yrs$
降水量标准偏差	$\sigma_{mon} = \sqrt{\sum\limits_{d=1}^{N}(R_{day,mon}-\overline{R_{mon}})^2/(N-1)}$
降水的偏度系数	$g_{mon} = N\sum\limits_{d=1}^{N}\dfrac{(R_{day,mon}-\overline{R_{mon}})^3}{N-1}(n-2)\sigma_{mon}^3$
月内干日日数/d	$P_i(W/D) = (day_{W/D,i})/(day_{dry,i})$
月内湿日日数/d	$P_i(W/W)(days_{W/W,i})/(day_{wet,i})$
露点温度/℃	$udew_{mon} = \sum\limits_{d=1}^{N} T_{dew,mon}/N$
月平均太阳辐射量/(kJ/m²·d)	$urad_{mon} = \sum\limits_{d=1}^{N} H_{day,mon}/N$
月平均风速/(m/s)	$uwnd_{mon} = \sum\limits_{d=1}^{N} T_{wnd,mon}/N$

2. 基于 DEM 的水文参数提取

1) 流域河网提取及子流域划分

SWAT 模型根据流域 DEM 进行地貌分析,得到单元栅格内的水流方向并与相邻单元栅格内的水流关系进行对比,设置流域集水面积并确定分水线,从而提取流域河网和划分子流域,流程如图 5.11 所示。

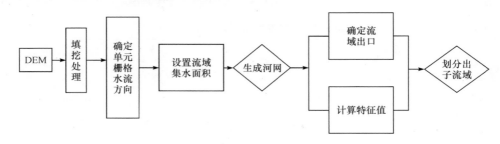

图 5.11　流域河网提取及子流域划分流程

(1) DEM 填洼处理。由于 DEM 的空间插值及分辨率的高低都会致使其表面出现凹陷现象,使之有异于流域的实际地形地貌。因此,本书选取 D8 方法对 DEM 进行填洼处理,为后续确定水流方向及演算流量累积量奠定基础。

(2) 汇流分析。汇流分析主要包括确定流域水流方向及计算汇流累积量。本书采用 D8 方法确定水流离开 DEM 单元网格时的水流方向。在此基础上,假定每个 DEM 单元网格内都含有一定的水量,累积计算得到每个网格沿着水流方向的总水量,集水面积由水流经过的单位网格数目决定。

(3) 河网提取。当单元栅格内的累计水量超过一定数值后则会形成地表径流,即潜在水流路径,由潜在水流路径形成的单元网格生成河网。因此,在提取流域河网时,需要用户设置最小集水面积阈值(critical source area,CSA)。CSA 越大,提取的河网越稀疏,容易忽略级别较低的河流;CSA 越小,提取的河网越密集,但是容易造成伪河流。因此,阈值过大或过小,均不能刻画流域真实河网。本书参考渭河流域实际情况及前人研究的成果,设定最小集水面积阈值为 80000hm^2,提取生成的渭河流域河网水系如图 5.12 所示。

(4) 子流域划分。SWAT 模型在生成流域河网时,会自动标注每两条河道的交汇点,将离交汇点上游最近的单元网格水流聚集点作为流域出口,然后按流域出口划分出子流域,研究区域最终划分了 95 个子流域,如图 5.12 所示。

2) 流域水文响应单元划分

水文响应单元(hydrological response unit,HRU)能更好地反映流域在空间

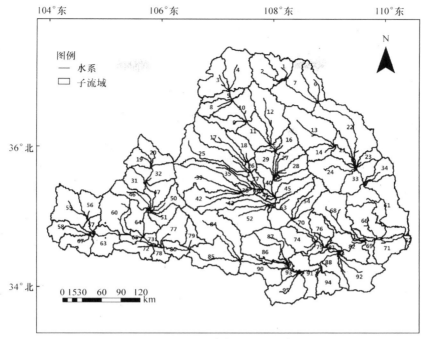

图 5.12　渭河流域水系及子流域图

上的变化特征,是 SWAT 模型中最小的计算单元。HRU 是在子流域内进行划分,将子流域内具有相同特征的土壤、土地利用类型及坡度划分成一个 HRU。SWAT 模型中提供了两种划分 HRU 的方法,第一种方法是将各子流域内面积最大的土地利用和土壤类型组合成一个 HRU,即每个子流域只含有一个 HRU;第二种方法为多个水文响应单元法,通过设置土壤和土地利用类型的最小面积百分比阈值,将具有相同水文特性的单元网格合并为一类 HRU,即每个子流域含有多个 HRU。模型首先对每个 HRU 进行单独的产汇流计算,然后将子流域内所有的 HRU 产流相加得到该子流域出口的流量/水量。

　　由于渭河流域面积较大,土壤和土地利用类型较复杂,为了更好地刻画不同土壤和土地利用类型的水文循环特征,本书采用第二种方法划分流域水文响应单元。通过设置土地利用面积占相应子流域最小面积百分比阈值的 10%,土壤类型面积占土地利用利用面积百分比的 15%,将整个渭河流域划分为 447 个水文响应单元。

3. 渭河流域 SWAT 模型参数率定

1) 模拟时段的选取及参数敏感性分析

为保证 SWAT 模型模拟结果的相对准确性,模型的校准期和验证期均需选择在研究区水文气象特征相对平稳的阶段,参考第 3 章渭河流域水文气象特征研究成果,选取 1975～1977 年作为模型的预热阶段,1978～1982 年作为模型的校准时段,1983～1986 年作为模型的验证时段。SWAT 模型中影响水文循环的参数众多,其中与径流相关的参数共 26 个,同时调整每个参数非常困难,因此选择在参数校准之前,对输入变量进行敏感性分析。采用 SWAT2009 模型中自带的敏感性分析方法(latin hypercube one-factor-at-a-time, LH-OAT)对研究区的径流参数进行敏感性分析,结果如表 5.10 所示。

表 5.10　　渭河流域各水文站径流敏感性参数

敏感参数	水文站				
	林家村	咸阳	华县	张家山	状头
CN2	√	√	√	√	√
SOL_AWC	√	√	√	√	√
SOL_Z	√	○	√	√	√
SOL_K	√	√	√	√	√
ALPHA_BF	√	√	√	√	√
GWQMN	√	√	√	√	√
ESCO	√	√	√	√	√
CH_K2	√	√	√	√	√
REVAPMN	√	√	√	√	○
GW_DELAY	√	√	√	√	○
GW_REVAP	○	√	√	√	○
RCHRG_DP	○	○	√	○	○
CANMX	○	√	√	√	√
SLOPE	○	○	√	√	√

注:√表示参数对径流敏感,○表示参数对径流不敏感。

2) 参数率定

针对渭河流域的实际情况,采用多站点多变量的思路进行率定;在空间上,按照先上游后下游,先支流后干流的校准顺序,即按林家村、咸阳、张家山、华县、状头的顺序依次校准;在方法上,采取人机结合的方式对参数进行率定,首先采用自动校准法在宏观上对径流模拟结果进行调试,然后采用手动试错法对模拟结果进行微调,最终使得模拟值与实测值的误差满足精度要求。自动校准工具采用的是与 SWAT2009 配套的 SWAT-CUP 软件中的 SUFI2 算法。手动校准需要理解参数的物理意义,本书只对敏感性参数进行调试。

3) 模型适用性的评价指标

本书选用相对误差(Re)、相关系数 R^2 和纳什系数 Nash-Suttcliffe(Ens)三个指标对模型的参数校准及验证结果进行评价。

(1) 相对误差(Re)的计算公式为

$$Re = \left(\frac{\overline{Q_{sim}}}{\overline{Q_{obs}}} - 1\right) \times 100\% \tag{5.13}$$

式中,Re 为模型模拟的相对误差;$\overline{Q_{sim}}$ 为模拟的平均流量;$\overline{Q_{obs}}$ 为实测的平均流量。当 Re>0 时,模型的模拟值偏大;当 Re=0 时,模型的模拟值与实测值完全吻合;Re<0 时,模型的模拟值偏小。

(2) 纳什系数(Ens)的计算公式为

$$Ens = 1 - \frac{\sum_{i=1}^{n}(Q_{obs,i} - Q_{sim,i})^2}{\sum_{i=1}^{n}(Q_{obs,i} - \overline{Q_{obs}})^2} \tag{5.14}$$

式中,$Q_{obs,i}$ 为实测流量;$Q_{sim,i}$ 为模拟流量;$\overline{Q_{obs}}$ 为实测的平均流量;n 为模拟径流序列的长度。Ens 值越接近于 1 时,说明实测过程与模拟过程拟合的程度越好。

(3) 相关系数 R^2 通过线性回归法计算得到,计算公式为

$$R^2 = \frac{\sum_{i=1}^{n}(Q_{sim,i} - \overline{Q_{sim}})(Q_{obs,i} - \overline{Q_{obs}})}{\sqrt{\sum_{i=1}^{n}(Q_{sim,i} - \overline{Q_{sim}})^2(Q_{obs,i} - \overline{Q_{obs}})^2}} \tag{5.15}$$

式中,$Q_{obs,i}$ 为实测流量;$Q_{sim,i}$ 为模拟流量;$\overline{Q_{obs}}$ 为实测的平均流量;$\overline{Q_{sim}}$ 为模拟的平均流量;n 为模拟径流序列的长度。R^2 越接近 1 时,说明模拟值趋势和实测值趋势的一致性越好。

在月尺度下,最终评价结果的模拟精度标准为上述三个指标必须同时满足以下条件:①模拟值平均月径流与实测值平均月径流的相对误差|Re|<20%;②纳什系数 Ens>0.5;③月相关系数 R^2>0.6。

4) 参数率定及验证结果

本书对渭河流域林家村、咸阳、张家山、华县和状头五个水文站的月径流进行了率定和验证,月实测流量过程与月模拟流量过程见图 5.13 和图 5.14,月评价指标结果见表 5.11。

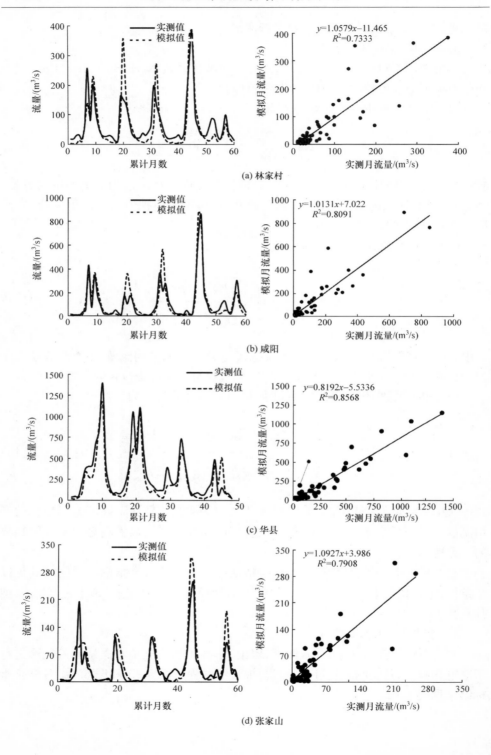

(a) 林家村

(b) 咸阳

(c) 华县

(d) 张家山

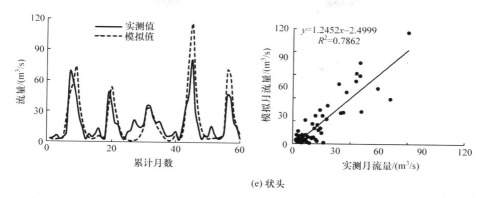

(e) 状头

图 5.13 校准期内(1978~1982 年)实测月流量与模拟月流量的比较

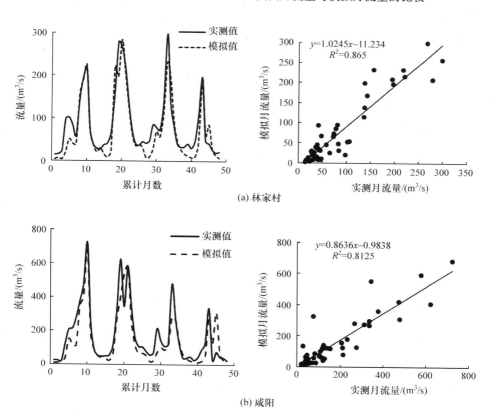

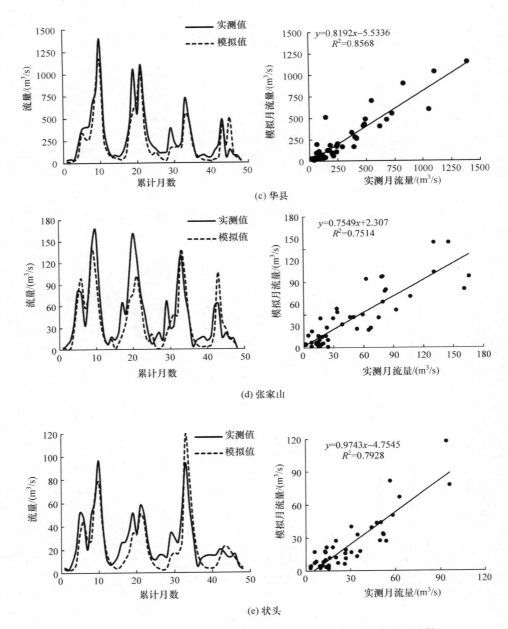

图 5.14　验证期内(1983～1986 年)实测月流量与模拟月流量的比较

表 5.11　渭河流域各水文站 SWAT 模型月模拟流量评价指标结果

时段	评价指标	水文站				
		林家村	咸阳	华县	张家山	状头
校准期 (1978~1982)	月均实测流量/(m³/s)	69.37	113.93	185.02	37.34	18.23
	月均模拟流量/(m³/s)	61.92	117.04	205.72	44.78	20.20
	相对误差 Re/%	10.73	−2.73	−11.20	−19.95	−10.80
	纳什系数 Ens	0.58	0.75	0.77	0.65	0.51
	相关系数 R^2	0.73	0.81	0.86	0.79	0.79
验证期 (1983~1986)	月均实测流量/(m³/s)	86.84	171.86	301.71	48.14	27.47
	月均模拟流量/(m³/s)	72.24	141.01	241.63	38.65	22.01
	相对误差 Re/%	16.81	17.95	19.91	19.72	19.87
	纳什系数 Ens	0.80	0.77	0.82	0.68	0.69
	相关系数 R^2	0.87	0.81	0.86	0.75	0.79

由图 5.13、图 5.14 及表 5.11 知,渭河流域各水文站月模拟流量过程与实测流量过程均拟合较好,模型适用性评价指标均满足要求且模型模拟效果验证期优于校准期,原因可能是相对于校准期,土地利用数据(1985 年)更能真实地反映验证期内的土地利用情况。从空间上分析,模型模拟效果干流优于支流,主要原因是干流的气象站(降水站和气温站)多于支流,更能准确地反映流域降水气温在空间上的分布特征。同时,林家村断面以上宝鸡峡渠首的大量引水致使林家村的模拟效果劣于咸阳和华县站。同样,泾惠渠渠首及洛惠渠渠首的大量引水也是导致模型模拟效果在支流上相对较差的主要原因。

渭河流域早在 20 世纪 70 年代就已受到了人类活动的影响,特别是关中地区,现有大中型水库 20 余座,其中库容在 1 亿 m³ 以上的大型水库如冯家山、石头河及羊毛湾水库均修建于 70 年代以后。此外,自 70 年代以来,渭河流域的水土保持措施也得到了快速发展,治理面积呈逐年增加趋势,其对流域径流量的减少作用也十分明显。另外,模型也存在很多不确定性因素,主要包括输入数据的不确定性〔如空间数据(DEM)的精度、气象数据(降水)的准确性等〕和模型自身结构的不确定性(如水文模型通常是运用大量的概化或者经验公式对流域的水文循环过程进行简单的刻画)。同时,SWAT 模型最显著的特点就是参数众多,且某些参数之间存在一定的相关性,使得模型普遍存在同参异效或者异参同效的现象。这些原因都是导致 SWAT 模型在本研究区模拟效果未能达到最佳的根本所在,但从整体上看,各水文站的径流模拟均能较好地满足模型适用性评价指标的要求,表明 SWAT 模型在渭河流域具有较好的适用性,可用于定量研究气候与土地利用变化对径流的影响。

5.3.2　气候变化和人类活动对径流影响的定量分析

由第 3 章渭河流域 1960～2010 年的径流变化趋势分析可知,流域径流整体呈递减趋势,尤其是进入 20 世纪 90 年代后,径流减少趋势更为明显。径流的减少与诸多因素有关(图 5.15),但主要可划分为气候和人类活动两大因素。其中,气候因素主要包括降水、气温和蒸发;而人类活动对径流的影响更为复杂,包括水利工程、土地利用及水土保持措施等。如何细化各个因素对径流的影响仍是水文界的一大难题。本章采用率定好的 SWAT 模型,将人类活动细分为土地利用和其他人类活动,定量识别气候、土地利用和其他人类活动三者对流域历史径流演变的贡献率,以期为渭河流域生态恢复及水资源合理开发提供一定的理论依据。

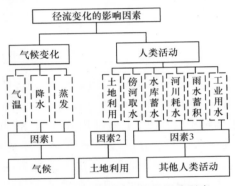

图 5.15　流域径流变化的影响因素

1. 研究方法

SWAT 模型中只考虑了气候、土地利用和土壤数据对径流的影响,由于本书假定土壤数据保持不变,因此 SWAT 模型模拟的径流量只受气候和土地利用的影响。本书分析气候、土地利用及其他人类活动对径流影响的贡献率,以 1978～1986 年作为基准期。研究期与基准期的实测径流之间的差值由气候变化、土地利用和其他人类活动三部分引起,而研究期与基准期的模拟值之间的差值由气候和土地利用两部分引起,其相互之间的逻辑关系见图 5.16,具体分离方法见式(5.16)～式(5.20)。

$$\Delta R_i = R_{\text{obs},i} - R_{\text{obs},0} \tag{5.16}$$

$$\eta_{\text{CL},i} = \frac{\Delta R_i - \Delta R_{\text{H},i}}{\Delta R_i} \times 100\% \tag{5.17}$$

$$\eta_{\text{H},i} = \frac{R_{\text{sim},i} - R_{\text{obs},i}}{\Delta R_i} \times 100\% \tag{5.18}$$

$$\eta_{\text{C},i} = \eta_{\text{SC},i} \times \eta_{\text{CL},i} \tag{5.19}$$

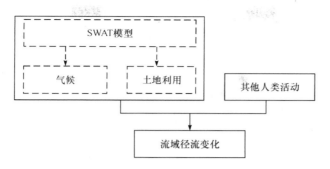

图 5.16 径流影响因素逻辑关系图

$$\eta_{L,i} = \eta_{SL,i} \times \eta_{CL,i} \tag{5.20}$$

式中，ΔR_i 表示第 i 研究时段气候、土地利用和其他人类活动引起的实测径流差值；$R_{sim,i}$ 表示第 i 研究时段的模拟值；$R_{obs,i}$ 表示第 i 研究时段的实测值；$R_{obs,0}$ 表示基准期的实测值；$\eta_{CL,i}$ 表示第 i 研究时段气候和土地利用对径流影响的贡献率；$\eta_{C,i}$ 表示第 i 研究时段 SWAT 模型中气候变化对径流影响的相对贡献率；$\eta_{SC,i}$ 表示第 i 研究时段 SWAT 模型中土地利用对径流影响的相对贡献率；$\eta_{C,i}$ 表示第 i 研究时段气候对径流影响的贡献率；$\eta_{L,i}$ 表示第 i 研究时段土地利用变化对影响的贡献率；$\eta_{H,i}$ 表示第 i 研究时段其他人类活动对径流影响的贡献率。

气候和土地利用对径流影响的相对贡献率可通过表 5.12 的组合方式在 SWAT 模型中模拟计算得到，$\eta_{SL,i}$ 及 $\eta_{SC,i}$ 的具体计算方法见式(5.21)~式(5.25)。

表 5.12 气候和土地利用组合方式

模拟值	组合方式
$R_{sim,0}$	基准期气候和基准期土地利用
$R_{sim,i}$	i 研究期气候和 i 研究期土地利用
$R_{sim,iC}$	基准期土地利用和 i 研究期气候
$R_{sim,iL}$	基准期气候和 i 研究期土地利用

$$\eta_{SC,i} = \frac{R_{sim,iC} - R_{sim,0}}{\Delta R_{s,i}} \times 100\% \tag{5.21}$$

$$\eta_{SL,i} = \frac{R_{sim,iL} - R_{sim,0}}{\Delta R_{s,i}} \times 100\% \tag{5.22}$$

$$\Delta R_{sc,i} = R_{sim,iC} + R_{sim,iL} - 2R_{sim,0} \tag{5.23}$$

式中，$\Delta R_{sc,i}$ 表示第 i 研究时段模型中气候引起的径流相对变化量；$\Delta R_{s,i}$ 表示第 i 研究时段模型中气候和土地利用变化引起的径流相对变化量。

为了验证表 5.12 的组合方式在模型中分析气候和土地利用的可靠性,本书引入了相对误差 δ,若 $|\delta|<20\%$,则说明该组合方式模拟计算出的结果具有可信性。相对误差 δ 的计算公式为

$$\Delta R_{s,i}=R_{sim,i}-R_{sim,0} \tag{5.24}$$

$$|\delta_i|=\left|\frac{\Delta R'_{s,i}-\Delta R_{s,i}}{\Delta R_{s,i}}\right|\times100\% \tag{5.25}$$

式中,$\Delta R'_{s,i}$ 表示第 i 研究时段模型中模拟值之差。

2. 计算结果

本书按年际将研究时段划分为两个阶段,即 1987～2000 年和 2001～2010 年,分别代表 20 世纪 90 年代和 21 世纪初期。并认为 1995 年的土地利用数据可代表 90 年代的土地利用类型,2005 年的土地利用数据可代表 21 世纪初期的土地利用类型。

1) 20 世纪 90 年代径流归因分离结果

基于 SWAT 模型模拟不同气候和土地利用组合方式下的多年平均径流量,按式(5.19)～式(5.22)可计算得到模型中气候和土地利用对径流演变的相对贡献率,按式(5.12)～式(5.18)可定量分离出气候、土地利用及其他人类活动三者对 90 年代($i=1$)径流影响的贡献率,结果如表 5.13 所示。与基准期相比,90 年代各站径流量均大幅度减少,减少幅度干流大于支流,下游大于上游。林家村站径流减少了 13.14 亿 m³,咸阳站减少了 24.89 亿 m³,张家山站减少了 0.54 亿 m³,华县站减少了 36.31 亿 m³,状头站减少了 1.75 亿 m³;各站径流减少的归因因子比重如图 5.17 所示,从图 5.17 可以看出,气候变化是导致渭河流域 90 年代径流减少的主要原因,占 70%～80%;其他人类活动对各站径流的影响次之,为 10%～20%;最后是土地利用,它对径流的影响最小,仅占 10% 左右。

表 5.13　渭河流域 20 世纪 90 年代各水文站径流演变的归因结果

项目	水文站				
	林家村	咸阳	张家山	华县	状头
实测径流量/亿 m³:基准期 $R_{obs,0}$	24.33	44.08	13.30	74.76	6.73
实测径流量/亿 m³:$R_{obs,1}$	11.19	19.19	12.76	39.45	4.98
模拟径流量/亿 m³:基准期土地＋基准期气候 $R_{sim,0}$	21.08	40.49	13.34	7.030	6.65
模拟径流量/亿 m³:土地＋气候 $R_{sim,1}$	12.02	23.91	12.82	48.90	5.49
模拟径流量/亿 m³:基准期土地＋气候 $R_{sim,1C}$	11.96	23.69	12.85	48.70	5.67

续表

项目	水文站				
	林家村	咸阳	张家山	华县	状头
模拟径流量/亿 m³:基准期气候＋土地 $R_{sim,1L}$	20.62	40.14	13.27	69.11	6.53
实测总变化量/亿 m³:较基准期 R_1	−13.14	−24.89	−0.54	−36.31	−1.75
实测变化量/亿 m³:其他人类活动 $R_{H,1}$	−0.82	−4.72	−0.06	−9.45	−0.50
实测变化量/亿 m³:(土地＋气候) $R_{CL,1}$	−12.32	−20.18	−0.48	−25.86	−1.25
模拟变化量/亿 m³:气候 $R_{SC,1}$	−9.13	−16.80	−0.49	−21.60	−0.99
模拟变化量/亿 m³:土地 $R_{SL,1}$	−0.46	−0.35	−0.07	−1.19	−0.12
模拟相对误差/%:$|\delta_1|$	5.70	3.42	7.30	6.47	4.97
模拟相对贡献率/%:气候 $\eta_{SC,1}$	−95.22	−97.95	−87.42	−94.80	−88.93
模拟相对贡献率/%:土地 $\eta_{SL,1}$	−4.78	−2.05	−12.58	−5.20	−11.07
实测贡献率/%:(气候＋土地) $\eta_{CL,1}$	−93.73	−81.05	−88.78	−73.25	−71.32
气候贡献率/%:$\eta_{C,1}$	−89.26	−79.40	−77.61	−69.44	−63.43
土地贡献率/%:$\eta_{L,1}$	−4.48	−1.66	−11.17	−3.81	−7.90
其他人类活动贡献率/%:$\eta_{H,1}$	−6.27	−18.95	−11.22	−26.75	−28.68

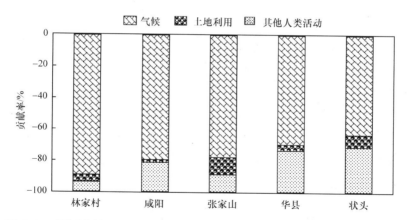

图 5.17　渭河流域 20 世纪 90 年代较基准期径流量减少归因因素比重分布图

2) 21 世纪初期径流归因结果

基于 SWAT 模型模拟不同气候和土地利用组合方式下的多年平均径流量,按式(5.19)~式(5.22)可计算得到模型中气候和土地利用对径流演变的相对贡献率,按式(5.12)~式(5.18)可定量分离出气候、土地利用及其他人类活动三者对 21 世纪初期($i=2$)径流影响的贡献率,结果如表 5.14 所示。21 世纪初期与基准期相比,各站径流也大幅度减少,减少幅度仍为干流大于支流,下游大于上游。除张家山外,各站径流的减少幅度较 20 世纪 90 年代均有所下降。林家村站径流减少了 14.24 亿 m³,咸阳站减少了 19.55 亿 m³,张家山站减少了 5.39 亿 m³,华县站减少了 27.26 亿 m³,状头站减少了 1.96 亿 m³;各站径流减少的归因因子比重如图 5.18 所示,从图 5.18 可以看出,气候变化是导致渭河流域中上游 21 世纪初期径流减少的主要原因,约为 60%;其他人类活动对其影响次之,约为 30%;最后为土地利用,影响仅占 10% 左右。但在渭河下游地区,华县站径流的减少主要是由其他人类活动引起的,大致占 60% 左右;而气候变化对其影响次之,约为 40%;虽然土地利用有促进该站径流增加,但效果不明显,约为 3%。气候和其他人类活动对状头站径流减少的影响比例大致相同,为 40%~50%;土地利用对其影响比例较小,约为 10%。

表 5.14　渭河流域 21 世纪初期各水文站径流演变的归因结果

项目	水文站				
	林家村	咸阳	张家山	华县	状头
实测径流量/亿 m³:基准期 $R_{obs,0}$	24.33	44.08	13.30	74.76	6.73
实测径流量/亿 m³:$R_{obs,2}$	10.10	24.53	7.91	47.50	4.77
模拟径流量/亿 m³:基准期土地+基准期气候 $R_{sim,0}$	21.08	40.49	13.34	7.030	6.65
模拟径流量/亿 m³:土地+气候 $R_{sim,2}$	14.26	30.07	9.68	64.60	5.58
模拟径流量/亿 m³:基准期土地+气候 $R_{sim,2C}$	14.48	30.23	10.50	63.11	5.71
模拟径流量/亿 m³:基准期气候+土地 $R_{sim,2L}$	20.07	39.52	12.66	70.78	6.44
实测总变化量/亿 m³:较基准期 R_2	−14.24	−19.55	−5.39	−27.26	−1.96
实测变化量/亿 m³:其他人类活动 $R_{H,2}$	−4.16	−5.54	−17.10	−1.78	−0.81
实测变化量/亿 m³:(土地+气候)$R_{CL,2}$	−10.08	−14.01	−3.62	−10.16	−1.15
模拟变化量/亿 m³:气候 $R_{SC,2}$	−6.60	−10.27	−2.84	−7.19	−0.94
模拟变化量/亿 m³:土地 $R_{SL,2}$	−1.01	−0.97	−0.68	−0.48	−0.21
模拟相对误差/%:$|\delta_2|$	11.44	7.82	3.78	17.72	7.41
模拟相对贡献率/%:气候 $\eta_{SC,2}$	−86.75	−91.37	−80.69	−107.2	−81.57
模拟相对贡献率/%:土地 $\eta_{SL,2}$	−13.25	−8.63	−7.22	−19.31	−18.43
实测贡献率/%:(气候+土地)$\eta_{CL,2}$	−70.79	−71.67	−67.08	−37.26	−58.79
气候贡献率/%:$\eta_{C,2}$	−61.41	−65.48	−54.13	−39.95	−47.96
土地贡献率/%:$\eta_{L,2}$	−9.38	−6.18	−12.95	2.69	−10.83
其他人类活动贡献率/%:$\eta_{H,2}$	−29.21	−28.33	−32.92	−62.74	−41.21

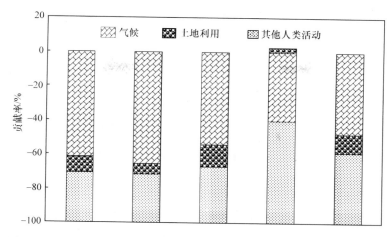

图 5.18　渭河流域 21 世纪初期较基准期径流量减少归因因素比重分布图

5.3.3　流域径流量演变的归因分析

1. 气候变化的影响

从空间上看,气候变化对上游的影响大于下游。从时间上看,20 世纪 90 年代气候变化对径流的影响程度大于 21 世纪初期。气候对径流的影响主要包括降水和气温两个因子,表 5.15 为 20 世纪 90 年代和 21 世纪初期各区间的多年平均降水和多年平均气温较基准期的变幅。结果表明,20 世纪 90 年代:气温在各区均有所上升但变幅差异不大,为 0.5～0.6℃;而各区降水量较基准期均大幅度减少且变幅差异较大,其中林家村以上区域降水减少最为明显,约为 60mm,其次是张家山、咸阳和华县以上区域,最后是状头以上区域,降水减少幅度相对较小,约为40mm。这就印证了气候变化对各站径流的影响程度中,林家村站最为严重,减少贡献率达到了 89.26%,然后为张家山、咸阳和华县站,最后为状头站,其对径流的减少相对较弱,约为 60%。21 世纪初期:各区气温继续呈现升高趋势但变幅差异不大,为 1.0～1.2℃;而各区降水量较基准期均减少但变幅差异不大,但与 20 世纪 90 年代相比,降水量有所增加,这可能是导致 21 世纪初期气候变化对径流影响程度减弱的主要原因。其中渭河中上游区域降水减少相对较大,约为 30mm;渭河下游区域降水减少幅度相对较小,约为 20mm。同样也印证了气候变化对渭河流域中上游径流的影响程度大于其对下游的影响程度。总之,渭河流域由气候因素引起的径流减少部分,主要是流域温度的升高和降水的减少共同导致的。

表 5.15　渭河流域研究期与基准期的多年平均气候变幅情况

项目	林家村以上	咸阳以上	张家山以上	华县以上	状头以上
T_1/℃	0.5	0.6	0.5	0.6	0.6
T_2/℃	1.1	1.0	1.2	1.0	1.1
P_1/mm	59	53	55	52	41
P_2/mm	−32	−35	−28	−19	−24

注：T_1 表示 20 世纪 90 年代与基准期的气温变化量；T_2 表示 21 世纪初期与基准期的气温变化量；P_1 表示 90 年代与基准期的降水变化量；P_2 表示 21 世纪初期与基准期的降水变化量。

2. 土地利用变化的影响

从空间上看，土地利用对流域径流影响的总体趋势为：支流大于干流。支流上，张家山站大于状头站；干流上，咸阳站受到的影响相对较小，减少贡献率仅占 1.66%，然后是华县站和林家村站，但影响都不明显，减少贡献率均在 5% 以下。从时间上看，20 世纪 90 年代土地利用变化对径流的影响程度小于 21 世纪初期，但变化幅度不大，均在 10% 以内。由第 4 章土地利用类型变化特征分析可知，渭河流域土地利用类型主要为耕地、林地和草地，三者的面积之和占流域总面积的 98% 以上，但是其相对于基准期的土地利用而言，面积变化率都不大，约 10%，这正是流域土地利用对径流影响不大的根本原因。而由土地利用转移矩阵分析结果可知，耕地、林地和草地在空间上的位置转移频率较高，进而印证了流域土地利用对各站径流影响各不均一的水文现象。需要说明的是 21 世纪初期土地利用变化对华县站径流量有促进增加的作用，原因可能与这一时期城镇建设（西安市）的快速发展有关，因为与基准期相比，这一时期城镇面积增加了 30% 左右，进而导致流域径流量有所增加。

3. 其他人类活动的影响

其他人类活动对流域径流的影响程度从上游到下游逐渐增强；支流上，影响程度泾河小于北洛河。20 世纪 90 年代其他人类活动对径流的影响程度小于 21 世纪初期，其他人类活动主要包括水库蓄水、灌区引水、淤地坝减水、傍河取水、工业及生活用水等。渭河流域截止到 2010 年，已建成大、中及小（Ⅰ）引水工程 1635 处，其中包括驰名全国的宝鸡峡、泾惠渠和洛惠渠三处大、中型引水灌溉工程，分别位于林家村断面以上、张家山断面以上及状头断面以上；共建成大、中、小（Ⅰ）型蓄水工程 129 座，其中石头河、冯家山、羊毛湾和金盆水库四座大型水库都位于林家村—咸阳断面之间。流域城镇建设及工业经济发达区主要集中于渭河下游区域，即华县断面以上，其中以西安市的人口经济发展最为显著。渭河流域淤地坝 20 世纪 80 年代面积为 77.90km²，90 年代为 119.96km²，21 世纪初期面积增加到

139.97km²,淤地坝大多修建于两大支流:泾河和北洛河。表 5.16 为研究时段的人类活动措施耗水量较基准期的变化幅度。可以看出:相对于基准期而言,渭河流域灌区引水、工业和生活用水是导致其他人类活动引起径流减少的主要原因。特别是近二十年来由于城镇工业经济的快速发展,城市化生活水平有了较大提高,工业及生活用水量的急剧增加致使渭河径流量急剧减小,进而印证了人类活动对流域径流的影响程度从上游到下游逐渐增强、且随着代际逐渐增强。

表 5.16 渭河流域研究期与基准期的人类活动措施耗水量变幅情况

措施	耗水变化量/亿 m³	
	20 世纪 90 年代	21 世纪初期
水库蓄水	0.54	0.65
淤地坝减水	0.36	0.45
灌区引水	3.03	2.09
工业、生活用水	9.04	11.22

5.3.4 径流对气候和土地利用变化的响应过程

1. 气候变化情景下的径流响应过程

1) 气候变化情景设置

气候变化对流域水文水资源的影响研究,主要是在水文模型中设置不同的气候变化情景实现,即通过改变模型中降水或气温的输入值,模拟生成相应的径流变化过程。目前,气候情景设置的方法主要有三类,分别为时间序列分析法、任意情景假设法和基于 GCM 的气候情景输出法。

(1)时间序列分析法:以气温、降水及径流等长时间系列水文气象数据为基础,应用统计学原理,建立气温、降水与径流的数学统计模型,预测流域在未来气候变化情景下的水文响应过程。

(2)基于 GCM 的气候情景输出法:借助全球气候模式生成未来气候变化情景。在实际应用中,常采用降尺度方法克服 GCM 不能输出日尺度数据及时空分辨率低等问题,然后根据 CO_2 的排放量,采用数值模拟研究未来气候情景变化下的流域水文响应。

(3)任意情景假设法:根据区域未来气候可能变动的范围,直接改变气候因子,如气温增减若干度($T\pm0.5℃$、$T\pm1.0℃$ 等),降水量增减一定的百分率($P\pm P5\%$、$P\pm P10\%$ 等),定量分析单一气象要素对流域水文的响应过程,或是对不同的气候要素进行任意组合构成多种未来气候情景,分析该变化情景下的流域水文响应过程。

　　本章采用任意情景假设法定量分析渭河流域径流对气温、降水变化的响应程度。气候情景方案设置的依据为该研究区域未来气候可能的变动范围。保持降水数据（2001～2010 年）不变，将气温数据减小 0.5℃、1℃，增加 0.5℃、1℃，模拟得到四种不同气温变化情景下的年径流响应过程；同理，保持气温数据（2001～2010 年）不变，将降水数据减小 5%、10%，增加 5%、10%，模拟得到四种不同降水变化情景下的年径流响应过程。

　　根据不同的气候变化情景方案，在 SWAT 模型中加载 2005 年的土地利用数据，输入校准好的模型参数，模拟 2001～2010 年不同气候变化情景下林家村、咸阳、张家山、华县和状头的年、月流量过程。径流变化率计算公式为

$$\eta = \frac{y_i - y_0}{y_0} \times 100\% \qquad (5.26)$$

式中，η 表示平均径流（年、月）相对变化率；y_i 表示第 i 种气候变化情景下的平均径流量（年、月）（亿 m^3）；y_0 表示真实情景下的平均径流量（年、月）（亿 m^3）。

　　2）年径流响应结果

　　（1）气温变化情景下的年径流响应结果。采用式（5.26）计算得到各站在不同气温变化情景下的年均径流相对变化率，结果如图 5.19 所示。从整体上看，径流对气温变化的敏感度不高，气温在 ±1℃ 范围内波动，径流的变化幅度均在 3% 以内。从空间上看，各站径流对气温变化的响应程度不尽相同，径流对气温增加的响应程度为干流大于支流，但径流对气温减小的响应程度为干流小于支流。干流上，径流对气温升高的响应程度大于其对气温降低的响应程度。气温平均上升 0.5℃，径流减小幅度为上游大于下游，林家村年均径流减小 2.81%，咸阳站减小 1.44%，华县站减小 0.74%；当气温继续升高时，渭河流域上中游径流继续减小的幅度不大，下游径流继续减小的幅度较大，如气温平均上升 1℃ 时，华县站年均径流减小 2.36%，是气温升高 0.5℃ 情景下径流减小幅度的 3 倍左右。气温平均降低 0.5℃，径流增加幅度为上游小于下游，林家村年均径流增加 0.07%，咸阳站增加 0.09%，华县站增加 0.66%；当气温继续降低时，渭河流域径流继续增加的幅度均很明显，气温减小 1℃ 时，林家村年均径流增加 0.72%，咸阳站增加了 1.42%，华县站增加了 1.03%，分别是气温降低 0.5℃ 情景下径流增加幅度的 10 倍、15 倍和 5 倍左右。支流上，径流对气温升高的响应程度小于其对气温降低的响应程度。气温平均上升 0.5℃，径流减小幅度为张家山大于状头，张家山年均径流减小 0.09%，状头站减小 0.66%；当气温继续升高时，径流继续减小的幅度为张家山大于状头，如气温平均上升 1℃ 时，张家山年均径流减小 0.57%，是气温升高 0.5℃ 情景下径流减小幅度的 6 倍左右。气温平均降低 0.5℃，径流增加的幅度为张家山小于状头，张家山年均径流增加 0.84%，状头站增加 1.03%；但当气温继续降低时，径流增加的变化幅度为张家山大于状头，如气温减小 1℃ 时，张家山径流增加

了 2.22%,是气温降低 0.5℃情景下径流增加幅度的 3 倍左右。

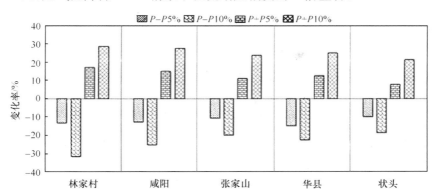

图 5.19　气温变化情景下的年平径流相对变化率

　　(2) 降水变化情景下的年径流响应结果。采用式(5.26)计算得到各站在不同降水变化情景下的年平均径流相对变化率,结果如图 5.20 所示。从整体上看,径流对降水的变化较敏感,且径流的变化幅度大于降水的变化幅度。从空间上看,径流对气温变化的响应程度为干流大于支流,但差异不明显。降水增加 5% 时,干流上径流的响应程度为从上游到下游逐渐降低,林家村年均径流量增加 17.08%,咸阳站增加 14.93%,华县站增加 12.58%;支流上张家山径流的响应程度大于状头,年径流增加幅度分别为 10.97% 和 7.66%。当降水继续增加时,各站(除华县外)径流继续保持同比例增加趋势,降水增加 10% 时,华县站增加了 21.32%,是降水增加 5% 情景下径流增加幅度的 3 倍左右。降水减小 5% 时,干流上游及中游径流的响应程度小于下游,林家村和咸阳站的年均径流分别减小了 13.37% 和 12.74%;支流上张家山大于状头,分别减少了 10.73% 和 9.80%。当降水继续减

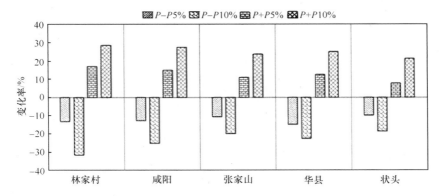

图 5.20　降水变化情景下的年平径流变化率分布图

少,各站(除林家村外)径流继续保持同幅度减少趋势,降水减小 10％时,林家村站径流减小了 31.72％,是降水减小 5％情景下径流减小幅度的 3 倍左右。

3) 季径流响应结果

(1) 气温变化情景下的季径流响应结果。对不同气温变化情景下林家村、咸阳、华县、张家山和状头五个水文站的季平均径流变化率进行了统计,如图 5.21 所示。其中,春季为 3～5 月、夏季为 6～8 月、秋季为 9～11 月、冬季为 12～翌年 2 月。

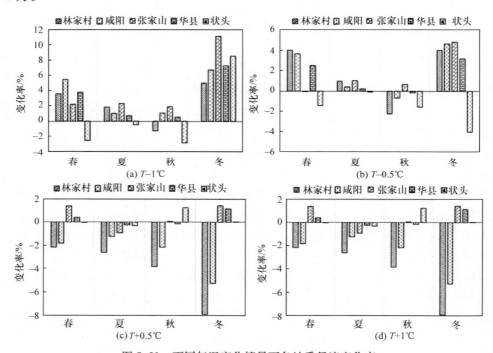

图 5.21　不同气温变化情景下各站季径流变化率

从图 5.21 可以看出,当气温降低时,各站径流整体响应程度为春季和冬季较大,夏季和秋季较小。当气温升高时,各站径流整体响应程度秋季和冬季较大,春季和夏季较小。因此,本书只分析各站径流对气候变化较敏感季节在空间上的响应程度。$T-1℃$ 情景下,春季径流:除状头与气温呈正相关关系外,其余各站与气温均呈负相关关系,响应程度为干流大于支流,干流上,径流增幅咸阳最大,林家村和华县持衡,支流上,张家山径流增幅与状头径流减幅持衡;冬季径流:各站与气温均呈负相关关系,响应程度为支流大于干流,干流上,径流增幅为上游小于下游,支流上,径流增幅为张家山大于状头。$T-0.5℃$ 情景下,春季和冬季径流除状头与气温呈正相关关系外,其余各站与气温均呈负相关关系;春季径流:响应程度为干流大于支流,干流上,径流增幅为上游大于下游,支流上,张家山径流增幅小于状头径流减幅;冬季径流:响应程度为支流与干流持衡,干流上,径流增幅为咸阳>林家村>华县,支流上,张家山径流增幅小于状头径流减幅。$T+0.5℃$情景下,秋季径流:干流各站与气温呈负相关关系外,支流各站与气温呈正相关关系,响应程度为干流大于支流,干流上,径流减幅为上游大于下游,支流上,径流增幅张家山小于状头;冬季径流:林家村和咸阳与气温均呈负相关关系,其余各站与气温均呈正相关关系,响应程度为干流大于支流,干流上,径流变幅为上游小于下游,支流上,径流增幅张家山大于状头。$T+1℃$情景下,秋季径流:除干流各站与气温呈负相关关系外,支流各站与气温均呈正相关关系,响应程度为干流大于支流,干流上,径流减幅为上游大于下游,支流上,径流增幅张家山小于状头;冬季径流:除状头与气温呈正相关关系外,其余各站与气温均呈负相关关系,响应程度为干流大于支流,干流上,径流减幅上游大于下游,支流上,张家山径流减幅大于状头径流增幅。

（2）降水变化情景下的季径流响应结果。对不同降水变化情景下林家村、咸阳、华县、张家山和状头五个水文站的季平均径流变化率进行了统计,结果如图 5.22 所示。其中,春季为 3~5 月、夏季为 6~8 月、秋季为 9~11 月、冬季为 12~翌年 2 月。

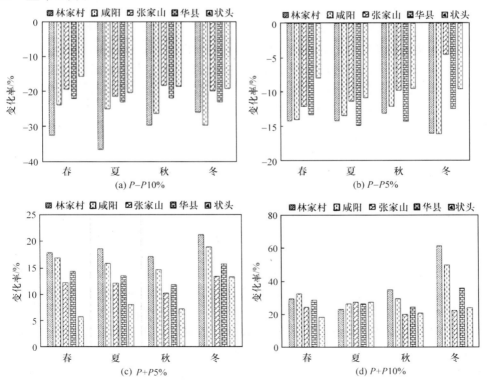

图 5.22　不同降水变化情景下各站季平均径流变化率

从图 5.22 可以看出：各季径流在空间上对降水的响应趋势一致，响应程度均为干流大于支流，且均与降水呈正相关关系。$P-P10\%$ 和 $P+P5\%$ 情景下：干流上，春季、夏季和秋季径流的响应程度上游大于下游，支流上，张家山大于状头；冬季径流的响应程度在支流上差别均不大，但在干流上，降水增加 5% 时，径流增幅为上游大于下游，降水减少 10% 时，径流减幅为咸阳＞林家村＞华县。$P-P5\%$ 情景下：春季径流的响应程度在干流上差别不大，支流上张家山大于状头；夏季和秋季径流的响应程度在支流上的差别不大，在干流上，华县＞林家村＞咸阳；冬季径流的响应程度在干流上林家村和咸阳差异不大，但都大于华县，支流上，张家山小于状头。$P+P10\%$ 情景下：春季径流的响应程度在干流上林家村和华县差异不大，但都小于咸阳，支流上张家山大于状头；夏季径流在空间上的响应程度差异不大；秋季和冬季径流的响应程度在支流上的差别不大，在干流上上游大于下游。

2. 土地利用变化情景下的径流响应过程

1）土地利用变化情景设置

流域土地利用变化受到自然因素和人类活动等诸多方面的影响。因此，设置土地利用变化情景时，需综合考虑自然与社会经济特点等，定量分析土地利用变化对流域水文水资源的影响。目前，设置土地利用变化情景的方法大致有以下三种。

（1）历史反演法：以历史某特定时期内的土地利用数据为基础，预测历史另一特定时期内的水文循环过程。该方法不考虑模拟时间段内人类活动的影响，直接将历史土地利用数据代入模型中进行水文模拟分析。

（2）模型预测法：该方法首先对研究区土地利用变化的驱动力进行分析，然后借助相关模型直接预测流域未来土地利用的变化趋势。目前运用的较多的土地利用预测模型有系统动力学模型、元细胞自动机模型及 CLUE 模型等。

（3）极端土地利用法：该方法主要用于分析单一土地利用类型对流域水文循环的影响。假定研究区域在某特定时期内只含有一种土地利用类型，代入水文模型中，模拟分析该类土地利用的水文响应，从而确定其在水文循环过程中所起的作用。

由第 4 章渭河流域土地利用变化特征分析知，流域土地利用类型主要为耕地、林地和草地，因此本书结合流域实际情况，采用极端土地利用法设置了五种土地利用变化情景（图 5.23），定量分析耕地、灌木林、有林地、高覆盖草地及低覆盖草地相互转化对流域径流的影响程度，以期为渭河流域土地利用空间优化配置提供一定的科学依据。

情景一：以 2005 年的土地利用现状为基础，保持流域内的居民用地、交通建设用地以及水域不变，将其他所有土地利用类型设置为耕地，以下简称耕地。

情景二:以 2005 年的土地利用现状为基础,保持流域内的居民用地、交通建设用地以及水域不变,将其他所有土地利用类型设置为低覆盖草地,以下简称低草。

情景三:以 2005 年的土地利用现状为基础,保持流域内的居民用地、交通建设用地以及水域不变,将其他所有土地利用类型设置为有灌木林,以下简称灌木。

情景四:以 2005 年的土地利用现状为基础,保持流域内的居民用地、交通建设用地以及水域不变,将其他所有土地利用类型设置为高覆盖草地,以下简称高草。

情景五:以 2005 年的土地利用现状为基础,保持流域内的居民用地、交通建设用地以及水域不变,将其他所有土地利用类型设置为有林地,以下简称有林。

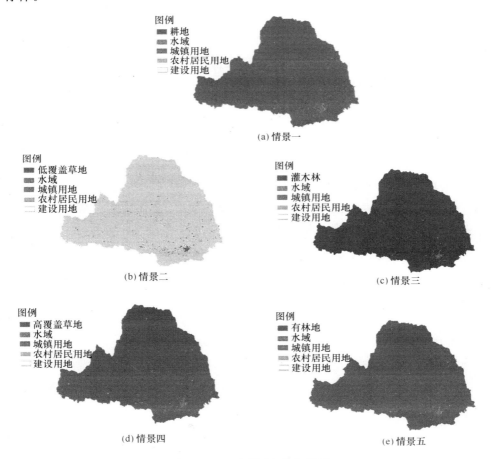

图 5.23　土地利用变化情景图

在上述土地利用变化情景中,加载 2001～2010 年的气象数据,输入校准好的模型参数,模拟 2001～2010 年不同土地利用变化情景下的年平均径流过程。

由于不同土地利用变化情景中除耕地、林地(灌木和有林)和草地(高草和低草)不同之外,其他因素均相同,因此不同土地利用变化情景下的年、月径流量差值仅由单一的耕地、林地或草地引起。径流变化率计算公式为

$$\eta = \frac{y_i - y_0}{y_0} \times 100\% \tag{5.27}$$

式中,η 表示年平均径流变化率;y_i 表示第 i 种土地利用情景下的年/月平均径流量(亿 m^3);y_0 表示真实情景下的年/月平均径流量(亿 m^3)。

耕地、林地、草地之间相互转化对径流影响程度的公式为

$$\eta_{ij} = \frac{y_i - y_j}{y_j} \times 100\% \tag{5.28}$$

式中,η_{ij} 表示土地利用类型由 i 种情景转为 j 种情景下的年/月径流变化率;y_i 表示第 i 种情景下的年/月径流量(亿 m^3);y_j 表示第 j 种情景下的年/月径流量(亿 m^3)。

2) 年径流响应结果

本书对不同土地利用变化情景下林家村、咸阳、张家山、华县和状头五个水文站的年流量分别进行了模拟,结果如表 5.17 所示。整体上看,除状头站外,其他各站在不同土地利用变化情景下的径流变化趋势一致,耕地产流量最大,其次为低草、灌木和高草,且三种情景下的产流量差异不大,最后为有林,它产生的径流量最小。而状头站有林情景下的产流量最大,其次为低草、灌木和高草,最后为耕地,它产生的径流量最小,但五种土地利用变化情景下的产流量差异均不大。

表 5.17   渭河流域各水文站在不同土地利用变化情景下的年平均产流量

(单位:亿 m^3)

水文站	年平均产流量				
	耕地	低草	灌木	高草	有林
林家村	14.31	13.93	13.07	10.52	9.78
咸阳	31.82	24.26	21.62	20.91	17.67
张家山	18.41	14.04	15.31	16.12	12.78
华县	56.81	47.59	46.26	48.31	39.08
状头	7.50	7.03	7.72	7.21	8.10

以耕地情景下的产流量为基准,采用式(5.28)计算得到耕地与有林、灌木、高草、低草之间相互转化在空间上对流域径流的影响程度,结果如表 5.17 所示。干流上,渭河中上游(林家村和咸阳站)的径流变化趋势一致,产流量为:耕地>低草>灌木>高草>有林(图 5.24);相对于耕地而言,高草和有林对径流的减小幅度最为

明显,为 30%～40%,低草和灌木对咸阳站径流的减小幅度较明显,为 20%～30%,但对林家村站径流的减小幅度不明显,减小幅度均在 10% 以内。渭河下游(华县站)产流量为:耕地>高草>低草>灌木>有林;相对于耕地而言,高草、低草和灌木对径流的减小幅度较明显,为 15%～20%,有林对径流的减小幅度更明显,约为 30%。支流上,张家山和状头径流对不同土地利用类型的响应程度不同,其中张家山产流量为:耕地>高草>低草>灌木>有林;相对于耕地而言,灌木和高草对径流的减小幅度小于低草和有林,前两类为 10%～15%,后两类为 20%～30%;状头站产流量为:有林>灌木>耕地>高草>低草;相对于耕地而言,各类土地利用类型对径流的影响程度变化差异不大,均在 10% 以内。

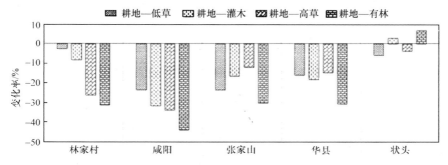

图 5.24　耕地转化为其他土类各站年平均径流变化率

3) 季径流响应结果

以耕地情景下的产流量为基准,采用式(5.28)计算耕地转换为林地或草地时各站月均径流的变化率,在此基础上,统计得到不同土类转换方式下林家村、咸阳、华县、张家山和状头五个水文站的季平均径流变化率,结果如图 5.25 所示。其中,春季为 3～5 月、夏季为 6～8 月、秋季为 9～11 月、冬季为 12～翌年 2 月。

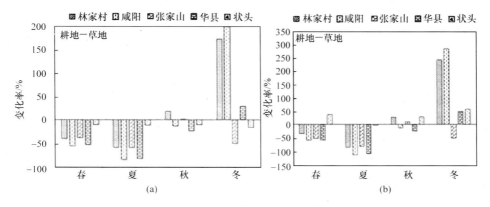

图 5.25　耕地转换为草地/林地时各站季平均径流变化率

　　春季径流相对于耕地而言:草地对各站径流均有减少的作用,且减小幅度为干流大于支流,干流上,咸阳径流减小幅度最大,其次为林家村和华县径流,支流上,径流减幅为张家山大于状头;林地对状头径流有增加的作用,对其他各站径流有减小的作用,径流变幅均为干流大于支流,干流上,林家村径流减幅最小,其次为咸阳和华县径流,支流上,张家山径流减幅大于状头径流增幅。夏季径流相对于耕地而言:草地和林地对各站径流均有减少的作用,减小幅度为干流大于支流,干流上,林家村径流减小幅度最小,其次为咸阳和华县,支流上,径流减幅为张家山大于状头。秋季径流相对于耕地而言:各站径流变幅均不大且差异不明显。冬季径流相对于耕地而言:草地对干流径流均有增加作用,对支流径流均有减小作用,干流径流增幅大于支流径流减幅,干流上,咸阳径流减小幅度最大,其次为林家村,最后为华县,支流上,径流减幅为张家山大于状头;林地对张家山径流有减小的作用,对其他各站径流有增加作用,径流变幅为干流大于支流,干流上,咸阳径流减小幅度最大,其次为林家村,最后为华县,支流上,张家山径流减幅与状头径流增幅持衡。

5.4　渭河流域未来径流变化

　　为了评价气候变化对渭河流域未来径流的影响,本书以 VIC 模型为工具,根据渭河流域实测降水、气温及径流建立水文模型,输入降尺度得到未来的降水、气温,对渭河流域径流未来的变化趋势进行分析。

　　目前,气候模式与水文模型耦合是径流预测的主要手段之一,即将气候模式的输出作为驱动水文模型的输入,驱动水文模型得到不同情景下的径流变化情况。气候因素(如 CO_2 倍增的情景)在假设的条件下经过排列组合,构成了水文过程的"上边界条件";而水文模型对不同下垫面要素(包括地质地貌、植被以及人为建筑)有着不同的径流系数、下渗条件;下垫面的空间分布就成为了流域水文过程和水文响应的关键,因此土地利用/覆盖变化(land use/cover change,LUCC)构成了水文过程的"下边界条件"。由于水文模型的输出(产流、汇流)要素受到上边界条件(气候模式)和下边界条件(LUCC 类型)等不确定因素影响,因此根据研究流域选定合理的未来气候情景以及下垫面类型,是应用水文模型进行径流预测的关键。本书选用 CMIP5 中精度较高的 CanESM2 模式(加拿大模式)下的 RCP4.5 情景(中等温室气体排放)以及 RCP8.5 情景(高等温室气体排放)所得到渭河流域未来 2020s、2030s、2040s、2050s 共四个时期的月降水、气温数据作为驱动 VIC 模型的气象文件(第 3 章),结合流域 2000s 的土地利用类型,对渭河流域未来的径流进行预测。流域地理坐标为东经 $106°20'\sim110°37'$,北纬 $33°40'\sim37°18'$,本书按照 $0.5°\times0.5°$ 将流域分为 75 个网格,流域分区及网格划分如图 5.26 所示。

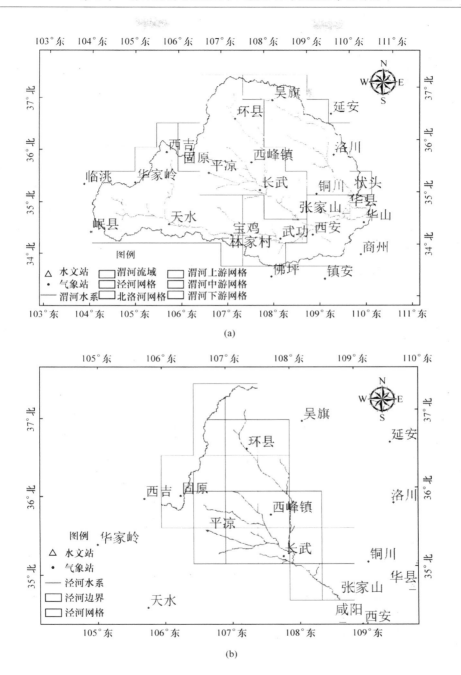

(a)

(b)

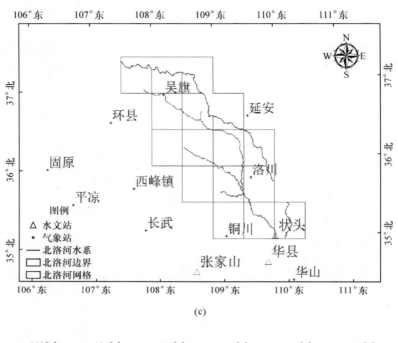

(c)

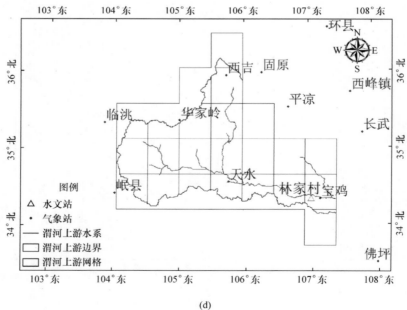

(d)

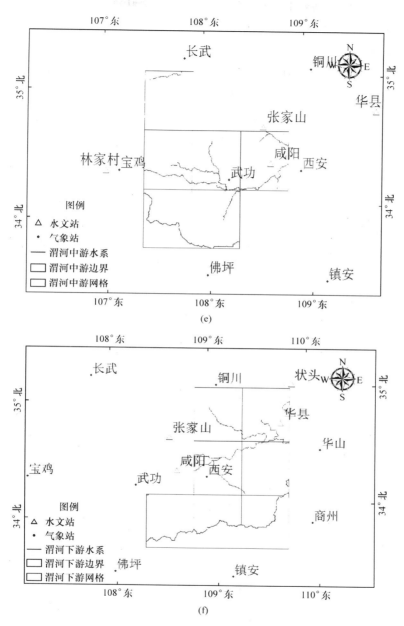

(e)

(f)

图 5.26　渭河流域分区及 VIC 模型网格划分

5.4.1　植被参数

我国的地类代码为三级分类,共有 6 大类 67 个小类。该分类方法与 VIC 模型采用的美国马里兰大学发展的全球 1km 陆面覆盖类型分类不同,因此在构建渭河流域植被文件时,需对植被类型进行预处理,以确保分类统一。

按照植物特征差异进行分类,分类的单位越小,则同一单位下的植物所具有的共同特征越多。门、纲、目和科四个单位逐级递减,最小单位"科"下所包含植物的共同特征最多,本书按照"目"进行合并,使其与马里兰大学发展的陆面覆盖类型参数库相同。渭河流域绝大多数乔木属于温带阔叶落叶林,而针叶林、常绿阔叶林等数目较少。将 2000s 土地利用类型图中多个子项合并成 VIC 模型中一种植被分类,确保每个分类号对应的合并代码不重复,合并后的结果见表 5.18。

表 5.18　合并后的地类代码

分类号	马里兰大学	合并代码	描述
0	水	41~46	河渠、湖泊、水库坑塘、冰川雪地、沼泽、滩地
1	常绿针叶林	—	—
2	常绿阔叶林	—	—
3	落叶针叶林	—	—
4	落叶阔叶林	21	有林地
5	混交林	31	高覆盖度草地
6	林地	23	疏林地
7	林地草原	24	其他林地
8	密灌丛	22	灌木林
9	灌丛	32	中覆盖度草地
10	草原	33	低覆盖度草地
11	耕地	11~12	水田、旱地
12	裸地	61~66	沙地、戈壁、盐碱地、沼泽地、裸土地、砾石地
13	城市和建筑	51~53	城镇用地、农村用地、其他用地

合并完成后,需要植被参数库文件对这些分类进行描述,植被参数库文件存放着各种植被类型的特征数据。需要标定的数据有:结构阻抗、最小气孔阻抗、叶面积指数、反照率、糙率及零平面位移等。这些数据一经确定,在模型运行时不再变动,当网格内有某种植被代码时,模型就从植被参数库文件中调用该代码所标定的数据。本书所采用的合并方案有助于减少 VIC 模型的复杂程度,节约运算时间并

提高运算的精度。

　　每个网格内的植被类型分布情况用植被参数文件进行描述,基于 2000s 中国土地利用类型图,应用 ArcGIS 提取每个网格的信息,对每个网格内的覆盖类型进行统计,满足公式:

$$\sum_{i=0}^{12} V_i = L \times W \tag{5.29}$$

式中,i 为陆面类型分类号;V_i 表示第 i 类植被在网格内所占的面积;L 和 W 分别表示网格的长和宽。

　　按照 $0.5° \times 0.5°$ 经纬网对流域进行裁剪,并将裁剪后的流域与中国土地利用类型图结合,对每个网格内的植被信息进行逐一统计,即可获得渭河流域 75 个小格内植被分布情况。VIC 模型的植被参数主要包括各个网格的植被类型总数、每种植被的面积比例、根系比例以及逐月叶面积指数等。由于 VIC 模型考虑了植被的生物特征以及物理机制,所以可以很好地反映流域下垫面覆盖变化的情况,图 5.27 为流域单元网格植被覆盖信息及流域地形信息分布图。

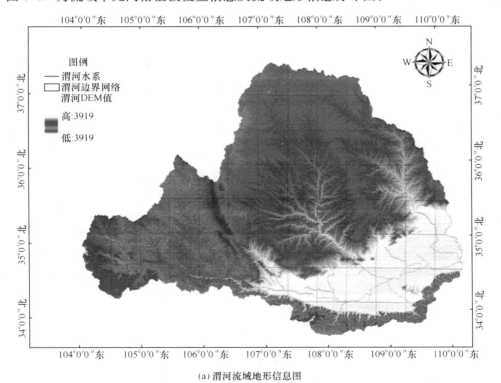

(a) 渭河流域地形信息图

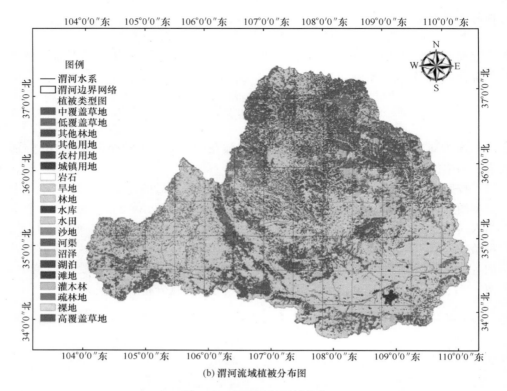

(b) 渭河流域植被分布图

图 5.27　渭河流域植被信息

5.4.2　土壤参数

　　土壤参数在模型文件中有三个作用,其一为确定单元格编号,并与其他数据对接;其二为确定该单元格的位置以及相应网格土壤信息;其三可确定土壤初始含水条件。本书所使用的土壤数据来源于中国第二次全国土地调查所提供的1:100万土壤数据。该数据有若干种土壤质地类型,本书选取每个网格中比例最大的优势土壤类型作为该网格的土壤类型。图 5.28 为渭河流域土壤空间类型分布。

　　VIC 模型的土壤参数与流域产流密切相关,是模型中相当重要的一类参数,在所有土壤参数中,与土壤特性相关的一类参数由全球土壤数据库(HWSD)获取或者由 VIC 模型推荐而定,包括土壤孔隙度 θ^s(%),饱和土壤水势 ψ_s(m),饱和水力传导度 k_{sat}(m/s)以及非饱和流的指数 B。而另一类则需要根据模拟与实测流量过程线的吻合程度来确定,此类参数主要包括各层土壤厚度 d_i(m),蓄水容量曲线次方 b_i,以及基流方案中的三个参数:D_m,D_s,W_s。其中,D_m 为基流最大流速(mm/d),D_s 为 D_m 所占比例,W_s 为土壤最大含水率。

　　图 5.28 为渭河流域土壤空间类型分布,渭河流域分布最广泛的三类土壤为黄

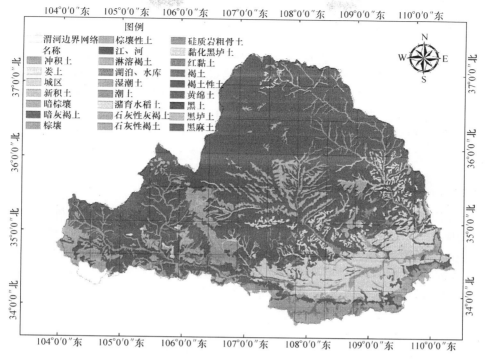

图 5.28　渭河流域土壤空间类型分布

绵土、娄土和石灰性灰褐土。其中黄绵土是黄土高原上分布面积最大的土壤,其母质为第四纪风成黄土,在沉积过程中,由西北向东南,风力渐细,沉积颗粒逐渐变细。黄绵土包括马兰黄土和高石黄土两大部分,其中马兰黄土几乎覆盖整个地面,厚度一般为 10～20m,最厚达 60m 以上,该类土也是径流模拟时主要考虑的下垫面因素。娄土又称为旱地耕作人工土,是我国干旱、半干旱地区人工开辟的耕地类土,分布在关中平原渭河阶地、黄土台塬上。其区域范围东至潼关,西到宝鸡,北达北山,南抵秦岭,呈东西长、南北狭条带状,包括渭南、西安、咸阳、铜川和宝鸡等地(市)的大部分或一部分,是关中地区主要耕种土壤。灰褐土地区坡面较大,超渗产流形成较快,若原有植被遭到破坏,极易招致水土流失,要再恢复林地相当困难,该土地类型上植被覆盖十分可贵,必须采取有效措施加以保护。径流模拟时,这类土下垫面土质和上部的植被覆盖相互关联性更强。

5.4.3　模型输入汇流文件

对于研究区网格系统,流动的方向用数字 1～8 来表示。应用 DEM 和 Deterministic eigth-neighbours 算法,将网格中心单元的水流流向定义为邻近 8 个网格单元中坡度最陡的单元:

$$\theta = \operatorname{arctg} \left| \frac{h_i - h_j}{D} \right| \tag{5.30}$$

式中，h_i 为网格的高程；h_j 为相邻网格的高程；D 为网格之间的中心距离。由于实际 DEM 高程数据存在四周高中间低的凹陷点，其高程值与周围点最小高程值相等，因此本书对一些不合理的流向，按照其实际流动方向进行了人工调整。

流速文件、扩散系数文件、网格有效面积比文件的格式与汇流文件相同。由于研究的时间步长为月，因此可以用模型提供的缺省值，本书设定扩散系数为 $850\text{m}^2/\text{s}$，流速为 $2\text{m}/\text{s}$，网格有效面积比除了流域边界外，均取 1，即 100%。

5.4.4　基准期模型参数率定

VIC 模型所输入的大多参数具有物理意义，但由于 VIC 模型无法将各种参数自适应到任何流域，因此这些参数常存在空间变异性、测量误差性及同参异效、异参同效等现象，这些问题导致模拟值和观测值的吻合程度不高，无法应用到工程实际，因此需要进行参数率定。模型中有 6 个参数 B、D_s、D_m、W_s、d_1、d_2 需要按照网格内的实际情况进行调整，即参数率定。对于半分布式水文模型 VIC，每个网格的 6 个参数都可改变，但由于模型本身的不确定性以及同一流域下垫面在时空上的近似性，本书将流域按照汇流文件划分为林家村以上、林家村—咸阳、咸阳—华县、张家山以上和状头以上 5 个分区，各分区内不同网格同一参数的取值相同。

1）均匀设计法率定模型参数

由模型的汇流机制可知，上述 5 个分区中，林家村站、张家山站和状头站 3 个分区控制站的参数相对独立，而咸阳站在林家村站的下游，因此参数受上游林家村站的影响；同理，华县站控制分区的参数分别受到林家村和咸阳站参数的影响。本书应用均匀设计率定方法，对各个站点逐步进行率定。

均匀设计是我国学者提出的一种试验方法，其目的在于在保证试验结果最优条件下最大限度地减少试验次数，属于"伪蒙特卡罗方法"的范畴，均匀设计法率定水文参数属于数论方法在水文学上的应用。一般来讲，参数率定的精度必须由率定的次数来保证，用最少的次数找到最高的精度则尤为重要，从本质来讲，所有参数率定就是在以往的经验区间内选出具有代表性的点的过程。这种选点往往要考虑两个特性，其一为整齐可比；其二为均匀分散。整齐可比使试验结果便于分析，易于估计各因素的主效应和部分交互效应，从而可分析各因素对指标的影响大小及指标的变化规律，但其以增加试验布点数目为前提，因此牺牲了率定速度。均匀分散使试验点均衡地布设在试验范围内，让每个点具有充分的代表性，它也在一定程度上代表了率定的精度，因此均匀设计理论去掉整齐可比而只保留均匀分散，其特点为：每个因素每个水平只进行 1 次率定；对于任意两个因素率定点，点在平面格子上,每行每列只有一个试验点。均匀分散的特性见图 5.29。

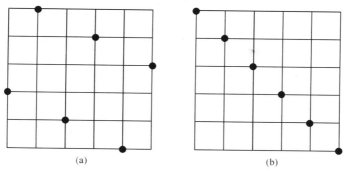

$$\text{(a)} \qquad\qquad\qquad\qquad \text{(b)}$$

图 5.29　均匀分散特性

在 VIC 模型中,将需要率定的参数称为"因素",将每个参数在其区间内的不同取值称为"水平",因此模型的 6 个参数 B、D_s、D_m、W_s、d_1、d_2 为 6 个因素,本书将每个参数在其区间内的取值选为 10,即水平数是 10。

基于前人的研究成果,中国地区 VIC 模型 6 个参数的经验区间为:$B \in [0.5, 6.0]$、$D_s \in [0.0325, 0.05]$、$D_m \in [2.1, 30]$、$W_s \in [0.8, 0.85]$、$d_1 \in [0.05, 0.5]$,$d_2 \in [0.4, 1.75]$。以均匀步长在各参数区间内取水平值,各参数水平值见表 5.19。

表 5.19　VIC 模型参数水平区间表

参数	编号									
	1	2	3	4	5	6	7	8	9	10
B	0.500	1.200	1.800	2.400	3.000	3.600	4.200	4.000	5.400	6.000
D_s	0.032	0.034	0.036	0.038	0.040	0.042	0.044	0.046	0.048	0.050
D_m/(mm/d)	2.100	5.200	8.300	11.40	14.50	17.60	20.70	23.80	26.90	30.00
W_s	0.800	0.805	0.810	0.815	0.820	0.825	0.830	0.835	0.84	0.845
d_1/m	0.050	0.105	0.655	1.205	1.755	2.305	2.855	3.405	3.955	4.500
d_2/m	0.400	0.55	0.700	0.850	1.000	1.150	1.300	1.450	1.600	1.750

当确定水平数和因素数以后,选择相应的均匀设计表和配套使用表格,每一个均匀设计表有一个代号 $U_n(q^s)$,其中 U 表示均匀设计,n 表示要做 n 次试验,q 表示每个因素有 q 个水平,s 表示该表有 s 列。因此,该参数率定问题就转换为一个 6 因素 10 水平的均匀设计问题,选择均匀设计表 $U_{10}^*(10^8)$ 来安排试验设计,见表 5.20。

表 5.20 $U_{10}^*(10^8)$ 水平规则表

水平	因素							
	1	2	3	4	5	6	7	8
1	1	2	3	4	5	7	9	10
2	2	4	6	8	10	3	7	9
3	3	6	9	1	4	10	5	8
4	4	8	1	5	9	6	3	7
5	5	10	4	9	3	2	1	6
6	6	1	7	2	8	9	10	5
7	7	3	10	6	2	5	8	4
8	8	5	2	10	7	1	6	3
9	9	7	5	3	1	8	4	2
10	10	9	8	7	6	4	2	1

每个均匀设计表都附有一个使用表,作用在于择优选取水平规则表中适当的列,以及获取这些列所组成的实验方案的均匀度 D(discrepancy),D 值越小,则均匀度越好。对于 $U_{10}^*(10^8)$ 规则表,其配套使用表见表 5.21。

表 5.21 $U_{10}^*(10^8)$ 使用表

因素	列号						D
2	1	6					0.1125
3	1	5	6				0.1681
4	1	3	4	5			0.2236
5	1	3	4	5	7		0.2414
6	1	2	3	5	6	8	0.2994

从使用表中可以看出,对于本次参数率定,因素数为 6,因此选择表 5.21 最后一行的推荐方案,将所率定参数 B、D_s、d_m、W_s、d_1、d_2 安排在水平规则表的第 1、3、5、6、8 列,每个因素的水平按该列的编号依次对应。这样,每个站只需要运行 10 次 VIC 模型,并从中选取效果最好的一次就可以了,从表中可以看出,选择数据的均匀性偏差 D 为 0.2994。

均匀设计的核心在于,用来选择水平数的先验区间必须合理,若没有一个合理的区间,无论如何编排,皆不能得到良好的效果。

2)率定成果及其检验

本书将 2001~2005 年、2006~2010 年分别作为模型率定期和验证期,通过对比模拟值和观测值率定参数。驱动模型的气象数据为 4 组,分别为各时期的日内降水、最高气温 T_{max}、最低气温 T_{min} 和风速;将以上数据输入到每个网格中,在率定期,气象资料来源于国家气象中心提供的渭河流域 21 个站点 2001～2010 年的强迫数据。

对于每个网格气象强迫数据的生成,采用以距离为权重的插值方法,将 21 个气象站的资料插值到 75 个网格框架中。其公式为

$$\overline{P_{\mathrm{w}}} = \frac{\sum_{i=1}^{n} \frac{1}{d_i^2} P_i}{\sum_{i=1}^{n} \frac{1}{d_i^2}} \tag{5.31}$$

式中,n 为网格内包含站点的个数;d_i 表示第 i 个站点到网格中心点的距离;P_i 为第 i 个站点所对应的观测数据;$\overline{P_{\mathrm{w}}}$ 即为插值后的结果。该插值法以距离作为影响因素,而未考虑地形对降水和气温空间分布的影响。

选择的评价指标为纳什效率系数 C_e 与总量精度误差 E_r。总量精度误差可以衡量径流总量是否一致,而纳什效率系数则是对模拟过程合理性的验证,如式(5.32)所示:

$$E_{\mathrm{r}} = \overline{Q_{\mathrm{c}}} - \overline{Q_0} / \overline{Q_{\mathrm{c}}} \tag{5.32}$$

式中,E_r 为总量精度差;$\overline{Q_0}$ 和 $\overline{Q_c}$ 分别为实测和模拟的多年平均年径流量(mm)。

$$C_{\mathrm{e}} = \frac{\sum_{i} (Q_{i0} - \overline{Q_0})^2 - \sum_{i} (Q_{ic} - \overline{Q_{i0}})^2}{\sum_{i} (Q_{i0} - \overline{Q_0})^2} \tag{5.33}$$

式中,C_e 为纳什效率系数;Q_{i0} 和 Q_{ic} 分别为实测和模拟流量系列(m³/s)。

对于率定成果判定指标,总量精度误差越小模拟效果越好,纳什效率系数值越接近于 1,效果越好,本书取 C_e 和 E_r 的阈值分别为 10% 和 0.75。按均匀设计原理对上述 5 个分区分别进行调参,应用每次设计的方案驱动 VIC 模型,将所得结果代入式(5.32)和式(5.33)进行检验,直至满足所设定阈值。表 5.22 为率定后参数值。2006～2010 年验证期流域控制站纳什效率系数为 0.74,总量精度误差为 7.5%,模型模拟及实测值如图 5.30 所示。

表 5.22　各水文站控制区域率定参数

站点	C_e	E_r	B	D_s	$D_m/(\mathrm{mm/d})$	W_s	d_1/m	d_2/m
张家山	0.84	2.58%	0.58	0.663	2.0	0.5521	1.8	0.7343
状头	0.88	1.84%	0.05	0.492	6.0	0.5480	2.4	0.8411
林家村	0.94	1.18%	0.30	0.032	8.0	0.8332	1.2	0.9576
咸阳	0.82	3.21%	0.42	0.025	11.0	0.6680	1.7	0.4561
华县	0.77	3.36%	0.25	0.043	9.0	0.5332	2.4	0.3498

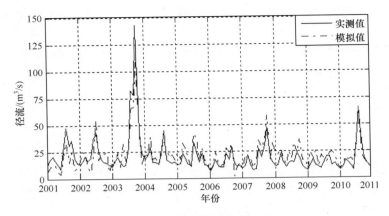

图 5.30　渭河流域率定期成果

均匀设计方案通过数学方法,经过 10 次率定就完成了水文模型的参数率定,且模拟的精度符合要求。如果需要进一步提高纳什效率系数,可以在均匀设计率定的成果上,采用其他方案继续优化模型参数。

5.4.5　渭河流域未来径流变化

2000～2010 年渭河流域平均径流为 53.5 亿 m^3,本书将未来时间段划分为2020s、2030s、2040s 及 2050s 四个时段,保持流域下垫面条件即所率定的参数不变,在模型的每个网格按照反距离权重法输入全球气候模式 CanESM2 在 RCP4.5 和 RCP8.5 情景下未来四个时期渭河流域的降水和气温的日预测数据,驱动 VIC 模型,得出未来相应时段的日径流模拟结果。

由统计降尺度的预测结果可知,在 RCP4.5 情景下,2011～2050 年流域多年平均气温较基准期降低了 0.17℃;而多年平均降水较基准期减少 132mm;从图 5.31 可以看出,受降水因素影响,渭河流域未来径流从总体上呈现减少趋势;且由于未来四个时期降水呈现先减少后增加的趋势,因此 2020s、2030s、2040s 和 2050s 的径流也呈现先减少后增加的趋势,其值分别比基准期减少了 16.3%、13.0%、11.6% 和 5.2%。对于 RCP8.5 情景,由于温室气体排放量加大,因此与 RCP4.5 相比,降水更为减少而气温更为增加。可以看出用该情景的气候数据驱动 VIC 模型所得的径流结果与 RCP4.5 预测趋势一致,整体上渭河流域未来径流呈现减少趋势,四个时期变化规律为先减少后增加,其值分别比基准期减少了20.4%、16.8%、15.7% 和 6.2%。

为进一步分析不同排放情景下未来时期降水-径流关系,用模比系数将RCP4.5 与 RCP8.5 情景降水,以及 VIC 模型预测的径流序列进行转换:

$$K_i = x_i / \bar{x} \tag{5.34}$$

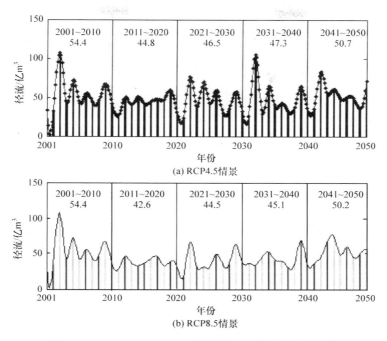

(a) RCP4.5情景

(b) RCP8.5情景

图 5.31　RCP4.5、RCP8.5 情景渭河流域未来径流变化

式中，K_i 为模比系数；x_i 为序列第 i 年值；$\bar{x}$ 为序列均值。

　　该方法可以消除均值大小带来的影响，如图 5.32 所示。可以看出，不论哪种排放情景，渭河流域降水-径流在未来时期的趋势性一致，其线性趋势线的斜率为正，皆呈现缓慢增加趋势。RCP4.5 和 RCP8.5 情景下的未来径流年内分配表见表 5.23 和表 5.24。

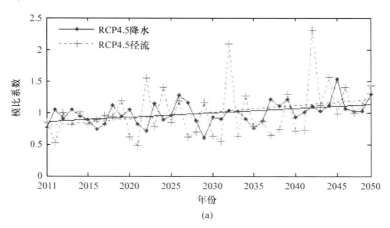

(a)

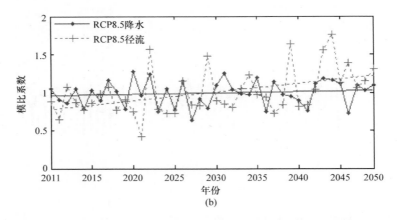

(b)

图 5.32　RCP4.5、RCP8.5 情景渭河流域降水径流模比系数

表 5.23　RCP4.5 情景下未来径流年内分配表　　　（单位：亿 m³）

	春			夏			秋			冬			合计
基准期	3月	4月	5月	6月	7月	8月	9月	10月	11月	12月	1月	2月	
	1.9	3.6	5.2	6.2	10.4	10.1	8.8	4.7	1.7	0.4	0.5	0.8	54.4
	10.8			26.6			15.2			1.6			
	春			夏			秋			冬			合计
2020s	3月	4月	5月	6月	7月	8月	9月	10月	11月	12月	1月	2月	
	1.7	4.2	3.3	4.9	8.8	10.3	5.3	2.8	0.7	0.4	0.5	0.9	44.8
	9.4			24.5			8.9			1.8			
	春			夏			秋			冬			合计
2030s	3月	4月	5月	6月	7月	8月	9月	10月	11月	12月	1月	2月	
	1.9	4.3	2.5	5.2	9.1	8.2	7.3	3.5	1.5	1.1	1.2	2.2	46.5
	8.8			22.7			12.5			4.6			
	春			夏			秋			冬			合计
2040s	3月	4月	5月	6月	7月	8月	9月	10月	11月	12月	1月	2月	
	2.1	4.0	5.6	4.2	8.3	8.5	7.5	4.8	1.5	0.1	0.1	0.3	47.3
	11.8			21.2			13.7			0.5			
	春			夏			秋			冬			合计
2050s	3月	4月	5月	6月	7月	8月	9月	10月	11月	12月	1月	2月	
	2.3	4.4	4.3	4.5	12.3	9.9	5.3	3.7	1.1	0.7	0.5	1.4	50.7
	11.1			26.8			10.1			2.5			

表 5.24　RCP8.5 情景下未来径流年内分配表　　　（单位:亿 m³）

基准期	春			夏			秋			冬			合计
	3 月	4 月	5 月	6 月	7 月	8 月	9 月	10 月	11 月	12 月	1 月	2 月	
	1.9	3.6	5.2	6.2	10.4	10.1	8.8	4.7	1.7	0.4	0.5	0.8	54.4
	10.8			26.6			15.2			1.6			

2020s	春			夏			秋			冬			合计
	3 月	4 月	5 月	6 月	7 月	8 月	9 月	10 月	11 月	12 月	1 月	2 月	
	1.9	4.3	3.4	4.6	8.6	8.8	7	1.9	1.1	0.1	0.1	0.2	42.6
	9.8			22.1			10.2			0.4			

2030s	春			夏			秋			冬			合计
	3 月	4 月	5 月	6 月	7 月	8 月	9 月	10 月	11 月	12 月	1 月	2 月	
	1.8	3.7	3.2	5.2	9.5	7.9	8.4	2.8	1.1	0.1	0.1	0.3	44.5
	8.9			22.7			12.5			0.5			

2040s	春			夏			秋			冬			合计
	3 月	4 月	5 月	6 月	7 月	8 月	9 月	10 月	11 月	12 月	1 月	2 月	
	1.8	4.6	4.8	5.1	11.2	6.8	5.6	3.8	0.8	0.3	0.5	0.6	45.1
	11.2			23.4			10.3			1.4			

2050s	春			夏			秋			冬			合计
	3 月	4 月	5 月	6 月	7 月	8 月	9 月	10 月	11 月	12 月	1 月	2 月	
	2.3	4.1	3.9	4.7	10.8	8.3	7.1	3.5	7.7	0.2	0.3	0.5	50.2
	10.5			24.5			14.0			1.0			

　　从表 5.23、表 5.24 可以看出,在两种情景下,流域未来径流年内分配不均匀性较大,其规律为夏秋两季较多,占全年来水的 75% 以上,而春冬两季较少。这一现象与流域的历史资料显示的年内变化特征一致。因此,可以认为在未来一定时期内,虽然流域径流量有所减少,但年内分配规律不变。

第6章 渭河流域系统健康评价

6.1 概　述

自古以来，人类沿河而居，依赖河流提供的一系列源源不断的生态产品和服务而发展壮大。然而，人类对河流的无节制索取最终导致河流出现不同程度的退化，包括组成要素的亏缺、结构的破坏、过程的断裂及功能的损失等，从河流生态系统健康角度，称之为河流健康受损。河流健康受损以河道断流、水量锐减、水质污染、生物多样性破坏、河道萎缩和河床抬高等"显见"的河流生态环境问题警示人们，河流健康受损必然会导致流域生态功能退化，最终将对人类健康及经济社会发展构成严重威胁。因此，如何维持并恢复河流生态系统的服务功能，来更好地支撑流域经济社会可持续发展，是一个全球性和区域性问题，尤其对于高强度人类活动区的渭河流域更为关键。渭河的开发始于 20 世纪 70 年代末，经过 40 余年的河流开发，加上近年来全球气候变化，渭河流域逐渐表现出了天然来水不足、水资源供需矛盾突出、水质恶化、水污染严重、水土流失加剧、水沙关系恶化、下游防洪形势严峻、生物多样性锐减和河流生态系统全面退化等诸多问题，对渭河流域系统健康构成了威胁。本章将应用河流健康评价的理论与方法，通过拟定河流健康评价对象和评价尺度、识别和筛选河流健康关键影响因子、构建河流健康评价指标体系、制定河流健康评价标准、建立河流健康评价模型对渭河流域系统健康状况进行评价，全面审视流域健康状况，为下一步基于河流健康评价结果的渭河流域健康水量过程及其重构奠定基础。

6.2　渭河流域主要生态环境问题

渭河流域的大规模开发利用始于 20 世纪 70 年代末，随着河流沿岸人口的集中，灌溉农业设施化、城市化及工业化的发展，大量的河道外引水、河道内排污、地下水超采、河岸带及河道的人工"非自然"整治，以及支流水资源开发对干支流水系完整性的破坏等人类的不合理开发利用行为，加上 80 年代中期以来，由于气候变化和人类活动双重影响因素导致渭河干支流来水减少，水文情势变化显著，渭河流域生命健康受到了威胁，并产生了一系列生态环境问题，主要表现在以下几个方面。

1) 河川径流量逐年递减

河流的生命表现为河流水系沿着一定的路径进行的水循环过程。连续的水文过程和充满活力的水动力学过程是河流生命维持的关键,不仅构成了河流演变的基本动力因素,也为水生生物创造了基本的栖息地环境。以流量、水位和水量等为指标的水文水动力学过程的改变可以看做是河流健康面临的首要威胁。渭河流域5 个控制水文站长系列径流变化趋势具有较好的一致性,各站年径流过程均表现出显著的减少趋势,其中 20 世纪 90 年代径流量和流量为各时期最低,且非汛期径流量和流量减少趋势大于汛期。其中,林家村和魏家堡站非汛期月平均流量小于10m³/s,特别是小于 5m³/s 的月份数增加,自 70 年代开始,两站均有断流现象发生,且断流天数及持续程度逐年增加,而咸阳及以下各站自 1995 年起非汛期多集中小流量过程。以林家村站为例,60 年代,非汛期月平均最小流量发生在 1960 年1 月,为 51.51m³/s,没有断流现象发生;70 年代,非汛期月平均最小流量发生在1978 年 2 月,为 0.08m³/s,其中不足 10m³/s 的月份数占 31%,多集中在 12 月至翌年 3 月,不足 5m³/s 的月份数占 84%,多集中在 12 月至翌年 2 月;80 年代,非汛期月平均最小流量发生在 1980 年 3 月,为 0.17m³/s,其中不足 10m³/s 的月份数占 35%,多集中在 12 月至翌年 3 月,不足 5m³/s 的月份数占 61%,多集中在 12 月至翌年 2 月;90 年代,非汛期月平均最小流量发生在 1997 年 3 月,为 0.31m³/s,其中不足 10m³/s 的月份数占 59%,多集中在 12 月至翌年 4 月,不足 5m³/s 的月份数占 66%;进入 21 世纪(2000～2010 年),非汛期月平均最小流量发生在 2002 年12 月,为 0.2m³/s,其中不足 10m³/s 的月份数占 77%,多集中在 11 月至翌年 6月,不足 5m³/s 的月份数占 88%。从河流健康发展意义上来看,水量和流量过程的递减趋势,尤其是非汛期小流量过程的集中增加趋势和断流现象,不仅影响了河道水流的连续性,更严重的是长期的小流量过程会加剧河道功能性断流的威胁。

2) 水质污染严重、水环境质量达不到水域功能要求

渭河相对封闭的环境构架,加上省际入口断面不存在污染迁移,决定了渭河流域水量水质完全取决于南北两岸支流调节的自产自用自养的地理学特征。渭河水在 20 世纪 60 年代可以淘米洗菜,70 年代可以洗衣灌溉,如今却是鱼虾不在,部分河道随处可见黑黄色的、泛着泡沫、散发刺鼻臭味的废污水,成为一条名副其实的纳污河。由于河道天然来水的减少,河道外大量引水及废污水的排放,水体自净功能降低,水污染导致的水体质量下降对渭河河流健康构成了严重威胁。据统计,80年代渭河流域年排废污水 4.65 亿 t,而 90 年代达到 6.50 亿 t,2010 年为6.62 亿 t,于 20 世纪初排污达到顶峰(图 6.1),近年来虽然排污量有所减少,但仍处于严重污染状态。通过渭河干流 13 个监测断面的监测资料来看,除林家村外,其余断面水质综合类别都在 Ⅴ 类以上,咸阳市以下市界断面为劣 Ⅴ 类,基本丧失水功能区水体功能要求。通过统计渭河流域干流 13 个监测断面 1990～2010 年主

要污染物 COD、NH₃-N 的长系列监测资料,并应用 Mann-Kendall 检验法进行趋势检验,见表 6.1。结果表明,渭河流域有机型污染呈明显上升趋势,表明水体污染呈逐年加剧趋势,直接影响河流系统各项使用功能。

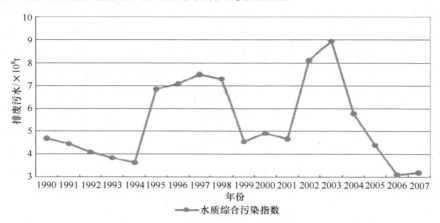

图 6.1　渭河流域 1990～2010 年水质综合污染指数变化趋势图

表 6.1　渭河流域主要污染物变化趋势分析

水质参数	测站总数/个	上升站		无明显趋势站		下降站	
		个数/个	占比/%	个数/个	占比/%	个数/个	占比/%
COD	13	10	76.9	0	0	3	23.1
NH₃-N	13	8	61.5	1	7.7	4	30.8

3）水沙关系不利、下游泥沙淤积严重

渭河是一条多泥沙河流,多年平均输沙量 4.43 亿 t。渭河水沙条件的典型特征是水沙异源,水量主要来自于咸阳以上,咸阳站水量占华县站(渭河出口控制性水文站)水量的 62%(庞治国等,2006),而沙量主要来自于林家村以上[占渭河年输沙量的 27.9%(杨辉辉等,2008)]和泾河张家山以上(占渭河年输沙量的 52.6%)。此外,渭河水沙年内分配极不均衡,主要集中在汛期的 6～9 月(水量占 60%以上,沙量占 85%以上),且多集中于汛期几次洪水过程(孙超等,2009)。通过分析渭河流域咸阳站和华县站长系列(1960～2010 年)不同年代实测水量和沙量数据,其水沙搭配关系变化情况见表 6.2,以华县站为例进行分析,可以看出:渭河华县站多年(1960～2010 年)平均径流量 64.67 亿 m³,多年平均输沙量 3.02 亿 t,平均含沙量为 48.39 kg/m³。其中,20 世纪 60 年代,年径流量 96.19 亿 m³,年输沙量 4.36 亿 t,较多年平均水量增加 48.7%,输沙量增加 44.3%,平均含沙量 45.32kg/m³,属丰水丰沙系列;70 年代,年径流量 57.71 亿 m³,年输沙量 3.84 亿 t,较多年平均水量减少 10.8%,输沙量增加 27.1%,平均含沙量 66.53kg/m³,属于平水枯沙系列;80 年代,年径流量 81.11 亿 m³,年输沙量 2.76 亿 t,较多年平均水量增加 25.4%,输沙量减少 8.2%,平均含沙量 34.02kg/m³,属于平水枯沙系列;90 年代,年径流量 41.58 亿 m³,年输沙量 2.76 亿 t,较多年平均水量减少 35.7%,输沙量减少 8.2%,平均含沙量 66.37kg/m³,输沙量减少比例小于径流量减少比例,属于枯水枯沙系列,水沙搭配关系最为不利;进入 21 世纪,年径流量 46.79 亿 m³,年输沙量 1.39 亿 t,较多年平均水量减少 27.6%,输沙量减少 53.9%,平均含沙量 29.7kg/m³,输沙量减少幅度大于径流量减少幅度,属于枯水枯沙系列。咸阳站水沙搭配关系及长系列变化趋势和华县站类同。

表 6.2　渭河流域咸阳站和华县站长系列(1960~2010 年)不同年代水沙关系

年份	咸阳			华县		
	径流量/亿 m³	输沙量/亿 t	含沙量/(kg/m³)	径流量/亿 m³	输沙量/亿 t	含沙量/(kg/m³)
1960~1969	61.96	1.93	31.55	96.18	4.36	45.32
1970~1979	36.76	1.40	29.33	59.48	3.84	66.53
1980~1989	45.46	0.85	18.15	79.16	2.76	34.02
1990~1999	22.49	0.46	21.78	43.79	2.76	66.37
2000~2010	23.65	0.34	14.87	46.41	1.39	29.70
1960~2010	37.78	0.996	23.14	64.61	3.02	48.39

综上所述,渭河流域水沙关系总体变化趋势为水量和沙量呈波动衰减趋势,特别是进入 20 世纪 90 年代后,水量减少趋势大于沙量减少趋势,水沙关系向小水大沙的不利条件演变,水沙衰减及水沙不平衡等不利水沙关系会导致渭河下游河势发生变化,对下游河床演变及防洪安全构成一定威胁。

渭河流域地处我国地形阶梯的第三级,绝大部分为开阔平原,河道比降小,平均为 2.23‰。20 世纪 60 年代以前,渭河是一条冲淤平衡或微淤的地上河,平滩流量较为稳定,随着三门峡水库的建成运行和河道水沙搭配关系的变化,河道冲淤平衡被破坏,下游河道水流动力减弱、挟沙能力下降、小水小沙的现象时有发生,导致河道泥沙淤积,淤积末端不断上延至咸阳,近 50 年咸阳断面以下累计淤积量约 13 亿 m³,河道比降下降、河床抬高,渭河侵蚀基准面——潼关高程(图 6.2)居高不下,抬高约 5m,渭河渭南以下已然变成一条"地上悬河"。水沙条件的变化引起河道冲淤变化的响应、河道形态的再塑造,最终引起河势的变化,导致主河槽过流断面减少 60% 以上,过流能力降低,平滩流量下降,特别是进入 90 年代,华县站平滩流量由 80 年代前的最大 4600m³/s 下降为 1995 年的 800m³/s(陈强等,2010),造成下游同流量常水位和洪水位普遍抬高,直接威胁渭河下游的防洪安全。据统计,1954~2010 年的 53 年中,渭河发生洪灾 45 次,直接经济损失保守估计约 187 亿

元(Fairweather,1999),在 90 年代水量急剧减少的时期,还发生洪灾 9 次,特别是
"92.8"、"96.7"、"03"和"08"均为小水大洪灾现象。且随着时间推移,渭河洪水过
程表现出历时变长、峰现时间推后、水位变高和灾害严重的特征。

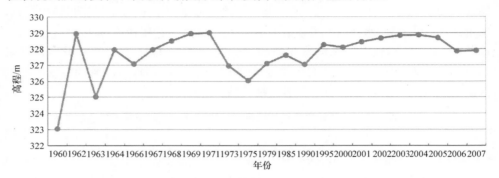

图 6.2　渭河潼关高程历年变化趋势图

4)生物栖息地被破坏、生物多样性减少

生态环境恶化的模式总是表现出从局部到区域最后波及整个流域的过程,对
于水生态系统来说,造成水生态系统出现退化的关键生境要素是水,包括水量和水
质两部分。一定量级的连续的水流过程通过塑造多样的生物栖息地环境,并为各
类水生生物(水生植被、浮游生物、鱼类、底栖动物、细菌和真菌等)提供生物生命过
程所需要的水量和营养物质,从而创造了多样化的生物群落,并发挥各项服务功
能。良好的水质对于水生生态的影响更是显而易见的。渭河属多沙河流,透光度
低,生物群落结构简单,生物多样性较其他类型河流小。据 20 世纪 80 年代标本鉴
定及文献记载研究,渭河鱼类共有 5 目 9 科 42 属 58 种和亚种。其中,上游鱼类 23
种,中游鱼类 27 种,下游鱼类 54 种。渭河鱼类区系与黄河鱼类区系组成特征相
似,以鲤科鱼类为优势类群,为 39 种,占渭河鱼类总属的 67.24%,集中分布在渭
河中下游;其次为鳅科,为 8 种,占渭河鱼类总属的 13.70%,广泛分布在渭河流域
内。而自 80 年代开始的大规模的水事活动造成的河道水量锐减、生态用水被河道
外经济用水挤占、大量污水排放导致的水质恶化,河道外围垦造成的滩涂湿地破坏
等人类行为使得 90 年代后渭河鱼类、野鸭和天鹅等动物消失,河中的鱼虾几乎绝
迹,只能见到为数不多的青蛙和菊科、禾本科、药科等植物,水生态系统严重退化,
生物多样性基础被破坏,渭河生命受到威胁。

渭河湿地主要分布在麦李河口左岸、葫芦峪、北兴村、营北、清水河口、原村滩、
永安滩、保安滩、永流坊、吕村及下游三河湿地等,总面积约 50km²。此外,一些支
流如千河、石头河、伐鱼河、黑河和涝河等入渭处分布有零星湿地,总面积约
20km²;渭河流域系统的湿地历史上具有丰富的动植物资源,其中植被群落主要有
芦苇群落、盐蓬群落、杯柳群落和草甸群落等;水禽 42 种,受国家保护的一、二类动

物达 10 多种,其优势种群动物雁、鸭类等数量最多可达 40 余万只;脊椎动物 27 目 53 科 110 属 140 种;虾、螺、蚌等甲壳类动物 20 余种,形成了湿地相对完整的食物链结构。由于堤防等防洪工程的建设及河岸带的大规模人类开发活动,渭河现存湿地基本脱离原始自然状态,洪泛区平原大片湿地消失,湿地面积减少 1/3 以上,基本属于人工化河渠。

6.3 渭河流域系统健康的概念和标志

6.3.1 渭河流域系统健康的概念

目前,河流健康的概念尚没有统一的定义。其概念的界定需满足以下三方面要求。

首先,需要明确定义主体。即河流健康的定义是针对"河流生态系统"还是"河流系统"。由于河流健康的概念诞生于"认为对河流生态系统的保护是河流面临的主要挑战"的西方国家,因此在过去相当长时间内,对河流健康的研究多以河流生态系统为研究对象,强调河流生态系统的结构与功能的完整性;随着研究的深入,在不断探寻解决河流问题的过程中,科学家逐渐认识到人类对河流的干扰是不可避免的,河流的变化是必然的,要使河流恢复到原始自然状态是不可能实现的,河流管理必须走协调开发利用与保护并取得利益均衡的途径。与此对应,河流健康的研究主体越来越趋向于河流系统,强调河流不仅是自然的河流,更是社会的河流,是在河流自身发展与支撑人类发展之间取得妥协的河流。本书中河流健康的定义主体也将沿用以河流系统为定义主体的观点。

其次,需要明确研究对象。即使河流健康的定义主体确定了,研究对象也会依据不同区域、不同类型、不同大小、不同时期的河流而不同,如山区河流与平原河流、城市型河流与农业区河流、大河流与中小河流、河流的不同河段、河流的不同演变时期及受人类影响的不同阶段等。不同的研究对象,河流系统的特征不同,受人类活动干扰的类型和强度不同,河流健康的标准不同,河流健康的概念也会有所区别。例如,山区河流由于人类活动干扰强度相对较小,其河流健康概念更强调其河流生态系统的完整性及自然功能的完善性;而平原区河流,特别是高强度人类活动区河流,河流健康的概念则更加强调河流是一条健康的工作河流,并将人类社会服务功能的持续有效发挥作为河流健康的标准;再如河流的不同河段,由于所处的地理位置不同,河流的结构和功能都会表现出不同的差异,且人类对其功能的需求也不同,因此河流健康的概念也会有所区别。

最后,需要明确河流健康的参照标准。河流健康概念本身不是一个严格的科学定义,而是一个较模糊的,含有主观色彩的概念。人类对河流的价值取向具有时段特征,且不同的河流定位也不同,由此导致河流健康概念会因参照标准的不同有所区别。例如,早期西方国家以河流生态系统为研究主体的河流健康,多以河流受干扰之前的原始状态为河流健康的参照标准,将河流健康定义为河流与同一类型的没有破坏的河流的相似程度,河流管理的目标是尽可能将河流修复至没有受到人类干扰前的状态;之后以河流系统为研究主体的河流健康研究则多以健康工作的河流为参照标准,承认河流健康包含对河流水资源的合理开发利用,强调河流自然功能与社会功能的均衡发挥,且随着不同时期人类赋予河流的价值不同,河流健康的标准和概念也会出现差别。例如,对于高强度人类活动区的城市河流,河流受到人类的干扰多且复杂,针对这一类型河流的管理,在河流治理的早期,河流管理的目标可能更多倾向于河流的连通性修复、水量及水流过程的重构、水质的治理,以及河流水沙输移平衡的恢复等,认为河道中的水能满足河流生态需水最低要求,且水质符合功能区划分要求、能满足河道外合理用水需求,兼顾防洪要求的河流就是健康的河流。该目标实现后,河流管理的目标可能会进一步拓展至在满足人类合理用水需求前提下,恢复河流生物栖息地功能、保持河流生物多样性,对河流进行近自然修复,并兼顾景观美学要求等,认为这样的河流才是健康的河流。

从以上分析可以看出,科学界定河流健康的概念,首先需要明确定义的主体,其次依据研究的时空尺度,确定具体研究对象,并针对特定的研究对象依据河流健康参照标准,界定河流健康的概念。即河流健康概念界定的三要素:定义主体、研究对象和参照标准。

本书以河流系统为定义主体,研究对象为高强度人类活动区的渭河流域,将河流健康的概念定义为:特定时期一定的社会公众价值体系判断下,在保障河流自身基本生存需求的前提下,能够持续地为人类社会提供高效合理的生态服务功能,并实现服务功能综合价值最大化的河流。在该概念定义中,特定时期一定的社会公众价值体系意味着河流健康实际上是一种社会选择,是一种相对意义上的健康,极大地依赖于社会公众对河流的价值取向;保障河流自身基本生存需求是河流健康的基本前提和必要条件,只有当河流的基本生存需求得到满足时,河流的生命才能得以延续,河流的自我更新和自我维持的能力才能被保护;河流健康不仅要求河流具有为人类社会提供生态服务的功能,并且这种服务必须持续的、有质量的、合理的提供,即高效的供给;河流健康的最终目标便是实现河流服务功能综合价值的最大化,主要体现在满足人类生产与生活需要的经济价值、支撑河流生态系统生存与发展的生态环境价值,以及提供防治灾害发生及娱乐景观功能的社会价值。河流健康的本质就是实现河流自然功能与社会功能的均衡发挥,实现人类利益与其他生物利益的相互协调,只有在两个相互制约、此消彼长的矛盾体之间做出协调和统一,才能实现河流生态系统的良性循环与为人类社会服务功能的持续高效供给,最终实现人水和谐。

6.3.2　渭河流域系统健康的标志

　　河流健康指河流生命存在的前提下,人们对其生命存在状态的描述。河流生命的存在有多种状态,基本的标志表现为完整的水系、稳定的河床、连续且适量的河川径流,其中连续且适量的河川径流是河流生命存在的关键。在没有人类干扰的远古时代,每一条河流在其生命演进过程中,充满活力的水文过程与水动力过程在实现陆地由支流到干流最后到海洋的水循环、物质循环(泥沙和营养物质)和能量循环的过程中,形成了平衡的泥沙和物质输移通道、净化了水质、塑造了丰富多彩的河流形态、构建了沿途多样的生物栖息地,以及维持了完整且多样的河流生态系统,发挥了河流的水量输送、泥沙及营养物输移、能量传递、信息交流、形态塑造、自净功能和生物栖息地等重要的自然功能。人类文明出现后,在利用和改造河流的过程中,将河流的自然功能扩展,形成了供水、发电、灌溉、防洪、渔业、景观及文化等社会服务功能,来支撑人类社会的发展。工业革命以前,由于人口数量少及对河流水资源开发利用的能力有限等,当时的人类活动尚未明显改变河流的自然属性。目前,世界范围内绝大多数河流都受到人类活动的影响,基本不存在原始河流,同时满足河流生态系统健康和满足人类需求的河流是不存在的。随着河流危机的出现,人们开始重新审视河流,认为河流健康意味着一定时期内,人类利益和生态系统利益能够取得均衡,河流的自然功能和社会服务功能相辅相成并实现价值最大化的河流是健康的,同时体现出人类保护河流的初衷和目的。

　　渭河流域位于平原河网地区,地处高强度人类活动区,主要干支流已经不存在自然河段,满足人类需求占主导地位,较难全面满足河流生态系统健康需求,但必须保障其基本需求,才能支撑人类发展需求。根据河流健康的定义、内涵与标志,结合渭河流域系统存在的问题,将渭河流域健康的标志理解为河流系统自然功能和社会服务功能的均衡发挥,具体概括为:①适度的水量和良好的水质;②通畅且相对稳定的水沙通道;③相对完整的河流生态系统;④持续的且合理的水资源供给能力。冯普林(2005)将渭河健康生命的标志鲜明地概括为:重要堤防不决口,潼关断面不抬升,枯水基流有保障,水质污染不超标。

6.4　渭河流域系统健康评价对象与评价尺度

　　河流系统具有显著的时空动态变化特征。因此,河流健康评价首先需要拟定评价对象和尺度。从空间尺度看,本研究以渭河流域为中观(线)尺度,以渭河流域关键断面(林家村、魏家堡、咸阳、临潼和华县)为微观(点)尺度,以各断面之间形成的河段为评价对象,基于多河段健康评价实现渭河流域系统的健康诊断;从时间尺度看,以 2010 年为现状水平年。由此,形成了渭河流域系统从断面、河段到河流系统,并考虑特定评价时段进而嵌套形成的河流健康评价时空尺度。

依据上述河段划分,将渭河流域系统划分为五个子系统,依次为:林家村—魏家堡段、魏家堡—咸阳段、咸阳—临潼段、临潼—华县段和华县段以下,各河段子系统基本情况见表 6.3。

表 6.3　渭河流域子系统划分及基本情况

序号	河段	控制断面	河长/km	基本情况
1	林家村—魏家堡	林家村	65	多年平均径流量 18.53 亿 m³,多年平均流量 68.98m³/s,多年平均含沙量 61.85kg/m³;河道较开阔,较大支流有清姜河、金陵河、千河和石头河等;两岸分布有宝鸡峡灌区、石头河灌区、冯家山灌区等大型灌区和宝鸡市;河道外引水主要为农灌引水;水污染以有机型污染为特征,涉及 4 个水功能二级分区
2	魏家堡—咸阳	魏家堡	112	多年平均径流量 28.11 亿 m³,多年平均流量 105.40m³/s,多年平均含沙量 38.93kg/m³;河道开阔,较大支流有黑河、漆水河等;两岸分布有羊毛湾灌区、黑河金盆水库灌区等大型灌区和咸阳市、西安市杨凌区,水资源利用程度逐渐加大;水污染以有机型污染为特征,涉及 4 个水功能二级分区
3	咸阳—临潼	咸阳	54	多年平均径流量 41.02 亿 m³,多年平均流量 154.86m³/s,多年平均含沙量 27.93kg/m³;河道开阔,较大支流有泾河、灞河等;两岸分布有泾惠渠灌区等大型灌区和西安市、铜川市,水资源利用程度较大;水污染以有机型污染为特征,涉及 3 个水功能二级分区
4	临潼—华县	临潼	84	多年平均径流量 66.79 亿 m³,多年平均流量 250.88m³/s,多年平均含沙量 47.36kg/m³;河道开阔,河曲发育,河道淤积逐渐明显,较大支流有赤水河、石川河等;两岸分布有交口抽渭灌区等大型灌区和渭南市,水资源利用程度较大;水污染以有机型污染为特征,涉及 2 个水功能二级分区
5	华县以下	华县	73	多年平均径流量 65.82 亿 m³,多年平均流量 248.30m³/s,多年平均含沙量 47.58kg/m³;河道开阔,弯曲加剧,淤积加重,于潼关断面汇入黄河,较大支流有北洛河等;两岸分布有洛惠渠、桃曲坡水库灌区等大型灌区和渭南市,水资源利用程度较大;水污染以有机型污染为特征,涉及 2 个水功能二级分区

6.5　渭河流域系统健康评价指标体系构建

河流健康评价指标体系的建立是河流健康评价的关键技术环节。从已有各种国内外河流健康评价指标体系来看,不存在适合所有情形的通用的河流健康评价指标体系。每个国家、流域、区域、甚至一条河流不同河段河的流特征不同,受到外界干扰的类型和强度不同,河流演进的阶段不同,以及人类对河流价值的认可程度也不同。如何从评价对象特点出发,结合河流价值判断、功能定位和管理需求等,选择合适的指标、标准,建立河流健康评价指标体系,是指标体系构建的重点;其次,指标的选择未必要强调严格意义上的完整性。由于资料限制,也不一定能保证所有数据的完整获取。选择关键指标,不仅可以避免大量指标冗余,而且可以提高评价的可操作性;第三,河流健康评价指标体系的构建是一个不断完善的动态过程。基于评价主体价值观的变化、河流自身的演进、人类对河流需求的变化和人水矛盾的焦点转移等,河流健康评价指标体系也应根据变化相应调整。但是,考虑到评价结果的可比性,在一定时期内,要求针对同一评价对象的河流健康评价指标体系和标准具有相对的稳定性,有利于比较分析河流健康状态的变化。

综上所述,本书在河流健康指标体系构建原则指导下,基于"压力-状态-响应"(pressure-state-response,PSR)模型构建渭河流域健康评价指标体系框架;以高强度人类活动区河流系统为研究对象,从识别河流健康标志入手,分析河流健康影响因子;采用粗糙集和极大不相关法相结合的方法识别关键影响因子,构建渭河流域健康评价指标体系。

6.5.1　指标体系构建原则

河流健康评价指标体系的构建是一个受多重因素影响的复杂问题。评价指标的选择既要体现河流健康的共性问题,还要突出特定对象的差异特征,既要立足河流现状,又要兼顾河流的历史和未来发展趋势,需要遵循以下原则。

(1)目的性与目标性原则。根据河流健康评价的目的和目标进行指标的选择,做到有的放矢,使评价结果满足评价要求。

(2)科学性与客观性原则。指标的设置及指标体系的构建必须科学、客观地反映河流特征及演变规律。科学性要求选择的指标概念及内涵须明确,指标体系逻辑结构须严密,客观性要求指标不仅客观存在,而且不能随意被人为调整或主观意识更改。

(3)可观测性与可操作性原则。可观测性要求指标易于测量、收集或识别,具有可获得性,可以通过定性或定量手段来描述;可操作性要求指标易于理解,便于计算,尤其是便于非专业人员的操作,且尽可能与现行管理机构的通用指标一致,不仅能为有关部门所接受,而且便于作为管理目标。

（4）综合性与代表性原则。任何问题都不是孤立存在的。指标的选择要充分考虑河流健康的关键影响因子，指标选择要有主导型、典型性及代表性，以体现评价的系统性和综合性。

（5）区域性与时效性原则。不同地区、不同时期评价客体的状态均不相同，存在的问题和面临的威胁也不一样，应针对不同地区评价客体特点来选择评价指标，且评价指标对于评价客体来说是存在一定时效的，不同的时期，反映评价客体健康状态的指标会有所不同，即便指标之间的组合不变，各指标对于评价客体健康状态的隶属度关系即重要性也会发生变化。

（6）稳定性与动态性原则。河流健康评价指标具有一定的动态性和时效性，但在特定的时间范围内，评价指标及指标体系应该是稳定的，否则评价工作无法进行。

（7）独立性与系统性原则。独立性要求选择的指标与指标之间有一定的独立性，避免重复和相互关联。层次性要求反映评价客体不同特征的指标类别以递阶层次关系形成一个完整的系统，以便于从不同角度判断河流健康状况，也可以依据各类别指标评价结果，准确把握河流受损原因。

（8）敏感性与预警性原则。敏感性要求选择的指标能及时反馈系统受到的扰动；预警性要求选择的指标能及时将受干扰后系统的响应反馈给评价主体，以便于决策者及时判断某项决策行为或调控措施的实施效果、把握系统演进方向，作出调整性战略，并制定适应性对策。

6.5.2　基于"压力-状态-响应"模型的河流健康评价指标体系框架

河流系统本身的复杂性、动态性特征决定了河流健康评价指标体系是一个多层次的递阶结构体系。国外河流健康评价指标体系构建多倾向于从反映河流生态系统完整性的河流水文、水质、形态（河道、河床及河岸带形态）和生物等方面选择和组织指标，国内由于人水矛盾突出特征，近年来河流健康评价指标体系构建多倾向于从反映河流系统健康的河流形态结构、河流自然功能、河流社会服务功能等方面选择和组织指标，强调河流健康应该兼顾自身基本生存需求和合理的社会服务功能。从河流管理角度看，河流健康评价是河流管理的有效工具。从河流管理者的管理需求看，不仅需要把握河流系统在形态结构、自然功能及社会服务功能等方面的健康状态，还需要了解对河流系统健康影响的外界压力因子及相应变化趋势，以及河流系统对外界压力的响应，准确把握河流管理的方向。本书基于该思想，从河流健康的压力因子、河流健康状态变化和河流系统响应等方面构建河流健康评价指标体系，其关键问题在于如何选择一个符合评价要求的概念模型来构建该指标体系框架。

"压力-状态-响应"（PSR）模型框架最早由加拿大学者 Rapport 等于 1979 年提出，后由经济合作与发展组织（Organisation for Economic Cooperation and Development,OECD)和联合国环境规划署(United Nations Environment Programme, UNEP)于 20 世纪 90 年代共同推动用于研究环境问题的框架体系,是目前生态系统健康评价和环境质量评价领域常用的评价模型之一。该模型基于社会经济与生态环境有机统一的观点,体现了复杂系统中人类与环境的相互作用关系和互馈机制。近年来,PSR 模型在生态安全评价、土地资源质量评价、土地利用可持续评价,以及生态系统健康评价等领域广泛应用。该模型在生态系统健康评价领域中的应用主要集中在森林、湿地及湖泊等生态系统分支,而应用于河流生态系统或河流系统健康评价的成果较少。本书基于"压力-状态-响应"模型框架分别从压力、状态和响应等三个层面选择河流健康评价指标并构建河流健康评价指标体系。

从"压力-状态-响应"概念模型的框架结构看(图 6.3),该模型主要由压力、状态和响应三个子模型构成。其中,压力子模型反映出外界对河流系统的干扰,分为自然驱动力和人类活动驱动力,即引起河流状态发生改变的外源性因素及作用过程。自然干扰是一种不规则的难以调控的因素,在中小尺度时间范围内被认为是相对稳定的。因此,在中小时间尺度范围内引起河流状态发生明显改变的主要外界驱动因子是人类的不合理活动因素;状态子模型反映出河流系统在外界压力干扰下状态的改变,可以用活力、组织和弹性等因素来描述。活力指系统的生产力,组织指系统形态和结构的复杂性、多样性,弹力指系统的自组织和自我修复能力,各因素还可以用具体的易于量化的代表性因子来描述,其被看做是河流状态发生改变的内源性因素(赵克勤,1998);响应子模型主要反映出针对河流系统状态的改变系统在功能上的响应。河流系统的服务功能是河流系统响应的指示器,且河流系统服务功能的变化与人类社会经济发展直接关联,其变化易于被察觉,可以通过判断河流是否"健康工作"来评价河流健康状态及变化趋势。

基于"压力-状态-响应"模型,形成由目标层、准则层、指标层和变量层四个层次组成的河流健康评价指标体系框架(图 6.4)。其中,目标层是评价指标体系的最高层,由河流健康评价综合指数构成,反映河流健康综合评价结果;准则层是对目标层的诠释,由河流系统的压力指数、状态指数和响应指数组成;指标层是连接准则层与变量层之间的纽带;变量层是指标体系的最底层,与指标层相应指标是包含与被包含的关系,由可量化的一系列指标构成。基于"压力-状态-响应"模型的河流健康评价指标体系框架是一个通用评价框架,对不同类型河流均具有适用性,区别在于具体指标的选择及指标权重的确定等。

针对不同类型的河流,选择能反映评价对象河流系统压力、状态、响应特征的一系列具体指标及变量构建河流健康评价的指标体系。影响河流健康的因子可以概括为自然因子和人为因子。自然因子对河流健康的影响一般体现在较长时间尺度内,在中小时间尺度范围内可以认为是稳定的。与自然因子相比,尤其是针对高

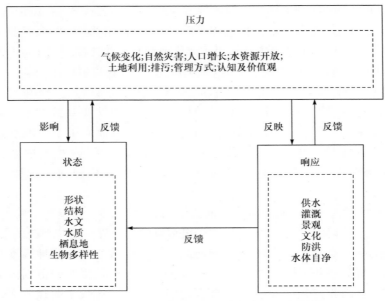

图 6.3　"压力-状态-响应"(PSR)概念模型框架结构图

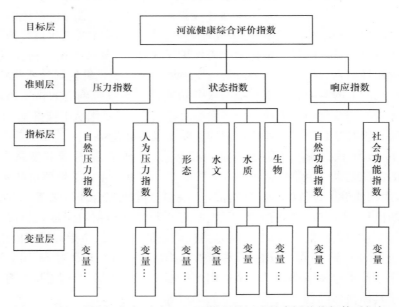

图 6.4　基于"压力-状态-响应"(PSR)模型的河流健康评价指标体系框架

强度人类活动区河流,人为因子的影响更为突出。本书基于上述提出的河流健康评价的指标体系框架,从分析河流健康的标志入手,将河流健康的影响因子分为压力指数、状态指数和响应指数,并罗列具体指标。

　　围绕渭河健康的标志,本书在前人基础上,通过分析已有相关成果中涉及的各类河流健康评价指标,并结合高强度人类活动区河流系统特性,总结影响渭河健康的各类别因子,分别见表 6.4～表 6.6。

表 6.4　影响河流健康的压力指数及其相关变量统计

目标层	准则层	指标层	变量层		
			类别	详细变量	释义
A 河流健康综合指数	B1 压力指数	C1 自然压力指数	降水	D11 时段降水变化率/%	评价时段始末降水量的变化情况
			气温	D12 时段温度变化率/%	评价时段始末温度的变化情况
		C2 人为压力指数	人类活动强度	D21 人口密度/(人/hm²)	单位土地面积上居住的人口数
				D22 人均水资源占有量/(m³/人)	评价时段内水资源总量/人口总数
				D23 人口增长率/‰	评价时段内人口增长速度多年平均值
			土地资源开发利用	D24 土地利用动态度	研究区域一定时间内某一种土地利用与覆被类型变化的速度
				D25 水土流失率/%	评价时段内水土流失面积/土地总面积
				D26 人均耕地面积/(hm²/人)	评价时段内耕地面积/人口总数的比值
			水资源开发利用	D27 水资源开发利用率/%	评价时段内实际已开发利用的水资源量/可开发利用的水资源量
				D28 单位农田用水量/(m³/hm²)	评价时段内农业灌溉供水量/实灌面积
				D29 单位农田耗水量/(m³/hm²)	评价时段内农业灌溉耗水量/实灌面积
				D210 单位工业产值用水量/(m³/元)	评价时段内工业总产值/工业供水量
				D211 单位工业产值耗水量/(m³/元)	评价时段内工业总产值/工业耗水量
				D212 城镇生活用水量/万 m³	评价时段内城镇生活用水量
				D213 城镇生活耗水量/万 m³	评价时段内城镇生活耗水量
				D214 水库调节系数	评价河段人工设施总库容与河段多年平均地表径流量的比值

目标层	准则层	指标层	变量层		
			类别	详细变量	释义
A 河流健康综合指数	B1 压力指数	C2 人为压力指数	水污染	D215 工业万元产值排污/(m³/元)	评价时段内工业污水排放量与工业总产值比值
				D216 污径比	评价时段内排放的污水量/径流量
				D217 生活污水排放量/%	评价时段内生活污水排放量
				D218 面源排污负荷/t	评价时段内面源污染排放污染物总量
				D219 均排污负荷/(t/人)	评价时段内污染物排放总量/人口总数
			社会经济	D220 工业产值增加率/%	评价时段始末工业总产值的增加值与时段初工业总产值的比值
				D221 农业产值增加率/%	评价时段始末农业总产值的增加值与时段初农业总产值的比值
				D222 城镇化水平/%	评价时段内城镇人口占总人口的比例
				D223 建设用地增加率/%	评价时段内建设用地增加值/时段初建设用地总量
				D224 人均GDP/(万元/人)	评价时段内GDP与人口总量的比值
				D225 万元GDP用水量/(m³/万元)	评价时段内社会总用水量与GDP比值
			管理与科技水平	D226 环境保护意识	反映社会公众对于环境保护的态度
				D227 人口受教育程度/%	高中以上文化程度人口/人口总量
				D228 水资源费征收率/%	已收水资源费与应收水资源费的比值
				D229 河流管理水平	以公众对河流管理的满意程度来评价
				D230 河流保护修复投资水平	河流保护与修复投资/财政支出
				D231 河流保护科研水平	评价河流保护的技术水平

表 6.5　影响河流健康的状态指数及其相关变量统计

目标层	准则层	指标层	变量层		
			类别	详细变量	释义
A 河流健康综合指数	B2 状态指数	C3 河流形态指数	连通性	D31 横向连通性	评价主河槽及洪泛区的连通程度
				D32 纵向连通性	河道内物质能量流动及景观效果发挥
				D33 河长变化率/%	判断河流长度是否变化
			河床	D34 河床稳定性	综合评价河床状态的参数
				D35 平滩流量满足率/%	反映河道主槽的过流能力
				D36 河床基质	比较河床基质与标准状况下的差别
			河道	D37 河道改变程度	评价河道是否存在明显退化
				D38 浅滩深潭顺序性	是影响水体溶解氧的重要条件
				D39 河道阻留状态	判断是否河道中修建有人工阻隔物
				D310 河道比降	河道沿程落差与纵向距离的比值
				D311 河流曲度	分析河流弯曲程度评价河流改道状况
			河岸带	D312 河岸带稳定性	综合评价河岸带的健康状态
				D313 河岸带基质	比较河岸带护岸形式与标准下的差异
				D314 河岸带植被宽度/m	评价河岸带植被缓冲带的宽度
				D315 河岸带植被盖度	河岸植被缓冲带面积/河岸带土地面积
		C4 河流水文指数	流量	D41 流量变化率/%	评价时段始末流量的变化情况
				D42 枯水期流量变化率/%	评价时段始末枯水期流量的变化情况
				D43 断流概率/%	评价时段内断流时段占总时段的比例
			流速	D44 流速变化率/%	评价时段始末流速的变化情况
			水量	D45 径流变化率/%	评价时段始末径流量的变化情况
			水位	D46 水位变化率/%	评价时段始末水位的变化情况
			泥沙	D47 输沙量变化率/%	评价时段河道输沙量/年平均输沙的
				D48 水沙比例	评价时段河道含沙量/年平均含沙量
		C5 河流水质指数	流体	D51 总磷/(mg/L)	水体质量常规监测指标
				D52 高锰酸盐/(mg/L)	水体质量常规监测指标
				D53 粪大肠菌群/(个/L)	水体质量常规监测指标
				D54 NH$_3$-N/(mg/L)	水体质量常规监测指标
				D55 COD/(mg/L)	水体质量常规监测指标
				D56 BOD$_5$/(mg/L)	水体质量常规监测指标
				D57 溶解氧/(mg/L)	水体质量常规监测指标
				D58 浊度	水体质量常规监测指标
				D59 电导率	水体质量常规监测指标
				D510 pH	水体质量常规监测指标
				D511 总硬度	水体质量常规监测指标
				D512 水体营养状态指数	评价水体综合富营养化状态
			底质	D513 底泥平均污染指数	评价底泥环境质量

目标层	准则层	指标层	变量层		
			类别	详细变量	释义
A 河流健康综合指数	B2 状态指数	C6 河流水生生物指数	水生生物	D61 鱼类完整性指数(IBI)	评价顶级生物鱼类生存状况
				D62 无脊椎动物完整性指数	评价底栖无脊椎动物生存状况
				D63 浮游藻类指数	评价水生植物状况
				D64 珍稀鱼类存活状况	国家重点保护的珍稀的鱼类生存状况
				D65 土著鱼类存活状况	流域特有土著及经济鱼类的生存状况
				D66 鱼类种类变化率	评价鱼类生物多样性的完整程度
			栖息地	D67 栖息地质量	判断栖息地完整程度、鱼道保留程度等
				D68 生境面积破碎化指数	综合评价生物栖息地的完整性

表6.6　影响河流健康的响应指数及其相关变量统计

目标层	准则层	指标层	变量层		
			类别	详细变量	释义
A 河流健康综合指数	B3 响应指数	C7 河流自然功能指标	基础自然功能	D71 水循环完整性指数	从水系完整性、河源至河口水流连续性等综合评价水循环功能完整性
				D72 物质循环稳定性指数	从河道与河岸带横向交换能力、泥沙输移能力等综合评价物质循环功能稳定性
			衍生自然功能	D73 河道优良河势保持率	从河道形态结构的相对稳定性角度综合评价河流的形态塑造功能的稳定性
				D74 水体自净能力	用污径比指标表示河流水体自净能力
				D75 生物多样性指数	综合评价河流的生物栖息地功能
			自我修复功能	D76 生态弹性度指数	综合评价河流生态系统的抗干扰能力
				D77 河道内生态基流满足率	河流保持自我修复能力必要条件
		C8 河流社会功能指标	水资源供给	D81 生活供水保证率/%	评价河道外各类用水户用水保证程度
				D82 工业供水保证率/%	评价河道外各类用水户用水保证程度
				D83 灌溉供水保证率/%	评价河道外各类用水户用水保证程度
				D84 河道可用水量变化率/%	评价时段内各类地表水蓄水工程可供水量/河流天然径流量
				D85 饮用水安全保证率/%	评价水资源供给的水质达标情况

目标层	准则层	指标层	变量层		
			类别	详细变量	释义
A 河流 健康 综合 指数	B3 响应 指数	C8 河流 社会 功能 指标	提供 产品	D86 渔获量/万 t	经济鱼类的收获量
				D87 水生植被收获量/万 t	经济植被或农作物的收获量
			通航	D88 通航水深保证率/%	保证通航的时段数与总时段数的比例
			水能	D89 水能资源开发率/%	反映河流水能资源开发利用程度,为已开发水能资源装机容量可开发的比值
			调蓄 洪水	D810 防洪安全指数	反映河流防洪安全程度
				D811 防洪标准	反映河流防洪安全级别
				D812 防洪工程措施完善率/%	从工程措施角度评价防洪设施完善度
				D813 防洪非工程措施完善率/%	从非工程措施角度评价防洪设施完善度
				D814 排洪能力/%	反映河床对洪水的容纳能力
			降解 污染 物	D815 水质级别	判断评价河段水质级别(Ⅰ类~劣Ⅴ类)
				D816 水质综合污染指数	评价水环境质量综合状况
				D817 水源地水质清洁指数	评价水源地水环境质量综合状况
			教育 文化	D818 水功能区水质达标率/%	达标的数量占水功能区总数的比例
				D819 教育文化价值指数	定性评估评价河流的教育文化价值
				D820 文物古迹价值指数	定性评估评价河流的历史文化价值
			景观 娱乐	D821 景观娱乐价值指数	定性评估评价河流的景观娱乐价值
				D822 河流美景度	定性评估评价河流的景观娱乐价值
				D823 景观多样性指数	评估评价河流的景观娱乐价值

(1) 从表 6.4 可以看出,压力指数分为自然压力指数和人为压力指数。其中自然压力指数从降水和气温两方面选取变量;人为压力指数分别从人类活动强度、土地资源开发利用、水资源开发利用、水污染、社会经济发展、宣传管理及科研水平等方面选取变量,合计共 33 个变量。

(2) 从表 6.5 可以看出,状态指数分为河流形态、水文、水质和水生生物指数。其中河流形态指数从横向连续性、纵向连通性和垂向稳定性等方面选择变量;无论是河流形态结构的变化,还是水质、水生生物的改变都与水量的变化密切相关,河流水文指数主要体现为河流的流动性,分别从流量、流速、水量和水位等方面选择变量;水质是社会生产、生物与人群健康的根本保障,分别从流体和底质两方面选择变量;水生生物状况综合反映了人类活动对河流系统的累积效应,分别从水生生物及其栖息地质量两方面选择变量,合计共 44 个变量。

（3）从表 6.6 可以看出,响应指数分为河流自然功能响应指数和河流社会功能响应指数。其中,河流自然功能分别从基础自然功能、衍生自然功能和自然修复功能等方面选取变量;河流的社会功能分别从水资源供给、产品提供、通航、水能利用、调蓄洪水、降解污染物、教育文化及景观娱乐等方面选择变量,合计共 30 个指标。

6.5.3　基于粗糙集和极大不相关法的渭河健康关键影响因子识别方法

指标体系的构建是综合评价的基础和关键。在实际应用中,指标体系构建者常面临指标选择的全面性与代表性、精炼性之间的矛盾。如何通过科学的指标约简方法,从众多指标中选择敏感性较高、代表性较好的关键影响因子,是指标体系构建的核心和重点。

针对指标体系的约简,对于有统计数据且可逐一量化的指标体系,可采用统计方法,如条件广义方差极小法、极大不相关法、选取典型指标法等(刘晓岩等,2005)进行指标约简;对于无统计数据或统计数据有限且不易量化的指标体系,需要依靠专家知识进行指标约简,如 Vague 集方法等(高凡等,2011);对于定性与定量指标共存的指标体系,需采用定性与定量相结合的方法进行指标约简,如粗糙集理论等(沈大军等,2010)。粗糙集理论最早由 Pawlak 于 1982 年提出,是一种新的处理模糊、不确定信息的数学工具,由于该理论及技术方法能有效地处理不精确知识的表达、不一致信息的分析、不完整信息的推理,以及在保留信息的前提下简化数据等问题,与模糊理论、统计分析等其他处理手段相比,该理论在处理不确定信息方面更有优势,因此近年来在多个领域得到了广泛的应用。其中,粗糙集特有的属性约简功能,能在保持指标集分类能力不变的前提下,兼顾定量指标的客观性和定性指标的主观性,删除不相关或不重要的指标,可在一定程度上有效解决指标冗余造成的评价效率不高等综合评价问题,可应用于指标体系的约简操作。本书将采用基于粗糙集等价关系的指标体系约简模型和极大不相关法相结合的方法进行河流健康关键影响因子的识别。

1）粗糙集的定义

定义 1:定义一个决策系统为一个有序四元组:$S=(U,A,V,f)$。其中,论域 $U=\{x_1,x_2,\cdots,x_m\}$,是有限个对象构成的集合,也称为全体样本集;属性集合 A 是有限个属性组成的集合,$A=C\cup D$,其中,C 是条件属性集,D 是决策属性集;属性值的集合 $V=\bigcup_{a\in A}V_a$,V_a 是属性 a 的值域;信息函数 $f:U\times A\to V$,对每一个 $a\in A$ 和 $x\in U$,$f(x,a)\in V_a$。当属性集合 A 不区分条件属性子集合与决策属性子集合时,该系统又称为信息系统。

定义 2:对决策系统 $S=(U,A,V,f)$,$\forall B\subseteq A$,若 $\text{Ind}(B)=\{(x,y)\in U\times U|$

$\forall a \in B, f(x,a) = f(y,a)\}$，则称二元关系 Ind$(B)$ 为 S 的不可区分关系或不可分辨关系，表示对象 x 和 y 关于属性集 A 的子集 B 是不可区分的。

定义 3：对信息系统 $S = (U,A,V,f)$，设 $B \subseteq A, X \subseteq U$，则 Ind$(B)$ 是 $U \times U$ 上的等价关系，$B(x_i)$ 是按等价关系 Ind(B) 得到的包含 x_i 的等价类，称为 B 的基本集。属性 B 将 U 划分为若干个等价类集，各等价类内的样本集是不可分辨的。对于任意样本子集 $X \in U$，若满足：$B_-(X) = \{x_i \in U | B(x_i) \subseteq X\}$，称 $B_-(X)$ 为 X 的 B 近下似；$B^-(X) = \{x_i \in U | B(x_i) \cap X \neq \varnothing\}$，称 $B^-(X)$ 为 X 的 B 近上似。

定义 4：Bnd$_B(X) = B^-(X) - B_-(X)$ 为 X 关于 B 的边界区域。粗糙集中的粗糙即体现在边界区域的存在，若边界区域为空，则问题变为确定性问题，否则称 X 为 B 上的粗糙集。

2）基于粗糙集等价关系的指标体系约简模型

由于粗糙集理论只能处理离散型指标，因此必须采取适当的方法，如专家离散法、等宽度区间法、等频率区间法、最小类熵法和 Chimerge 法等对指标进行离散化处理，且需要遵循简单性（即尽可能减少连续型指标离散化后所得到的区间个数，且使各连续型指标离散化后所得到的区间数目相近）、一致性（即尽量使离散结果中"数据冲突"的现象较少）、精确性（即离散化结果应有助于提高分类精度）、易操作性（即离散化过程应便于用户或专家使用）等原则（陕西省统计局，2008；丁晋利等，2010）。

基于粗糙集属性约简原理的指标约简模型较多，如基于等价关系的指标筛选模型、区分矩阵约简算法、归纳属性约简算法、数据分析约简算法、基于互信息的属性约简算法、基于搜索策略的属性约简算法和基于特征选择的属性约简算法等（陈宁等，1998）。其中，基于粗糙集等价关系的指标约简模型是最基本的属性约简方法，其基本原理和步骤如下。

Step 1：对指标体系 $B = \{a_i\} (i = 1,2,\cdots,m)$，求 Ind$(B)$。

Step 2：对 $i = 1,2,\cdots,m$，依次求 Ind$(B - \{a_i\})$。

Step 3：若 Ind$(B - \{a_i\}) =$ Ind(B)，则 a_i 为指标体系 B 中可以剔除的冗余指标；否则，a_i 为指标体系 B 中不可剔除的冗余指标。

Step 4：筛选后的指标体系为 Red(B)，Red$(B) = \{a_k | a_k \in B,$ Ind$(B - \{a_k\}) \neq$ Ind$(B)\}$。

从上述步骤可以看出，基于粗糙集等价关系的指标筛选模型需要通过逐个去掉指标体系中某一个指标的操作，考察去掉该指标后的指标体系对评价对象的分类结果是否改变，如果没有改变，则意味着该指标是一个冗余的或重复的指标，可以从指标体系中剔除。该方法的优点是其原理较为科学，操作较为简单，且最大限度地保留了指标数据的信息量；缺点是指标体系筛选所付出的时间和空间代价较高，不适合待筛选指标过多的指标体系。

3）基于极大不相关法的指标体系筛选模型

极大不相关法的基本原理（陈建耀等，1999）：设指标体系有 p 个指标 $x_1,\cdots,$ x_p，若有 m 个评价对象或样本，则 m 个样本针对 p 个指标的指标值可以用矩阵 X 表示，判断 $x_1,\cdots,x_p$ 之间的相关关系，最后保留的指标相关性越小越好。

$$X=\begin{bmatrix} x_{11} & x_{12} & \cdots & x_{1p} \\ x_{21} & x_{22} & \cdots & x_{2p} \\ \vdots & \vdots & & \vdots \\ x_{m1} & x_{m2} & \cdots & x_{mp} \end{bmatrix}$$

计算 X 方差及协方差，形成矩阵

$$S_{pp}=(S_{ij}) \tag{6.1}$$

其中，方差为

$$S_{ii}=\frac{1}{m}\sum_{a=1}^{m}(x_{ai}-\bar{x}_i)^2,i=1,2,\cdots,p \tag{6.2}$$

协方差为

$$S_{ij}=\frac{1}{m}\sum_{a=1}^{m}(x_{ai}-\bar{x}_i)(x_{aj}-\bar{x}_j),i\neq j,i,j=1,2,\cdots,p \tag{6.3}$$

均值为

$$\bar{x}_i=\frac{1}{m}\sum_{a=1}^{m}x_{ai} \tag{6.4}$$

由式(6.1)求相关系数矩阵 $R=\begin{bmatrix} r_{11} & r_{12} & \cdots & r_{1p} \\ r_{21} & r_{22} & \cdots & r_{2p} \\ \vdots & \vdots & & \vdots \\ r_{p1} & r_{p2} & \cdots & r_{pp} \end{bmatrix}$，其中，$r_{ij}$ 称为 x_i 与 x_j 的

相关系数。某一个变量 x_i 与其余 $p-1$ 个变量的相关系数，用 ρ_i 表示：

$$\rho_i=\sqrt{1-(1-r_{i1}^2)(1-r_{i2}^2)\cdots(1-r_{ip*12\cdots(p-1)}^2)} \tag{6.5}$$

$$r_{i2,1}=\frac{r_{i2}-r_{i1}r_{21}}{\sqrt{(1-r_{i1}^2)(1-r_3^2)}} \tag{6.6}$$

$$r_{i3,12}=\frac{r_{i3}-r_{i21}r_{321}}{\sqrt{(1-r_{i21}^2)(1-r_{321}^2)}} \tag{6.7}$$

依此类推，求得 $\rho_1,\cdots,\rho_p$ 后，最大的一个 ρ_i 表示与其余变量相关性最大，可以通过界定一定的阈值，即超过该值的 ρ_i 可作为冗余变量进行删除。

渭河流域系统符合高强度人类活动区河流系统特征,属于平原河网地区河流系统。因此,河流健康评价指标体系可以参考高强度人类活动区河流健康评价指标体系,并根据河流系统背景、自身特点和存在问题进行指标的选择,此外,针对渭河流域各分段河流系统来说,影响河流健康的因子有共性也有个性,因此不同河段河流健康评价的指标不同,指标体系也略有区别。

针对压力指数来说,降水变化率和温度变化率是表征自然压力的主要变量,鉴于此次评价主要针对典型年的各分段河流系统,且渭河是一条主要靠雨水补给的河流,河川径流量的变化与降水密切相关,自然压力因子仅保留降水变化率。人为压力因子由人口密度、水土流失率、水资源开发利用率、污径比、万元 GDP 用水量及河流管理水平等变量表征。

针对状态指数来说,各河段影响河流状态的因子同样从河流形态、水文、水质和河流生态系统等四个方面选择变量。其中,连通性、河床稳定性、河岸带稳定性及河道稳定性是表征河流形态的共性变量,根据陕西省水利水电勘测设计研究院对渭河流域林家村—咸阳河段的多年淤积断面监测结果表明,该河段多年冲淤基本平衡,中游河段主槽平面摆动不大,泥沙淤积主要发生在下游,且淤积重心在临潼河段以下,占总淤积量的 89.76%(赵振武,2004)。因此,针对临潼—咸阳、咸阳—华县及华县以下河段增设河道比降变量,对于咸阳—华县及华县以下断面增设平滩流量满足率变量,以反映下游河道主槽断面的健康状况。渭河是常年性河流,一定量级且连续的河川径流量是维持河流健康生命的关键影响因素,且由于近年来渭河的非汛期水量锐减甚至断流现象的发生,非汛期水流的连续性也成为影响渭河健康的关键因素,因此分别采用流量变化率和非汛期流量变化率指标描述其水文变化。另外针对渭河下游水沙关系的显著变化特征,对临潼—咸阳、咸阳—华县及华县以下河段增设水沙比例变量。渭河流域污染非常严重,除林家村断面水质较好外,其他断面基本失去使用功能,且由于渭河的有机型污染特征,分别采用 NH_3-N、COD 和底泥平均污染指数来描述其水质变化。渭河缺乏长期河流生态系统监测数据,鱼类完整性指标的获取较为困难,且目前渭河河道内基本没有鱼类生存,因此指标采用渭河的指示生物(鲤鱼)存活状况和栖息地质量指标进行定性判断河流生态系统的状态变化。

针对响应指数来说,本书仅考虑影响渭河流域系统社会经济服务功能发挥的因子,渭河河流系统的社会经济服务功能主要包括供水和灌溉等提供产品功能、净化水质和防洪等调节功能,此外由于渭河流域两岸集中了关中五大城市群,特别是西安和咸阳不仅是历史名城,还是旅游文化名城,维护河段景观用水意义重大,景观文化的服务功能也需考虑。因此,河流系统社会经济服务功能的响应指标采用城镇供水保证率、灌溉保证率、水功能区水质达标率和景观娱乐价值指数表征,针对下游防洪安全的重要性,对咸阳—华县及华县以下河段增设排洪能力变量。

应用粗糙集和极大不相关法相结合的方法对初步建立的渭河流域健康评价影响因子进行指标约简。首先,采用粗糙集理论分别对压力指数 B1、状态指数 B2 和响应指数 B3 中的各类影响指标及变量进行指标约简;其次,采用极大不相关法对粗糙集理论约简后的河流健康评价指标体系中的全部指标再进行进一步的指标约简,形成最终确定的评价指标体系,共包含 48 个指标,见表 6.7。

表 6.7　基于粗糙集理论指标约简的河流健康评价指标体系

目标层	准则层	指标层	变量层	
			类别	详细变量
A 河流健康综合指数	B1 压力指数	C1 自然压力指标	降水	D11 时段降水变化率/%
			气温	D12 时段温度变化率/%
		C2 人为压力指标	人类活动强度	D21 人口密度/(人/hm²)
			土地资源开发利用	D22 水土流失率/%
				D23 人均耕地面积/(hm²/人)
			水资源开发利用	D24 水资源开发利用率/%
			水污染	D25 污径比
				D26 污水处理率/%
			社会经济	D27 城镇化水平/%
				D28 人均 GDP/(万元/人)
				D29 万元 GDP 用水量/(m³/万元)
			宣传、管理与科技水平	D210 环境保护意识
				D211 河流管理水平
		C3 河流形态指标	连通性	D31 横向连通性
				D32 纵向连通性
			河床	D33 河床稳定性
				D34 平滩流量满足率/%
			河道	D35 河道改变程度
				D36 河道比降/%
			河岸带	D37 河岸带稳定性
	B2 状态指数	C4 河流形态指标	流量	D41 流量变化率/%
				D42 枯水期流量变化率/%
				D43 断流概率/%
			流速	D44 流速变化率/%

续表

目标层	准则层	指标层	变量层	
			类别	详细变量
A 河流健康综合指数	B2 状态指数	C4 河流形态指标	水量	D45 径流变化率/%
			水位	D46 水位变化率/%
			泥沙	D47 水沙比例/%
		C5 河流水质指标	流体	D51NH$_3$-N/(mg/L)
				D52 COD/(mg/L)
				D53 水体营养状态指数
		C6 河流生态指标	水生生物	D61 鱼类完整性指数(IBI)
			栖息地	D62 栖息地质量
		C7 自然功能指标	基础自然功能	D71 水循环完整性指数
				D72 物质循环稳定性指数
			衍生自然功能	D73 河道优良河势保持率
				D74 水体自净能力
				D75 生物多样性指数
			自我修复功能	D76 河道内生态基流满足率
		C8 社会功能指标	水资源供给	D81 灌溉供水保证率/%
				D82 饮用水安全保证率/%
			提供产品	D83 渔获量/万 t
			通航	D84 通航水深保证率/%
			水能	D85 水能资源开发率/%
			调蓄洪水	D86 排洪能力
			降解污染物	D87 水功能区水质达标率/%
			教育文化	D88 教育文化价值指数
			景观娱乐	D89 景观娱乐价值指数

　　采用基于极大不相关法的指标筛选模型对表 6.7 中的 48 个指标计算每个变量相对于其他变量的复相关系数,因计算过程繁复,采用 SPSS 软件辅助。通过比较,人均耕地面积与其余 45 个指标的复相关系数最大,结合专家判断,该指标可以删除;再计算余下 47 个指标的复相关系数,找出复相关系数最大的指标,并结合专家判断,决定该指标是否删除,依此类推。

　　综上,本书针对初步建立的河流健康评价指标体系,首先通过基于粗糙集等价关系的指标约简模型进行各类别指标的约简操作;其次,在此基础上采用极大不相关法对粗糙集约简后的全部指标进行进一步指标约简,并结合定性分析和专家判断,确定最终河流健康评价指标体系。粗糙集和极大不相关相结合的指标约简方法,既考虑了同类别指标之间的可能冗余性,又考虑了不同类指标之间的重复相关性,方法理论可行、操作简单。

6.5.4　渭河流域健康评价指标体系建立

通过河流健康评价指标体系理论构架及前述对渭河流域健康关键影响因素的分析,依次建立了渭河流域林家村—魏家堡段、魏家堡—咸阳段、咸阳—临潼段、临潼—华县段及华县以下段基于"压力-状态-响应"模型框架的河流健康评价指标体系(表6.8~表6.10)。

表 6.8　渭河流域(林家村—魏家堡段、魏家堡—咸阳段)健康评价指标体系

目标层	准则层	指标层	变量层
A 河流健康综合指数	B1 压力指数	C1 自然压力指标	D11 时段降水变化率/%
		C2 人为压力指标	D21 人口密度/(人/km²)
			D22 水土流失率/%
			D23 水资源开发利用率/%
			D24 污径比
			D25 万元 GDP 用水量/(m³/万元)
			D26 河流管理水平
	B2 状态指数	C3 河流形态指标	D31 连通性
			D32 河床稳定性
			D33 河道稳定性
			D34 河岸带稳定性
		C4 河流水文指标	D41 流量变化率/%
			D42 枯水期流量变化率/%
		C5 河流水质指标	D51 NH₃-N/(mg/L)
			D52 COD/(mg/L)
			D53 底泥平均污染指数
		C6 河流生态指标	D61 指示生物存活状况
			D62 栖息地质量
	B3 响应指数	C7 社会功能指标	D71 城镇供水保证率/%
			D72 灌溉供水保证率/%
			D73 水功能区水质达标率/%
			D74 景观娱乐价值指数

表 6.9　渭河流域(咸阳—临潼段)河流健康评价指标体系

目标层	准则层	指标层	变量层
A 河流 健康 综合 指数	B1 压力 指数	C1 自然压力指标	D11 时段降水变化率/%
		C2 人为压力指标	D21 人口密度/(人/km²)
			D22 水土流失率/%
			D23 水资源开发利用率/%
			D24 污径比
			D25 万元 GDP 用水量/(m³/万元)
			D26 河流管理水平
	B2 状态 指数	C3 河流形态指标	D31 连通性
			D32 河床稳定性
			D33 河道稳定性
			D34 河道比降
			D35 河岸带稳定性
		C4 河流水文指标	D41 流量变化率/%
			D42 枯水期流量变化率/%
			D43 水沙比例/%
		C5 河流水质指标	D51 NH$_3$-N/(mg/L)
			D52 COD/(mg/L)
			D53 底泥平均污染指数
		C6 河流生态指标	D61 指示生物存活状况
			D62 栖息地质量
	B3 响应 指数	C7 社会功能指标	D71 城镇供水保证率/%
			D72 灌溉供水保证率/%
			D73 排洪能力/%
			D74 水功能区水质达标率/%
			D75 景观娱乐价值指数

表 6.10　渭河流域(临潼—华县段、华县以下段)河流健康评价指标体系

目标层	准则层	指标层	变量层
A 河流健康综合指数	B1 压力指数	C1 自然压力指标	D11 时段降水变化率/%
		C2 人为压力指标	D21 人口密度/(人/km²)
			D22 水土流失率/%
			D23 水资源开发利用率/%
			D24 污径比
			D25 万元 GDP 用水量/(m³/万元)
			D26 河流管理水平
	B2 状态指数	C3 河流形态指标	D31 连通性
			D32 河床稳定性
			D33 平滩流量满足率/%
			D34 河道稳定性
			D35 河道比降
			D36 河岸带稳定性
		C4 河流水文指标	D41 流量变化率/%
			D42 枯水期流量变化率/%
			D43 水沙比例/%
		C5 河流水质指标	D51 NH₃-N/(mg/L)
			D52 COD/(mg/L)
			D53 底泥平均污染指数
		C6 河流生态指标	D61 指示生物存活状况
			D62 栖息地质量
	B3 响应指数	C7 社会功能指标	D71 城镇供水保证率/%
			D72 灌溉供水保证率/%
			D73 排洪能力/%
			D74 水功能区水质达标率/%
			D75 景观娱乐价值指数

其中,属渭河流域中游系统的林家村—魏家堡段和魏家堡—咸阳段河流健康评价指标体系相同,共 22 个指标;属渭河流域下游系统的临潼—华县段及华县以下段河流健康评价指标体系相同,共 26 个指标;咸阳—临潼段河流健康评价指标体系共 25 个指标。

6.6　渭河流域系统健康评价标准

河流健康是一个相对的概念。河流健康与否需要一个河流的基准状态作为参照点,在对比的基础上进行评价。河流健康评价没有统一、通用的标准,只有适合与不适合的标准。1972 年美国"清洁水法令"将河流健康的标准规定为物理、化学和生物的完整性,所谓的完整性,指维持河流自然结构和功能的状态,并将这一标准作为指导河流健康评价的准则。刘晓燕等(2006)认为河流健康标准是特定时期针对特定河段的人类利益与河流生态系统利益之间的妥协或权衡,不同背景下的河流健康标准实际上是一种社会选择。

河流健康的评价标准具有相对性和动态性特征,针对不同流域、区域、规模和类型的河流,在其生态演替的不同阶段、不同的气候背景、沿河人类社会经济历史文化发展的不同时期,以及社会及人群对于河流价值的不同期望等,河流健康的评价标准是不同的,相同河流在不同时期的评价标准也是不同的。早期,洪水泛滥是大多数河流健康面临的威胁;随着经济发展带来的用水需求增加,水资源短缺成为河流健康的主要制约;随着人们生活水平的不断提高及对河流认识的进一步深入,河流水质污染和河流生态系统的退化则成为河流健康的首要制约。因此,选择河流健康标准,应具有针对性和特殊性。河流健康标准的设定应结合河流的自然背景、社会经济环境及河流自身特性,并考虑评价主体对河流的价值期望,通过调查、论证来制定河流健康的近自然标准,不仅使河流健康的评价结果更为合理,而且使河流管理对策的调整与制定更加科学可行。

河流健康评价标准的制定大致分为两个步骤:第一,选择参照系统;第二,制定河流健康级别,确定指标体系中各评价指标对应各级别的阈值范围。目前的研究中关于河流健康评价参照系统的选择,主要有两种观点:以人类为中心或以河流生态系统为中心。以人类为中心的观点认为河流应为人类服务,应被充分开发利用,这种观点正是导致目前全球多数河流受损的主要原因;而完全以河流生态系统为中心的观点则过于强调河流的自然性,不仅违背了河流自身的演进规律,而且在现有背景下,使河流完全恢复至原始的自然状态也是不可能实现的。河流健康的标志是河流自然功能和社会功能均衡发挥情况下其自然功能的表现状态。因此,河流健康参照状态的确定,并非要回归河流至原始状态,而是通过河流自然功能的恢复,以维持河流社会功能的持续发挥,最终保障人类经济社会的可持续发展和人类健康。参照系统的选择可以按照时间和空间进行分类。从时间上看,可以取一条河流历史上大规模人类活动时期以前的自然状况为参照系统。我国治河历史悠久,依靠有限的历史资料,建立河流原始状态是不可能的;一种方法是根据掌握的历史资料,选择相对较好的自然状况为参照系统;另一种方法是以一定的时间节点为起点,以当时河流系统的状况为参照系统,逐年比较,判断河流健康状态的变化趋势。从空间上看,可选择区域内现有最佳样板河段为参照系统,也可以选择自然与社会经济条件类似的另一条健康状况较好的河流为参照系统,还可以人为规定一种通过有效的调控与管理可以达到的期望状态,定义为"可以达到的最佳状况"。需要指出的是,由于不同区域自然条件以及人为干扰类型和程度的不同,河流健康参照系统应具体分析,对于高强度人类活动区的渭河流域,选择历史状态某一时间节点的河流状态为参照取决于该河流系统资料的完备程度;选择区域内现有最佳样板河段为生态基准,或选择一定调控手段和管理实施前提下,预期河流能达到的最佳状态为参照,均是较为合理的途径。针对该类型河流系统,参照系统定义为一定人为干扰下的河流近自然状态。河流健康评价标准的级别常分为"很健康、健康、亚健康、不健康、病态"五个级别。各健康等级的涵义见表 6.11。

表 6.11　河流健康评价等级的涵义

河流健康评价等级	涵义
很健康	河流形态结构完整,各项功能均衡发挥,并满足人类经济发展对河流资源的合理需求
健康	河流形态结构相对完整,基本满足人类经济发展对河流资源的合理需求
亚健康	处于健康和病态之间的过渡状态,河流的某些功能下降,存在病态征兆
不健康	河流的较多功能受到严重破坏,但一些功能勉强维持,河流生命状态受到威胁
病态	除极个别功能,河流基本丧失功能

评价指标对于各级别阈值范围的确定是河流健康评价标准制定的重点和难点。常见的方法有:①历史资料法;②实地考察法;③参照对比法;④借鉴国家标准及相关成果;⑤公众参与法;⑥专家评判法等(表 6.12)。

表 6.12　河流健康评价标准常见确定方法

方法	说明	优缺点
历史资料法	通过历史文献、监测数据等收集并筛选确定,多作为辅助资料	简单经济、但受资料完备性影响,操作性受限,且资料质量无法验证
实地考察法	通过实地考察、取样、观测确定,多作为辅助手段	直观、但历时较长、费用较高,且受尺度影响
参照对比法	选择河流某一样板河段为标准或自然经济条件类似的另一条健康状况较好河流为标准	客观、直接,但需建立在大量调研分析基础上,且忽略了河流的空间异质性特征

续表

方法	说明	优缺点
借鉴标准法	借鉴国家、地方和行业已有相关标准和规范或国外相关成果作为评价标准	标准之间的适用性有待验证,还需要与具体评价对象实际情况进行比较分析
公众参与法	通过问卷调查等公众参与形式参考公众对评价河流的期望状态为河流健康标准	主观性较强,提出的标准多理想化,且多为定性标准
专家评判法	根据专家经验判断及相关调查确定河流健康标准	将历史与现状结合做出较实际的判断,但需要多学科专家共同参与,存在主观性,标准多为定性

　　以上方法各有优劣,鉴于河流健康问题本身的复杂性及河流的时空异质性、动态性特征,河流健康评价指标阈值范围的确定应基于时空性、超前性、真实性和协调性等原则,采用多方法结合的途径构建。对于定性指标,可采用分值阈的方法进行表示:用分值<1、1~2、2~3、3~4、>4 分别对应五个级别。对定量指标,可借鉴历史资料、相关研究成果及国家标准,并充分听取社会各方利益者的意见后,通过对比分析确定。

　　渭河流域健康参照系统的选择,以"近自然准则"(Chang et al.,2004)为核心,力求实现河流生态价值与人类价值的平衡,寻求一种"可达到最佳状态"的参照系统;同时,鉴于河流健康评价标准的动态变化特性,特定的参照系统须与特定的时间水平对应,由于渭河是黄河的最大一级支流,渭河健康生命的维持与黄河健康生命息息相关,参照黄河健康评价标准以 2050 年为时间水平,2020 年前标准可适当降低时间水平,渭河河流健康评价标准以 2050 年为水平;根据评价样本偏离评价标准的程度,渭河流域健康评价标准划分为"很健康、健康、亚健康、不健康、病态"五个等级(表 6.13)。

表 6.13　渭河流域健康评价标准

指标名称	单位	河流健康等级				
		很健康	健康	亚健康	不健康	病态
时段降水变化率	%	≥120	100~120	80~10	60~80	≤60
人口密度	人/km²	≤100	100~200	200~400	400~500	≥500
水土流失率	%	≤30	30~40	40~50	40~50	≥50
水资源开发利用率	%	≤20	20~30	30~40	60~70	≥70
污径比	—	≤0.05	0.05~0.16	0.16~0.27	0.27~0.64	≥0.64
万元 GDP 用水量	m³/万元	≤140	140~200	200~500	500~700	≥700
平滩流量满足率	%	≥100	80~100	60~80	40~60	≤40

指标名称	单位	河流健康等级				
		很健康	健康	亚健康	不健康	病态
河道比降	%	≥100	80~100	60~80	40~60	≤40
流量变化率	%	≥65	50~65	35~50	20~35	≤20
枯水期流量变化率	%	≥80	60~80	40~60	20~40	≤20
水沙比例	%	≤30	30~50	50~70	70~90	≥90
NH_3-N	mg/L	≤0.15	0.15~0.50	0.50~1.00	1.00~1.50	≥1.50
COD	mg/L	≤15	15~20	20~30	30~50	≥50
底泥平均污染指数	—	≤0.1	0.10~0.20	0.20~0.40	0.40~0.75	≥0.75
城镇供水保证率	%	≥90	80~90	60~80	50~60	≤50
灌溉供水保证率	%	≥80	70~80	60~70	40~60	≤40
排洪能力	%	≥95	80~95	60~80	40~60	≤40
水功能区水质达标率	%	≥90	70~90	60~70	50~60	≤50

各指标对于五级标准阈值范围的确定,依据指标类型及获取方法的不同,分为两类指标(分别是定量指标和定性指标)分别进行阈值确定。定量分级评价的指标指根据实际监测、调查和收集的历史资料,参照各类标准、规范和相关研究成果,并结合河流实际情况和生态定位,直接进行分级评价指标、标准及阈值范围的确定。定性分级评价指标指在人类活动作用下产生长期、潜在且具有累积影响的敏感指标,需要进行长时间的观测分析才能确定的评价指标。这类指标也可转化为定量分级指标,在缺乏资料的情况下,可结合专家评判和公众参与,采用分值阈法,用分值4、3、2、1、0分别对应五个级别,该类指标分级标准及分值阈设定见表6.14。

表 6.14　渭河流域健康评价标准(定性分级评价指标)

健康等级	分数	指标名称						
		连通性	河床稳定性	河道稳定性	河岸带稳定性	指示生物存活状况	栖息地质量	景观娱乐价值指数
很健康	4	横向和纵向连续、没有断裂,河流保持自然状态	河床稳定、无明显冲淤;河床基质为天然泥质	河道自然弯曲;无渠化和淤积,保持自然状态	有三个层次以上的植被覆盖;植被宽度为河宽1倍以上;河岸带基质为泥质;稳定且无明显侵蚀	指示生物可以健康生存,实现完整生命周期过程	大漫滩、浅滩;有挺水植物、沉水植物和枯枝落叶等小栖境	景观、娱乐、科学和文化等价值较高,完全满足社会需求

续表

健康等级	分数	指标名称						
		连通性	河床稳定性	河道稳定性	河岸带稳定性	指示生物存活状况	栖息地质量	景观娱乐价值指数
健康	3	横向和纵向连续性较好、无障碍物,没有断裂	河床较稳定,中等程度冲淤;河床基质为天然泥层和石头	河道自然弯曲;无明显渠化	有植被覆盖;植被宽度为河宽0.5~10倍;河岸带基质为泥质;稳定但少量区域存在侵蚀(<20%)	指示生物可以较好生存,生命周期过程基本不受威胁	大漫滩、浅滩;有少量水生植物和枯枝落叶等小栖境	有较好的景观、娱乐、科学和文化等价值
亚健康	2	横向或纵向出现不连续现象、有少量障碍物、个别断裂	河床较稳定,中等程度冲淤;河床基质为结实泥层	河道存在截弯取直;部分渠化、两岸建有堤防	有少量植被覆盖;植被宽度为河宽0.25~0.50倍;河岸带基质为水泥或砌石;较不稳定且轻度侵蚀(20%~50%)	指示生物出现种类、数量和丰度减少迹象,个别生命周期受到威胁	小漫滩、浅滩;水生植物种类单一的栖境	景观、娱乐、科学和文化等价值不高
不健康	1	横向或纵向不连续、障碍物较多、有水库电站或橡胶阀等隔水设施、断裂较严重	河床较稳定,中等程度冲淤;河床基质为松散泥沙	河道存在截弯取直;渠化严重,建有堤防	有零星植被覆盖;植被宽度为河宽0.10~0.25倍;砌石护岸;中度侵蚀,存在洪水风险(50%~80%)	指示生物种类、数量和丰度明显减少,仅在个别河段可见	小漫滩、浅滩;水生植物量少,底质多为泥沙	景观、娱乐、科学和文化等价值较差
病态	0	横向及纵向均不连续、障碍物多、多水库电站或橡胶阀等隔水设施、断裂严重	河床不稳定,明显冲淤;河床基质水泥化	河道笔直;渠化严重,河道、河岸及河床均人工化	无植被覆盖;植被宽度小于河宽的0.10倍;水泥护岸;大部分区域侵蚀(>80%)	几乎没有指示生物存活	无漫滩无栖境	几乎没有景观娱乐价值

6.7 渭河流域系统健康评价模型

6.7.1 权重的确定

权重是描述指标间相对重要程度的数值,确定方法主要有主观赋权法、客观赋权法及主客观综合赋权法。主观赋权法如层次分析法、专家判断法等,具有很强的主观性,应用的可靠性值得怀疑;客观赋权法如统计平均值法、灰色关联法、熵权法和二元对比模糊分析法(Huang et al.,2004)等,缺点在于过分依赖样本固有信息,忽略主观意愿。主客观综合赋权法是一种较为理想的权重确定方法,更能反映问题实际。本书采用层次分析法和熵权法相结合的方法进行指标赋权。层次分析法(analytic hierarchy process,AHP)的基本原理是把复杂问题中的各因素划分为互相联系的有序层并使之条理化,根据对客观实际的模糊判断,对每一层对于上一层的相对重要性给出定量的表示,再利用数学方法确定全部因素相对重要性权重系数,体现了"分解—判断—综合"的决策思维过程。

　　各指标权重的确定应在调查研究区河流系统基础之上,广泛听取各方面专家和公众意见,依据各指标的表征价值、应用的难易程度,以及评价客体的生态功能定位、社会经济服务功能的选择等赋予各指标适宜的权重。采用层次分析和熵权法相结合的方法对渭河流域健康评价指标体系中各指标进行赋值,结果见表6.14和表6.15。

表 6.15　渭河流域(林家村—魏家堡段、魏家堡—咸阳段)健康评价指标体系权重结果

目标层	准则层	权重	指标层	权重	变量层	权重
A 河流健康综合指数	B1 压力指数	0.20	C1 自然压力指标	0.30	D11 时段降水变化率/%	1.00
			C2 人为压力指标	0.70	D21 人口密度/(人/km²)	0.17
					D22 水土流失率/%	0.17
					D23 水资源开发利用率/%	0.16
					D24 污径比	0.16
					D25 万元 GDP 用水量/(m³/万元)	0.16
					D26 河流管理水平	0.16
	B2 状态指数	0.40	C3 河流形态指标	0.25	D31 连通性	0.25
					D32 河床稳定性	0.24
					D33 河道稳定性	0.24
					D34 河岸带稳定性	0.24
			C4 河流水文指标	0.25	D41 流量变化率/%	0.45
					D42 枯水期流量变化率/%	0.54
			C5 河流水质指标	0.25	D51 NH₃-N/(mg/L)	0.35
					D52 COD/(mg/L)	0.32
					D53 底泥平均污染指数	0.32
			C6 河流生态指标	0.25	D61 指示生物存活状况	0.50
					D62 栖息地质量	0.50

续表

目标层	准则层	权重	指标层	权重	变量层	权重
A 河流健康综合指数	B3 响应指数	0.40	C7 社会功能指标	1.00	D71 城镇供水保证率/%	0.25
					D72 灌溉供水保证率/%	0.25
					D73 水功能区水质达标率/%	0.25
					D74 景观娱乐价值指数	0.24

6.7.2　综合评价模型的选择

由于河流系统本身的开放、动态演进特性,河流健康评价受众多因素影响,具有很大的不确定性,表现为随机性、模糊性、灰色性和未知性等(李春晖等,2008)特征,统称为河流健康评价的不确定性。当前,处理不确定性关系的众多途径中,比较成熟且常用的方法可以分为两类:一是基于模糊原理的模糊分析途径(张泽中等,2008);二是基于灰色原理的灰色分析途径(Robert et al.,1992)。两种途径各有优势和特点,分别从模糊性和灰色性角度出发,用一个定量指标来衡量指标间的模糊关系或灰色关系,但也存在一些不足(张泽中等,2008),如对象间的关系表述主要体现在一个定量指标上,不能表达重要的关系结构;只适用于特定类型的不确定性关系分析,不适用于多种类型及耦合的不确定性关系分析;常常忽略不确定性关系的动态特征等。我国学者赵克勤(1989)提出的集对分析(set pair analysis,SPA)为这种变量间关系的不确定性研究开创了一条新途径(Meyer,1997)。集对分析通过构建一个联系度的表达式来描述研究对象之间的关系和结构,联系度可以表达多种不确定性,可以是灰色性、模糊性,也可以是多种不确定性的耦合。因此,集对分析是一种综合的不确定性分析方法。该方法的突出优势在于能从整体和局部上分析研究对象之间的内在关系及结构,在众多领域得到了广泛应用,并取得了丰硕的研究成果。本书在分析河流系统不确定性因素基础上,将集对分析方法引入河流健康评价,构建集对并用同异反关系来表达河流健康指标相对于评价标准之间的关系结构,按照河流健康评价指标体系的递阶层次结构,分不同级别评价河流健康水平,且由于河流状态从健康到不健康存在逐渐过渡性,属于客观存在的模糊现象范畴,以及考虑到指标间重要程度即权重的不同,本书采用改进的集对分析方法——模糊集对分析评价法对河流健康进行评价,指标体系权重结果如表 6.16 和表 6.17 所示。

表 6.16 渭河流域(咸阳—临潼段)河流健康评价指标体系权重结果

目标层	准则层	权重	指标层	权重	变量层	权重
A 河流健康综合指数	B1 压力指数	0.20	C1 自然压力指标	0.30	D11 时段降水变化率/%	1.00
			C2 人为压力指标	0.70	D21 人口密度/(人/km²)	0.17
					D22 水土流失率/%	0.16
					D23 水资源开发利用率/%	0.16
					D24 污径比	0.17
					D25 万元 GDP 用水量/(m³/万元)	0.16
					D26 河流管理水平	0.16
	B2 状态指数	0.40	C3 河流形态指标	0.25	D31 连通性	0.22
					D32 河床稳定性	0.22
					D33 河道稳定性	0.17
					D34 河道比降	0.17
					河 D35 岸带稳定性	0.22
			C4 河流水文指标	0.25	D41 流量变化率/%	0.33
					D42 枯水期流量变化率/%	0.34
					D43 水沙比例/%	0.32
			C5 河流水质指标	0.25	D51 NH_3-N/(mg/L)	0.35
					D52 COD/(mg/L)	0.33
					D53 底泥平均污染指数	0.32
			C6 河流生态指标	0.25	D61 指示生物存活状况	0.50
					D62 栖息地质量	0.50
	B3 响应指数	0.40	C7 社会功能指标	1.00	D71 城镇供水保证率/%	0.20
					D72 灌溉供水保证率/%	0.20
					D73 排洪能力/%	0.22
					D74 水功能区水质达标率/%	0.20
					D75 景观娱乐价值指数	0.18

表 6.17　渭河流域(临潼—华县段、华县以下段)河流健康评价指标体系权重结果

目标层	准则层	权重	指标层	权重	变量层	权重
A 河流健康综合指数	B1 压力指数	0.20	C1 自然压力指标	0.30	D11 时段降水变化率/%	1.00
			C2 人为压力指标	0.70	D21 人口密度/(人/km²)	0.17
					D22 水土流失率/%	0.17
					D23 水资源开发利用率/%	0.17
					D24 污径比	0.17
					D25 万元 GDP 用水量/(m³/万元)	0.16
					D26 河流管理水平	0.17
	B2 状态指数	0.40	C3 河流形态指标	0.25	D31 连通性	0.17
					D32 河床稳定性	0.16
					D33 平滩流量满足率/%	0.18
					D34 河道稳定性	0.16
					D35 河道比降	0.17
					D36 河岸带稳定性	0.16
			C4 河流水文指标	0.25	D41 流量变化率/%	0.33
					D42 枯水期流量变化率/%	0.34
					D43 水沙比例/%	0.33
			C5 河流水质指标	0.25	D51 NH_3-N/(mg/L)	0.35
					D52 COD/mg/L	0.33
					D53 底泥平均污染指数	0.32
			C6 河流生态指标	0.25	D61 指示生物存活状况	0.50
					D62 栖息地质量	0.50
	B3 响应指数	0.40	C7 社会功能指标	1.00	D71 城镇供水保证率/%	0.20
					D72 灌溉供水保证率/%	0.19
					D73 排洪能力/%	0.22
					D74 水功能区水质达标率/%	0.20
					D75 景观娱乐价值指数	0.18

1. 集对分析的基本概念

1) 集对

根据系统成对原理,任何事物或概念都是成对存在的,如正数与负数,确定性与不确定性等。集对的概念为不确定性系统中有一定联系的两个集合组成的对子,一般表示为 $H(X,Y)$,表示集合 X 与 Y 构成的一个对子。

2) 联系度

集对是 SPA 的基础,关键则是联系度的构建和计算。根据普遍联系原理,各种事物之间常在某些特定属性方面具有一定关系,联系的程度通常用三个明显的特征(如大、中、小,高、中、低,丰、平、枯,好、中、差,同、异、反等)描述,称为三分原理。集对分析的核心思想就是对构建的集针对某特定属性进行同一性、差异性和对立性分析,并用联系度来描述集对的同、异、反关系。设集合 X 与 Y,X 有 n 项特征,即 $X=(x_1,x_2,K,x_n)$,Y 也有 n 项特征,即 $Y=(y_1,y_2,K,y_n)$,X 与 Y 构成集对 $H(X,Y)$,则描述 $H(X,Y)$ 间关系的联系度定义为

$$\mu_{X\sim Y}=\frac{S}{n}+\frac{F}{n}I+\frac{P}{n}J \tag{6.8}$$

式中,S、F、P 分别为同一性个数、差异性个数和对立性个数;$S+F+P=n$;I 为差异不确定系数;J 为对立性系数,且 $J=-1$;$\mu_{X\sim Y}$ 为集对 $H(X,Y)$ 的联系度。

记 $a=\dfrac{S}{n}$,$b=\dfrac{F}{n}$,$c=\dfrac{P}{n}$,则上式可以写成 $\mu_{X\sim Y}=a+bI+cJ$。a、b、c 分别成为集对 $H(X,Y)$ 的同一度、差异度和对立度,统称为联系度分量,且 $a+b+c=1$。当 a 越接近 1 时,表示集合 X 和 Y 的关系越趋向于同一;当 c 越接近于 1 时,表明集合 X 和 Y 的关系越趋向于对立;当 b 越接近于 1 时,表明集合 X 和 Y 的关系越趋向于既不同一也不对立,即差异。式(6.21)也称三元联系度,对 bI 进一步拓展,得到多元(K 元)联系度:

$$\mu_{X\sim Y}=a+b_1I_1+b_2I_2+\cdots+b_{k-2}I_{k2}+c \tag{6.9}$$

式中,$a+b_1+b_2+\cdots+b_{k-2}+c=1$ 为差异度分量,表示差异度之间的级别,如轻度差异、较轻度差异、较严重差异、严重差异和重度差异等。

SPA 中的联系度克服了其他处理不确定性问题中常用的单一定量指标表征关系的局限,能清晰地显示关系的整体和局部结构,其中,$\mu_{X\sim Y}$ 反映了集对 $H(X,Y)$ 中 X 和 Y 的整体关系;a,b_i,c 反映了集对 $H(X,Y)$ 中 X 和 Y 的内部结构,特别 $b_i(i=1,2,\cdots,K-2)$ 表示了不同层次的差异度大小。此外,a,b_i,c 随研究对象的特性、资料条件和研究目标等条件动态变化,联系度 $\mu_{X\sim Y}$ 表征了综合的不确定性和动态性特征。联系度的确定途径有直接和间接之分,其中直接途径如均值标准差法、距平百分率法、均值离差法和均匀划分法;间接途径如模糊联系度、模糊聚类

联系度计算公式等。

3) 联系数

联系数是一个综合定量指标,表征集合 $H(X,Y)$ 中 X 和 Y 的综合关系,用 $\mu_{X \sim Y}$ 表示。该值越大,说明集合 X 和 Y 同一性越好,反之则对立性越好。确定联系数的关键在于对 I 的赋值,具有动态性。联系数的确定途径也有直接和间接的区分。其中,直接途径如经验取值法、均匀取值法和统计试验法等。

2. 河流健康评价的模糊集对分析模型

河流健康评价中各评价指标与评价级别之间具有同异反的客观关系(谢彤芳等,2004),将集对分析理论及方法应用于河流健康评价是可行的。河流健康评价的集对分析即将河流健康评价指标集合与评价标准集合构成一个集对,进而判断指标与标准之间的结构关系;由于河流健康评价指标体系多为递阶层次结构,往往计算出低级别的指标相对于标准的联系度后,还需要得出更高级别直至最终等级的联系度,一般的集对分析法多认为各指标权重是一样的,且忽略了等级标准边界(门限值)是模糊性的客观事实(如河流健康与亚健康级别之间就是模糊的)。为考虑指标间重要程度的不同及等级标准门限值的模糊性,本书采用模糊集对评价法(fuzzy set pair analysis assessment method,FSPAAM)构建河流健康评价的模糊集对评价模型。基本原理和操作步骤如下。

设:河流健康评价指标为 $x_1,x_2,\cdots,x_m$(m 为指标数),将评价样本第一个指标值 $x_l(l=1,2,\cdots,m)$ 看成集合 X_l,对各指标制定 K 级评价标准 $s_1,s_2,\cdots,s_k$,第 $k(k=1,2,\cdots,K)$ 级等级标准用集合 Y_k 表示,则 X_l 与 Y_k 构成一个集对 $H(X_l,Y_k)$,其 K 元联系度为

$$\mu_{x_l \sim y_k} = a_l + b_{l,1}I_1 + b_{l,2}I_2 + \cdots + b_{l,k-2} + c_l J \qquad (6.10)$$

具体评价时可以将 Y_k 特定为某指标 1 级评价标准构成的集合 Y_1,则 a_l 表示为 x_l 隶属于 1 级标准的可能性,$b_{l,1}$ 表示为 x_l 隶属于 2 级标准的可能性,$b_{l,k-2}$ 表示为 x_l 隶属于 $K-1$ 级标准的可能性,c_l 表示为 x_l 隶属于 K 级标准的可能性。

设:评价样本所有评价指标构成集合 X,所有评价指标 K 级评价标准构成集合 Y,则集对 $H(X,Y)$ 的 K 元联系度表示为

$$\mu_{X \sim Y} = \sum_{l=1}^{m} \omega_l a_l + \sum_{l=1}^{m} \omega_l b_{l,1} I_1 + \cdots + \sum_{l=1}^{m} \omega_l c_l J \qquad (6.11)$$

式中,ω_l 为指标 x_l 的权重,体现了评价指标体系中不同指标对 $\mu_{X \sim Y}$ 的贡献度不同。

令 $f_1 = \sum_{l=1}^{m} \omega_l a_l$,$f_2 = \sum_{l=1}^{m} \omega_l b_{l,1}$,$\cdots$,$f_{K-1} = \sum_{l=1}^{m} \omega_l b_{l,K-2}$,$f_K = \sum_{l=1}^{m} \omega_l c_l$,则式(6.24)变为

$$\mu_{X \sim Y} = f_1 + f_2 I_1 + f_3 I_2 + \cdots + f_{K-1} I_{k-2} + f_K J \tag{6.12}$$

考虑到等级边界的模糊性,采用模糊联系度公式计算联系度 $\mu_{X \sim Y}$。该公式对于越小越优的指标(成本型)与越大越优的指标(效益型)采用不同的计算公式,见表 6.18 和表 6.19。依据上述公式,可以求出各级子系统针对上一级系统的 K 元联系度,最终求出河流健康评价总指标的 K 元联系度,得到评价样本隶属于各等级标准的可能性。联系数的确定方法如前所述,但具有一定的主观性,可采用置信度准则避免(丰华丽等,2002)。

表 6.18　成本性指标模糊联系度计算公式

成本型指标 x_l	联系度 $\mu_{X_l \sim Y_l}$
$X_i \leqslant S_i$	$1 + 0I_1 + 0I_2 + \cdots + 0I_{K-2} + 0J$
$s_1 < x_l \leqslant \dfrac{s_1 + s_2}{2}$	$\dfrac{s_1 + s_2 - 2x_l}{s_2 - s_1} + \dfrac{2x_l - 2s_1}{s_2 - s_1} I_1 + 0I_2 + \cdots + 0I_{K-2} + 0J$
$\dfrac{s_1 + s_2}{2} < x_l \leqslant \dfrac{s_2 + s_3}{2}$	$0 + \dfrac{s_2 + s_3 - 2x_l}{s_3 - s_1} I_1 + \dfrac{2x_l - s_1 - s_2}{s_3 - s_1} I_2 + \cdots + 0I_{K-2} + 0J$
$\cdots$	$\cdots$
$\dfrac{s_{K-2} + s_{K-1}}{2} < x_l \leqslant s_{K-1}$	$0 + 0I_1 + \cdots + \dfrac{2s_{K-1} - 2x_l}{s_{K-1} - s_{K-2}} I_{K-2} + \dfrac{2x_l - s_{K-2} - s_{K-1}}{s_{K-1} - s_{K-2}} J$
$x_l > s_{K-1}$	$0 + 0I_1 + 0I_2 + \cdots + 0I_{k-2} + 1J$

表 6.19　效益型指标模糊联系度计算公式

效益型指标 x_l	联系度 $\mu_{X_l \sim Y_l}$
$X_i \geqslant S_i$	$I + 0I_1 0I_2 + \cdots + 0I_{K-2} + 0J$
$\dfrac{s_2 + s_2}{2} \leqslant x_l < s_1$	$\dfrac{2x_l - s_1 - s_2}{s_1 - s_2} + \dfrac{2s_1 - 2x_l}{s_1 - s_2} I_1 + 0I_2 + \cdots + 0I_{K-2} + 0J$
$\dfrac{s_2 + s_3}{2} \leqslant x_l < \dfrac{s_1 + s_2}{2}$	$0 + \dfrac{2x_l - s_2 - s_3}{s_1 - s_3} I_1 + \dfrac{s_1 + s_2 - 2x_l}{s_1 - s_3} I_2 + \cdots + 0I_{K-2} + 0J$
$\cdots$	$\cdots$
$s_{K-1} \leqslant x_l < \dfrac{s_{K-2} + s_{K-1}}{2}$	$0 + 0I_1 + \cdots + \dfrac{2x_l - 2s_{K-1}}{s_{K-2} - s_{K-1}} I_{K-2} + \dfrac{s_{K-2} - s_{K-1} - 2x_l}{s_{K-2} - s_{K-1}} J$
$x_l < s_{K-1}$	$0 + 0I_1 + 0I_2 + \cdots + 0I_{k-2} + 1J$

$$h_k = (f_1 + f_2 + \cdots + f_k) > \lambda, k = 1, 2, \cdots, K \tag{6.13}$$

式中,λ 为置信度,取值多建议在 $[0.50, 0.70]$ 之间,且值越大,评价结果越趋向于保守。通过置信度准则,可以判断样本属于 h_k 对应的 k 级别,且置信度准则得出的结论较最大可能性原则更加可靠。

6.7.3 评价结果

采用河流健康评价理论构架中的河流健康评价模型——模糊集对分析评价法对渭河流域系统的河流健康进行评价。设评价对象为各级指标构成的集合 X_l,对应的 K 级评价标准($K=5$)构成集合 Y_k,将 X_l 与 Y_k 构成集对 $H(X_l, Y_k)$,根据渭河流域健康评价指标体系的构成,指标体系由四级指标构成,依次求解各级指标对应其标准的 K 元联系度,结合不同指标的权重,最终求解得到河流健康综合指数的 K 元联系度。由于篇幅关系及资料受限,本书仅对 2010 年渭河流域各河段子系统河流健康状况进行诊断,实际应用中,还可利用多年资料及年内各时段资料进行河流健康状况变化的对比分析,以便揭示河流系统健康状况的演变特征和趋势。渭河流域 2010 年各分段河流子系统的数据主要来自《陕西省统计年鉴 2010》、《渭河水文年鉴》(1960~2010 年)、《陕西省渭河流域综合治理规划》、《陕西省水资源调查评价》、《陕西省水资源综合规划》,以及《渭河流域河道生态基础流量研究专题报告》等相关资料、文献和年鉴,部分数据来自现场实际监测资料,定性数据主要来自专家评判和公众参与,2010 年渭河流域各河段子系统河流健康评价相关基础数据如表 6.20~表 6.24 所示。评价结果见表 6.25、图 6.5~图 6.9。

表 6.20 渭河流域健康评价结果之四级指标联系度(林家村—魏家堡段、魏家堡—咸阳段)

联系度	林家村—魏家堡段					魏家堡—咸阳段				
	a_l	b_1	b_2	b_3	c_l	a_l	b_1	b_2	b_3	c_l
$\mu_{D_{11} \sim Y_k}$	0.00	0.00	0.63	0.37	0.00	0.00	0.03	0.97	0.00	0.00
$\mu_{D_{21} \sim Y_k}$	0.00	0.63	0.37	0.00	0.00	0.00	0.00	0.00	0.00	1.00
$\mu_{D_{22} \sim Y_k}$	0.00	0.00	0.00	0.00	1.00	0.00	0.00	0.00	0.00	1.00
$\mu_{D_{23} \sim Y_k}$	0.00	0.00	0.00	0.00	1.00	0.00	0.00	0.00	0.00	1.00
$\mu_{D_{24} \sim Y_k}$	0.00	0.18	0.82	0.00	0.00	0.00	0.00	0.18	0.82	0.00
$\mu_{D_{25} \sim Y_k}$	0.00	0.77	0.23	0.00	0.00	0.46	0.54	0.00	0.00	0.00
$\mu_{D_{26} \sim Y_k}$	0.00	0.00	1.00	0.00	0.00	1.00	0.00	0.00	0.00	0.00
$\mu_{D_{31} \sim Y_k}$	0.00	0.00	1.00	0.00	0.00	0.00	0.00	1.00	0.00	0.00
$\mu_{D_{32} \sim Y_k}$	0.00	0.00	1.00	0.00	0.00	0.00	0.00	1.00	0.00	0.00
$\mu_{D_{33} \sim Y_k}$	0.00	0.00	1.00	0.00	0.00	0.00	0.00	1.00	0.00	0.00
$\mu_{D_{34} \sim Y_k}$	0.00	0.00	1.00	0.00	0.00	0.00	0.00	1.00	0.00	0.00
$\mu_{D_{41} \sim Y_k}$	0.00	0.00	0.42	0.58	0.00	0.00	0.00	0.00	0.38	0.62
$\mu_{D_{42} \sim Y_k}$	0.00	0.00	0.31	0.69	0.00	0.00	0.00	0.00	0.29	0.71

续表

联系度	林家村—魏家堡段					魏家堡—咸阳段				
	a_l	b_1	b_2	b_3	c_l	a_l	b_1	b_2	b_3	c_l
$\mu_{D_{51}\sim Y_k}$	0.00	0.14	0.86	0.00	0.00	0.00	0.00	0.00	0.00	1.00
$\mu_{D_{52}\sim Y_k}$	0.00	0.78	0.22	0.00	0.00	0.00	0.00	0.00	0.00	1.00
$\mu_{D_{53}\sim Y_k}$	0.00	0.60	0.40	0.00	0.00	0.00	0.13	0.87	0.00	0.00
$\mu_{D_{61}\sim Y_k}$	0.00	0.00	0.00	0.00	1.00	0.00	0.00	0.00	0.00	1.00
$\mu_{D_{62}\sim Y_k}$	0.00	0.00	0.00	1.00	0.00	0.00	0.00	0.00	1.00	0.00
$\mu_{D_{71}\sim Y_k}$	1.00	0.00	0.00	0.00	0.00	1.00	0.00	0.00	0.00	0.00
$\mu_{D_{72}\sim Y_k}$	0.00	0.53	0.47	0.00	0.00	0.00	0.82	0.18	0.00	0.00
$\mu_{D_{73}\sim Y_k}$	0.00	0.00	0.00	1.00	0.00	0.00	0.00	0.00	0.00	1.00
$\mu_{D_{74}\sim Y_k}$	0.00	0.00	1.00	0.00	0.00	0.00	0.00	1.00	0.00	0.00

表 6.21　渭河流域健康评价结果之四级指标联系度(咸阳—临潼段)

联系度	咸阳—临潼段				
	a_l	b_1	b_2	b_3	c_l
$\mu_{D_{11}\sim Y_k}$	0.00	0.09	0.91	0.00	0.00
$\mu_{D_{21}\sim Y_k}$	0.00	0.00	0.00	0.00	1.00
$\mu_{D_{22}\sim Y_k}$	0.00	0.00	0.39	0.61	0.00
$\mu_{D_{23}\sim Y_k}$	0.00	0.00	0.00	0.00	1.00
$\mu_{D_{24}\sim Y_k}$	0.00	0.00	0.00	0.14	0.86
$\mu_{D_{25}\sim Y_k}$	0.34	0.66	0.00	0.00	0.00
$\mu_{D_{26}\sim Y_k}$	0.00	1.00	0.00	0.00	0.00
$\mu_{D_{31}\sim Y_k}$	0.00	0.00	1.00	0.00	0.00
$\mu_{D_{32}\sim Y_k}$	0.00	0.00	1.00	0.00	0.00
$\mu_{D_{33}\sim Y_k}$	0.00	0.00	1.00	0.00	0.00
$\mu_{D_{34}\sim Y_k}$	0.40	0.60	0.00	0.00	0.00
$\mu_{D_{35}\sim Y_k}$	0.00	0.00	1.00	0.00	0.00
$\mu_{D_{41}\sim Y_k}$	0.00	0.00	0.61	0.38	0.00
$\mu_{D_{42}\sim Y_k}$	0.00	0.00	0.63	0.37	0.00
$\mu_{D_{43}\sim Y_k}$	0.00	0.00	0.00	1.00	0.00
$\mu_{D_{51}\sim Y_k}$	0.00	0.00	0.00	0.00	1.00
$\mu_{D_{52}\sim Y_k}$	0.00	0.00	0.00	0.04	0.96
$\mu_{D_{53}\sim Y_k}$	0.00	1.00	0.00	0.00	0.00

续表

联系度	咸阳—临潼段				
	a_l	b_1	b_2	b_3	c_l
$\mu_{D_{61}\sim Y_k}$	0.00	0.00	0.00	0.00	1.00
$\mu_{D_{62}\sim Y_k}$	0.00	0.00	0.00	1.00	0.00
$\mu_{D_{71}\sim Y_k}$	1.00	0.00	0.00	0.00	0.00
$\mu_{D_{72}\sim Y_k}$	0.00	0.60	0.40	0.00	0.00
$\mu_{D_{73}\sim Y_k}$	0.00	0.00	0.55	0.45	0.00
$\mu_{D_{74}\sim Y_k}$	0.00	0.00	0.00	0.00	1.00
$\mu_{D_{75}\sim Y_k}$	0.00	0.00	0.00	1.00	0.00

表 6.22　渭河流域健康评价结果之四级指标联系度（临潼—华县段、华县以下段）

联系度	临潼—华县段					华县以下段				
	a_l	b_1	b_2	b_3	c_l	a_l	b_1	b_2	b_3	c_l
$\mu_{D_{11}\sim Y_k}$	0.00	0.01	0.99	0.00	0.00	0.00	0.11	0.89	0.00	0.00
$\mu_{D_{21}\sim Y_k}$	0.00	0.00	0.28	0.72	0.00	0.00	0.00	0.18	0.82	0.00
$\mu_{D_{22}\sim Y_k}$	0.00	0.00	0.00	0.00	1.00	0.00	0.00	0.00	0.00	1.00
$\mu_{D_{23}\sim Y_k}$	0.00	0.00	0.00	0.00	1.00	0.00	0.00	0.00	0.00	1.00
$\mu_{D_{24}\sim Y_k}$	0.00	0.00	0.27	0.73	0.00	0.00	0.00	0.00	0.05	0.95
$\mu_{D_{25}\sim Y_k}$	0.04	0.96	0.00	0.00	0.00	0.90	0.10	0.00	0.00	0.00
$\mu_{D_{26}\sim Y_k}$	0.00	0.00	1.00	0.00	0.00	0.00	0.00	1.00	0.00	0.00
$\mu_{D_{31}\sim Y_k}$	0.00	0.00	0.00	1.00	0.00	0.00	0.00	0.00	0.00	1.00
$\mu_{D_{32}\sim Y_k}$	0.00	0.00	0.00	1.00	0.00	0.00	0.00	0.00	0.00	1.00
$\mu_{D_{33}\sim Y_k}$	0.00	0.00	0.11	0.89	0.00	0.00	0.00	0.37	0.63	0.00
$\mu_{D_{34}\sim Y_k}$	0.00	0.00	0.00	1.00	0.00	0.00	0.00	0.00	1.00	0.00
$\mu_{D_{35}\sim Y_k}$	0.00	0.00	0.00	0.40	0.60	0.00	0.00	0.00	0.07	0.93
$\mu_{D_{36}\sim Y_k}$	0.00	0.00	0.00	1.00	0.00	0.00	0.00	0.00	1.00	0.00
$\mu_{D_{41}\sim Y_k}$	0.00	0.99	0.01	0.00	0.00	0.00	0.62	0.38	0.00	0.00
$\mu_{D_{42}\sim Y_k}$	0.98	0.02	0.00	0.00	0.00	0.00	0.63	0.37	0.00	0.00
$\mu_{D_{43}\sim Y_k}$	0.00	0.00	0.00	0.00	1.00	0.00	0.00	0.18	0.82	0.00
$\mu_{D_{51}\sim Y_k}$	0.00	0.00	0.00	0.00	1.00	0.00	0.00	0.00	0.00	1.00
$\mu_{D_{52}\sim Y_k}$	0.00	0.00	0.00	0.85	0.15	0.00	0.00	0.13	0.87	1.00
$\mu_{D_{53}\sim Y_k}$	0.00	0.80	0.20	0.00	0.00	0.00	0.47	0.53	0.00	0.00
$\mu_{D_{61}\sim Y_k}$	0.00	0.00	0.00	1.00	0.00	0.00	0.00	0.00	1.00	0.00

联系度	临潼—华县段					华县以下段				
	a_l	b_1	b_2	b_3	c_l	a_l	b_1	b_2	b_3	c_l
$\mu_{D_{62}}\sim Y_k$	0.00	0.00	0.00	1.00	0.00	0.00	0.00	0.00	1.00	0.00
$\mu_{D_{71}}\sim Y_k$	1.00	0.00	0.00	0.00	0.00	1.00	0.00	0.00	0.00	0.00
$\mu_{D_{72}}\sim Y_k$	0.00	0.47	0.53	0.00	0.00	0.00	0.47	0.53	0.00	0.00
$\mu_{D_{73}}\sim Y_k$	0.00	0.00	0.43	0.57	0.00	0.00	0.00	0.00	0.30	0.70
$\mu_{D_{74}}\sim Y_k$	0.00	0.00	0.00	0.00	1.00	0.00	0.00	0.00	0.00	1.00
$\mu_{D_{75}}\sim Y_k$	0.00	0.00	1.00	0.00	0.00	0.00	0.00	0.00	1.00	0.00

表 6.23　渭河流域健康评价结果之三级指标联系度

河段	联系度	$\mu_{C_1}\sim Y_k$	$\mu_{C_2}\sim Y_k$	$\mu_{C_3}\sim Y_k$	$\mu_{C_4}\sim Y_k$	$\mu_{C_5}\sim Y_k$	$\mu_{C_6}\sim Y_k$	$\mu_{C_7}\sim Y_k$
林家村—魏家堡段	a_l	0.00	0.03	0.00	0.00	0.00	0.00	0.25
	b_1	0.00	0.27	0.00	0.19	0.49	0.00	0.14
	b_2	0.63	0.37	1.00	0.38	0.50	0.00	0.36
	b_3	0.37	0.00	0.00	0.43	0.00	0.50	0.00
	c_l	0.00	0.33	0.00	0.00	0.00	0.50	0.25
魏家堡—咸阳段	a_l	0.00	0.21	0.00	0.00	0.00	0.00	0.00
	b_1	0.03	0.29	0.26	0.00	0.28	0.00	0.21
	b_2	0.97	0.00	0.74	0.00	0.04	0.00	0.25
	b_3	0.00	0.51	0.00	0.09	0.00	0.50	0.29
	c_l	0.00	0.00	0.00	0.91	0.68	0.50	0.25
咸阳—临潼段	a_l	0.00	0.06	0.07	0.00	0.00	0.00	0.25
	b_1	0.08	0.10	0.33	0.00	0.32	0.00	0.16
	b_2	0.91	0.09	0.61	0.26	0.00	0.00	0.10
	b_3	0.00	0.42	0.00	0.42	0.01	0.50	0.25
	c_l	0.00	0.34	0.00	0.33	0.67	0.50	0.24
临潼—华县段	a_l	0.00	0.05	0.00	0.33	0.00	0.00	0.20
	b_1	0.01	0.28	0.00	0.33	0.26	0.00	0.09
	b_2	0.99	0.12	0.02	0.00	0.06	0.00	0.09
	b_3	0.00	0.33	0.88	0.00	0.28	0.00	0.41
	c_l	0.00	0.21	0.10	0.34	0.40	1.00	0.20

续表

河段	联系度	$\mu_{C_1 \sim Y_k}$	$\mu_{C_2 \sim Y_k}$	$\mu_{C_3 \sim Y_k}$	$\mu_{C_4 \sim Y_k}$	$\mu_{C_5 \sim Y_k}$	$\mu_{C_6 \sim Y_k}$	$\mu_{C_7 \sim Y_k}$
华县段 以下	a_l	0.00	0.00	0.00	0.00	0.00	0.00	0.20
	b_1	0.11	0.31	0.12	0.31	0.15	0.00	0.09
	b_2	0.89	0.22	0.23	0.27	0.22	0.00	0.11
	b_3	0.00	0.41	0.35	0.42	0.30	0.00	0.36
	c_l	0.00	0.33	0.33	0.00	0.33	1.00	0.24

表 6.24　渭河流域健康评价结果之二级指标联系度

河段	联系度	$\mu_{B_1 \sim Y_k}$	$\mu_{B_2 \sim Y_k}$	$\mu_{B_3 \sim Y_k}$
林家村—魏家堡段	a_l	0.02	0.00	0.25
	b_1	0.19	0.17	0.14
	b_2	0.45	0.47	0.36
	b_3	0.11	0.23	0.00
	c_l	0.23	0.13	0.25
魏家堡—咸阳段	a_l	0.15	0.00	0.00
	b_1	0.21	0.13	0.21
	b_2	0.29	0.19	0.25
	b_3	0.35	0.15	0.29
	c_l	0.00	0.52	0.25
咸阳—临潼段	a_l	0.04	0.02	0.25
	b_1	0.09	0.16	0.16
	b_2	0.34	0.26	0.10
	b_3	0.29	0.19	0.25
	c_l	0.24	0.37	0.24
临潼—华县段	a_l	0.02	0.00	0.25
	b_1	0.04	0.09	0.20
	b_2	0.19	0.15	0.09
	b_3	0.23	0.54	0.41
	c_l	0.15	0.21	0.20
华县段以下	a_l	0.00	0.00	0.20
	b_1	0.25	0.17	0.09
	b_2	0.42	0.19	0.11
	b_3	0.23	0.48	0.36
	c_l	0.09	0.16	0.38

表 6.25　渭河流域健康一级指标联系度及评价结果

河段	联系度	$\mu_{A \sim Y_k}$	健康等级	对应等级标示	对应行动
林家村—魏家堡段	f_1	0.11	亚健康	III	非汛期水量保证
	f_2	0.16			
	f_3	0.42			
	f_4	0.12			
	f_5	0.20			
魏家堡—咸阳段	f_1	0.03	不健康	IV	非汛期水量保证；水体污染治理；景观修复
	f_2	0.18			
	f_3	0.24			
	f_4	0.18			
	f_5	0.38			
咸阳—临潼段	f_1	0.12	不健康	IV	水体污染治理；水土流失治理；景观修复
	f_2	0.15			
	f_3	0.16			
	f_4	0.29			
	f_5	0.29			
临潼—华县段	f_1	0.12	不健康	IV	水体污染治理；疏通河道,提高河段防洪能力
	f_2	0.14			
	f_3	0.12			
	f_4	0.43			
	f_5	0.19			
华县段以下	f_1	0.08	不健康	IV	水体污染治理；降低河道比降,提高河段防洪能力
	f_2	0.16			
	f_3	0.20			
	f_4	0.38			
	f_5	0.18			

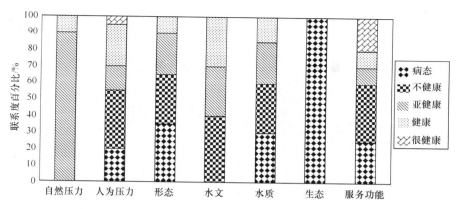

图 6.5　林家村—魏家堡段河流健康评价三级指标联系度

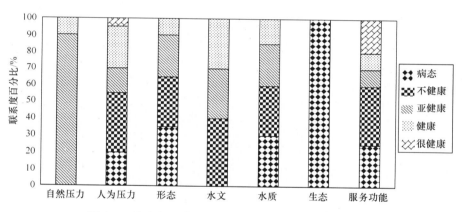

图 6.6　魏家堡—咸阳段河流健康评价三级指标联系度

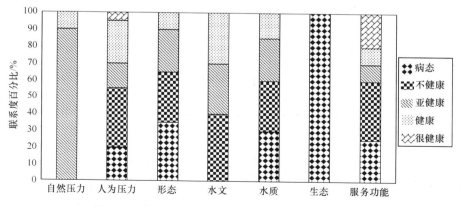

图 6.7　咸阳—临潼段河流健康评价三级指标联系度

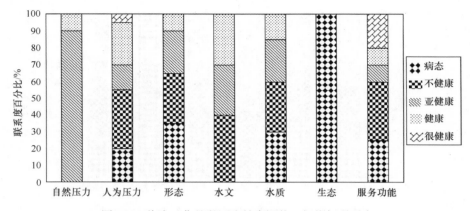

图 6.8　临潼—华县段河流健康评价三级指标联系度

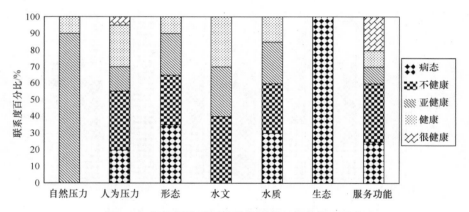

图 6.9　华县段以下河流健康评价三级指标联系度

取 $\lambda=0.55$。对于林家村—魏家堡段，$h_3=f_1+f_2+f_3=0.11+0.16+0.42=0.69>\lambda$，由置信度准则可判断林家村—魏家堡段河流健康状态 $k=3$ 级，为亚健康；对于魏家堡—咸阳段，$h_3=f_1+f_2+f_3+f_4=0.03+0.18+0.24+0.18=0.62>\lambda$，由置信度准则可判断魏家堡—咸阳段河流健康状态 $k=4$ 级，为不健康；对于咸阳—临潼段，$h_4=f_1+f_2+f_3+f_4=0.12+0.15+0.16+0.29=0.71>\lambda$，由置信度准则可判断咸阳—临潼段河流健康状态 $k=4$ 级，为不健康；对于临潼—华县段，$h_4=f_1+f_2+f_3+f_4=0.12+0.14+0.12+0.43=0.81>\lambda$，由置信度准则可判断临潼—华县段河流健康状态 $k=4$ 级，为不健康；对于华县以下段，$h_4=f_1+f_2+f_3+f_4=0.08+0.16+0.20+0.38=0.82>\lambda$，由置信度准则可判断华县以下段河流健康状态 $k=4$ 级，为不健康。

第7章 渭河流域系统健康流量重构

7.1 概 述

河流健康评价的目的不仅是描述河流系统的当前状态,更重要的是为河流修复提供可操作的方向。目前,关于"维护河流健康及河流修复"的一个比较一致的观点是必须满足河流系统对水的基本需求。因此,河流生态需水成为国内外河流保护与修复研究的热点(胡顺军,2007)。河流生态需水研究经历了从 20 世纪 70 年代开始的以河流最小生态需水量为目标的单一水流条件模式,到 90 年代后的以各种流态组成的水流过程为目标的多流态水流条件模式,近半个世纪以来,国内外对河流生态系统与水文情势之间关系的大量实例研究表明,合理的河流流量模式是维持河流健康与生物多样性的关键。基于此,本研究尝试以前述渭河流域系统健康评价结果为依据,制定渭河流域系统分河段维护河流健康的河流保护目标,从各项目标对流量过程的需求角度,重构渭河流域系统健康流量过程,为后续水资源合理配置提供依据。

目前,国际上对生态需水还没有统一且明确的定义,但达成较为一致的共识:生态需水概念的界定需考虑时间性、空间性和目标性三要素。河流健康流量属于河流生态需水的相关概念,更加强调了以维护河流健康为目标的流域生态需水。本书将河流健康流量定义为:用以维持相对稳定的水沙通道,保持适度的水量和良好的水质,维护相对完整的河流生态系统,防止河道功能性断流的一系列流量及其过程。

7.2 河流健康流量重构的基本原理

7.2.1 流量与河流健康的关系

流量的变化对河流健康的影响可以从流量与河流形态结构的完整性、流量与河流功能的协调性、流量与河流系统的稳定性等方面阐述。流量变化首先引起河流物理特征的变化,通常流量的减小会导致河道宽度和深度的减小,即河道萎缩,导致河床偏离原始形态,一般自然水文过程的人为干扰需要数百年时间才能使河道和河漫滩重新建立平衡,且人为造成的物理环境改变及相关的生态后果也需要很多年后才能被认识;其次,流量不足必然会影响河流系统各项功能的发挥,基本的自然功能如水循环、物质循环及能量流通都将受到抑制或减弱,致使河道形态的塑造功能、水体的自净功能及生物多样性维持功能也将受到不利影响,人类对河流索取的社会服务功能的持续发挥建立在自然功能有效维持基础上,河流自然功能的衰退也将影响河流对人类的服务功能;最后,生态系统具有一定的自我调节能力,根据多样性导致稳定性原理,生态系统稳定性的关键是生物多样性。流量的不足是限制生物多样性的关键因素,势必会影响生态系统的自我调节能力。

7.2.2　河流生态水文季节

　　河流流量过程具有周期性变化规律,河流中所有生物的生命周期过程及种群结构特征基本适应了河流在一定范围内随机变化的水文特征。对于一个流域,完整的河流生态系统由汛前期、汛期和汛后枯水期构成,称为河流生态水文季节。河流生态水文季节的每个阶段都与相应生物生命周期的流量需求相对应,如非汛期对应最小生态流量和适宜生态流量,汛期对应洪水流量,将汛期与非汛期生态流量耦合便构成了一个完整的生态水文季节及流量过程,即所谓的"生态标准河流",见表 7.1。

表 7.1　渭河流域生态水文季节及流量过程分析

项目	汛前期	汛期	汛后枯水期
生态需水类型	适宜生态需水	汛期生态需水	最小生态需水
功能分析	鱼类产卵、水体自净	生物生长、水体自净、造床输沙	生物蛰伏、防止断流、水体自净
历时	4~6 月	7~8 月或 9 月	9 月或 10 月~翌年 3 月

7.2.3　水量平衡原理

　　水量平衡原理可为计算河流生态需水提供依据。根据水量平衡原理,任一河段 i 的河道水量平衡方程可表示为

$$Q_{ti} = Q_s \pm Q_g + Q_R + Q_b + Q_w + Q_e - Q_d \pm \Delta W \tag{7.1}$$

式中,Q_{ti} 为任一河段河道中水量;Q_s 为上游进入 i 河段的来水;Q_g 为 i 河段地下水进入该河段的水量;Q_R 为 i 河段降水量;Q_b 为 i 河段支流汇入水量;Q_w 为 i 河段废污水排入量;Q_e 为 i 河段水面蒸发渗漏损失量;Q_d 为河道外引水量;ΔW 为 i 河段时段始末河道中蓄水量差值。

　　令河流生态需水为 Q_{vi},且 $Q_{vi} = Q_{gi} + Q_{mi}$,其中,Q_{gi} 为河道生态基流量;Q_{mi} 为除河道生态及流量外还需满足河道一定生态与环境功能要求所需要的水量。由此可知,要想保持河道基本功能不受破坏,任一时段必须满足 $Q_{ti} \geqslant Q_{vi}$。

7.3　渭河流域生态保护目标的识别及与流量的对应关系

　　从渭河流域系统及分河段的河流健康评价结果可以看出,五个子系统中仅林家村—魏家堡段河流健康综合评价等级为亚健康,其余四个河段均评价为不健康,

渭河流域系统综合健康状态为不健康。基于渭河流域不同河段的河流健康评价结果,结合渭河流域健康标准,依据河流保护目标的制定方法,得出渭河流域系统分河段的河流健康保护目标及与流量的对应关系,见表 7.2～表 7.6。此外,考虑到目标的可达性及与其他目标冲突时的协调处理,制定由保守目标(维持现状)、折中目标(介于最低和最优之间的目标)和最佳目标(最佳状态)三级目标构成的河流健康保护目标。

表 7.2　林家村—魏家堡段河流分级保护目标及与流量的对应关系

目标	河流健康评价现状	保守目标及与流量关系		折中目标及与流量关系		最佳目标及与流量关系	
		目标	对应流量类型	目标	对应流量类型	目标	对应流量类型
水文	不健康	防治功能性断流	生态基础流量	水文条件有所改善	适宜生态流量	水文条件尤其是非汛期极大改善	适宜生态流量
水质	亚健康	防止水质继续恶化,但不能达到水体功能要求	现状排污下保守水体自净流量	水体质量得到一定程度改善	现状排污下保守水体自净流量	水质目标Ⅲ级,达到水功能区水质标准	达标排污下水体自净流量
河流生态系统	病态	满足水生生物生存最低流量	维持水生生物生存需水流量的下限	改善河流栖息地环境,符合水生生物生存条件	维持水生生物生存需水流量	恢复指示生物种群数量,一定程度上改善河流生境	维持水生生物生存需水流量

表 7.3　魏家堡—咸阳段河流分级保护目标及与流量的对应关系

目标	河流健康评价现状	保守目标及与流量关系		折中目标及与流量关系		最佳目标及与流量关系	
		目标	对应流量类型	目标	对应流量类型	目标	对应流量类型
水文	病态	防治功能性断流	生态基础流量	水文条件有所改善	适宜生态流量	水文条件尤其是非汛期极大改善	适宜生态流量
水质	病态	防止水质继续恶化,但不能达到水体功能要求	现状排污下保守水体自净流量	水体质量得到一定程度改善	现状排污下保守水体自净流量	水质目标Ⅲ级,达到水功能区水质标准	达标排污下水体自净流量
河流生态系统	病态	满足水生生物生存最低流量	维持水生生物生存需水流量的下限	改善河流栖息地环境,符合水生生物生存条件	维持水生生物生存需水流量	恢复指示生物种群数量,一定程度上改善河流生境	维持水生生物生存需水流量

表7.4 咸阳—临潼段河流分级保护目标及与流量的对应关系

目标	河流健康评价现状	保守目标及与流量关系		折中目标及与流量关系		最佳目标及与流量关系	
		目标	对应流量类型	目标	对应流量类型	目标	对应流量类型
水文	不健康	防治功能性断流	生态基础流量	水文条件有所改善	适宜生态流量	水文条件尤其是非汛期极大改善	适宜生态流量
水质	病态	防止水质继续恶化,但不能达到水体功能要求	现状排污下保守水体自净流量	水体质量得到一定程度改善	现状排污下保守水体自净流量	水质目标Ⅲ级,达到水功能区水质标准	达标排污下水体自净流量
河流生态系统	病态	满足水生生物生存最低流量	维持水生生物生存需水流量的下限	改善河流栖息地环境,符合水生生物生存条件	维持水生生物生存需水流量	恢复指示生物种群数量,一定程度上改善河流生境	维持水生生物生存需水流量

表7.5 临潼—华县段河流分级保护目标及与流量的对应关系

目标	河流健康评价现状	保守目标及与流量关系		折中目标及与流量关系		最佳目标及与流量关系	
		目标	对应流量类型	目标	对应流量类型	目标	对应流量类型
水文	病态	防治功能性断流	生态基础流量	水文条件有所改善	适宜生态流量	水文条件尤其是非汛期极大改善	适宜生态流量
水质	病态	防止水质继续恶化,但不能达到水体功能要求	现状排污下保守水体自净流量	水体质量得到一定程度改善	现状排污下保守水体自净流量	水质目标Ⅲ级,达到水功能区水质标准	达标排污下水体自净流量
形态	不健康	改善水沙关系	汛期输沙需水流量	改善水沙关系	汛期输沙需水流量	改善水沙关系	汛期输沙需水流量
河流生态系统	病态	满足水生生物生存最低流量	维持水生生物生存需水流量的下限	改善河流栖息地环境,符合水生生物生存条件	维持水生生物生存需水流量	恢复指示生物种群数量,一定程度上改善河流生境	维持水生生物生存需水流量

表 7.6　华县段以下河流分级保护目标及与流量的对应关系

目标	河流健康评价现状	保守目标及与流量关系		折中目标及与流量关系		最佳目标及与流量关系	
		目标	对应流量类型	目标	对应流量类型	目标	对应流量类型
水文	不健康	防治功能性断流	生态基础流量	水文条件有所改善	适宜生态流量	水文条件尤其是非汛期极大改善	适宜生态流量
水质	病态	防止水质继续恶化,但不能达到水体功能要求	现状排污下保守水体自净流量	水体质量得到一定程度改善	现状排污下保守水体自净流量	水质目标Ⅲ级,达到水功能区水质标准	达标排污下水体自净流量
形态	不健康	改善水沙关系	汛期输沙需水流量	改善水沙关系	汛期输沙需水流量	改善水沙关系	汛期输沙需水流量
河流生态系统	病态	满足水生生物生存最低流量	维持水生生物生存需水流量的下限	改善河流栖息地环境,符合水生生物生存条件	维持水生生物生存需水流量	恢复指示生物种群数量,一定程度上改善河流生境	维持水生生物生存需水流量

注:由于改善水沙关系直接关系河段防洪安全,且考虑到渭河本底水资源短缺,输沙需水流量应为最优输沙需水流量,因此汛期输沙需水流量不分级别。

7.4　不同功能需求流量过程的推求

根据河流的不同功能,对应的河流健康流量的类型有生态基础流量、适宜生态流量、自净流量、输沙流量和维持水生生物生存需水流量等(张建生等,2009)。河流健康流量的推求方法可以参照河流生态需水计算方法,据统计,目前全球约有207 种河流生态需水计算方法,可归纳为水文学方法、水力学方法、生物栖息地法及整体法,见表 7.7。

表 7.7　河流健康流量计算方法及分类

计算方法	方法描述	代表模型	优点	缺点	适用范围
水文学法	传统流量评价方法,以历史流量数据为基础,以某种率定的百分比为生态需水推荐值	Tennant 法、7Q10 法、Texas 法、NGPRP 法、基本流量法、MCM 法和 RVA 法等	最简单,不需大量野外工作,需要数据最少	缺乏生物学基础;未考虑河道形态;未考虑流量季节、丰枯变化;生态需水常以最小表示;需多年历史流量数据	适用于河流战略化宏观管理或争议性较小优先度不高地区,Tennant 法常作为其他方法的检验法

续表

计算方法	方法描述	代表模型	优点	缺点	适用范围
水力学法	利用河道的水力学参数(湿周、深度、流速、水面宽和底质类型等)确定河道推荐流量	R2CROSS 法、湿周法和生态水力学法等	数据靠实测或曼宁公式获取,测量较简单	缺乏生物学基础,未考虑生物不同生长阶段需求;需大量野外工作;未考虑流量季节、丰枯变化;生态流量常以最小表示;未能给出流量变化范围	污染不明显,泥沙含量低的中小型河流(水面宽小于 30m)
生物栖息地法	根据指示生物不同生长阶段对应的流量需求推荐流量	IFIM 法、CASIMIR 法、PHABSIM 法、PCHARC 法和生态学评价法等	直接考虑生物因素,目前较可信方法	仅考虑个别物种,未考虑整个生态系统,需生物资料较多,耗时较长,资金较大,需大量野外工作	中小栖息地或优先度较高的地区
整体分析法	从系统整体出发,研究流量与河床形态、水生生物及河岸带关系,推荐流量	BBM 法、整体分析法等	考虑河流生态系统的完整性,目前最合理方法	针对性较强,计算过程繁琐,需多领域专家及公众参与,应用较难	目前在南非得到广泛应用,适用于其他地区时需做大量修正

　　鉴于我国多数河流缺乏长期且有效的生物监测数据,生境法和整体分析法在我国应用较困难,水文学方法最普遍,其次为水力学方法,如河流自净需水计算方法主要包括最小月平均流量法、水质稳定模型模拟法、水质目标约束法、水环境容量法、断首控制法、环境功能设定法和污径比法等;维持水生生物生存需水计算方法主要包括最小月平均流量法和月(年)保证率设定法、生态水深流速法等;输沙需水研究是我国的特色,研究对象为集中在水体含沙量较高的黄河、渭河等流域的汛期输沙需水,计算方法主要包括基于最大月平均含沙量的河流汛期输沙水量和最小河段输沙需水量等。

　　由于渭河流域河道属于宽浅型河道,且下游段泥沙淤积较为严重,河道变化极不稳定,每隔几年,河道断面形状会发生改变,湿周法和 R2CROSS 法计算该类河流健康流量具有明显的缺陷。此外,由于缺乏长期且完整的生物监测数据,栖息地和整体分析法应用于该类河流系统也存在资料难以获取的缺点。

7.4.1　生态基础流量与适宜生态流量

　　Tennant 法也叫蒙大拿法(Montana)(1976),是 Tennant 等 1964~1974 年对

美国3个州的11条河流实施了详细的野外调查研究,在315km长的58个横断面上分析了38个不同流量下的物理、化学和生物信息对冷水和暖水渔业的影响后,于1976年由Tennant提出来的,属于非现场测定类型的标准设定法。在Tennant法中,以预先确定的多年平均流量百分数为基础,将保护水生态和水环境的河流流量推荐值分为最大允许极限值、最佳范围值、极好状态值、很好状态值、良好状态值、一般或较差状态值、差或最小状态值和极差状态值等1个高限标准、1个最佳范围标准和6个低限标准。在上述6个低限标准中,又依据水生生物对环境的季节性要求不同,分为4~9月鱼类产卵育肥期和10月~翌年3月一般用水期。对于一般河流而言,河道内流量占多年平均流量的100%~60%时,河宽、水深及流速将为水生生物提供优良的生长环境,大部分河道的急流与浅滩将被淹没,只有少数卵石、沙坝露出水面,岸边滩地将成为鱼类能够游及的地带,岸边植物将有充足的水量,无脊椎动物种类繁多、数量丰富,可以满足捕鱼、划船及大游艇航行的要求;河道内流量占多年平均流量的60%~30%以上时,河宽、水深及流速一般是令人满意的,除极宽的浅滩外,大部分浅滩能被淹没,大部分边槽将有水流,许多河岸能够成为鱼类的活动区,无脊椎动物有所减少,但对鱼类觅食影响不大,可以满足捕鱼、划船和一般旅游的要求,河流及天然景色还是令人满意的;河道内流量占多年平均流量的10%~5%以上时,对于大江大河仍然有一定的河宽、水深和流速,可以满足鱼类洄游、生存和旅游、景观的一般要求,是保持绝大多数水生生物短时间生存所必需的瞬时最低流量。该方法中建立的水生生物、河流景观、娱乐和河流流量之间的关系标准,见表7.8。

表7.8　保护鱼类、野生动物、娱乐和相关环境资源的河流流量状况

流量的叙述性描述	推荐的基流标准(多年平均流量百分数)/%	
	10月~翌年3月	4~9月
极限或最大	200	200
最佳范围	60~100	60~100
极好	40	60
很好	30	50
良好	20	40
一般或较差	10	30
差或最小	10	10
极差	0~10	0~10

Tennant法在美国16个州使用,通常在研究优先度不高的河段中作为河流流

量推荐值使用或作为其他方法的一种检验。不仅适用于有水文站点的河流（通过水文监测资料获得年平均流量,并通过水文、气象资料了解汛期和非汛期的月份),还适用于没有水文站点的河流（通过水文计算来获得)。由于其仅使用历史流量资料就可以评价或估算生态需水量,应用简单方便,容易将计算结果和水资源规划相结合,具有宏观指导意义。

　　考虑到渭河径流量及流量过程的年内季节变化与年际丰枯交替变化特性,本书对 Tennant 法进行改进。首先,由于 Tennant 法要求最少拥有 20 年天然径流系列,本书应用文献(Norris et al. ,1999)提出的基于有序聚类分析法的渭河流域五个水文站长系列年径流量突变点分析成果,证明 1987 年为渭河流域的流量突变年份,因此可将 1960～1986 年系列作为人类活动影响前河流天然水文系列;其次,采用多年平均流量的 10% 作为生态基础流量,采用多年平均流量的 30% 作为适宜生态流量;第三,采用五个断面长系列旬平均流量过程进行健康流量计算,以旬流量过程拟合月流量过程为结果表达形式;最后,采用皮尔逊Ⅲ型曲线对长系列径流资料进行排频,分别计算丰水年(25%、1970 年)、平水年(50%、1960 年)、枯水年(75%、1980 年)不同来水情形下各断面健康流量过程。计算结果见表 7.9～表 7.12。

表 7.9　渭河流域各河段生态基础流量与适宜生态流量过程计算成果(多年平均情形)

（单位:m³/s）

控制断面	流量类型	7 月	8 月	9 月	10 月	11 月	12 月	1 月	2 月	3 月	4 月	5 月	6 月
林家村	Q_{gvi}	11.16	11.66	16.05	12.48	6.32	3.30	2.45	2.64	3.86	5.00	6.97	6.06
	Q_{syvi}	33.47	34.98	48.16	37.45	18.96	9.90	7.35	7.93	11.57	14.99	20.91	18.18
魏家堡	Q_{gvi}	19.74	16.52	28.63	22.41	10.67	5.21	3.11	2.94	4.74	9.03	13.45	10.12
	Q_{syvi}	59.21	49.56	85.90	67.24	32.02	15.64	9.34	8.81	14.21	27.10	40.36	30.35
咸阳	Q_{gvi}	23.82	19.41	40.27	30.02	14.03	6.90	4.98	4.67	5.98	11.42	16.96	11.09
	Q_{syvi}	71.47	58.24	102.09	90.06	42.08	20.71	14.93	14.00	17.95	34.27	50.89	33.28
临潼	Q_{gvi}	39.58	32.64	58.52	46.28	22.57	10.38	6.97	7.11	10.32	19.90	27.33	16.83
	Q_{syvi}	118.7	97.93	175.50	138.80	67.72	31.13	20.91	21.32	30.95	59.70	82.00	50.49
华县	Q_{gvi}	37.77	32.05	59.16	50.20	22.87	10.06	6.41	6.80	9.17	16.56	24.48	15.97
	Q_{syvi}	113.3	96.14	177.40	150.56	68.60	30.17	19.24	20.39	27.50	49.69	73.43	47.92

注:Q_{gvi}表示生态基础流量;Q_{syvi}表示适宜生态流量。

表 7.10 渭河流域各河段生态基础流量与适宜生态流量过程计算成果(丰水年情形)

(单位:m³/s)

控制断面	流量类型	7月	8月	9月	10月	11月	12月	1月	2月	3月	4月	5月	6月
林家村	Q_{gvi}	11.24	28.96	25.15	13.97	6.40	4.11	2.35	2.32	3.37	3.18	3.64	2.22
	Q_{syvi}	33.72	86.87	75.45	41.92	19.21	12.32	7.06	6.97	10.10	9.53	10.93	6.66
魏家堡	Q_{gvi}	33.74	20.54	19.39	59.99	25.89	11.39	6.88	6.21	6.20	5.23	4.67	3.29
	Q_{syvi}	101.20	61.63	58.16	179.9	77.68	34.17	20.65	18.63	18.60	15.68	14.01	9.86
咸阳	Q_{gvi}	18.75	36.33	54.55	28.40	12.15	7.33	4.99	5.28	6.66	11.62	15.90	10.31
	Q_{syvi}	56.26	108.9	163.60	85.21	36.45	21.98	14.97	15.83	19.99	34.85	47.70	30.94
临潼	Q_{gvi}	20.81	60.88	79.84	45.56	20.62	9.89	6.82	7.48	10.83	19.67	26.41	15.58
	Q_{syvi}	62.43	182.60	239.50	136.60	61.85	29.66	20.46	22.43	32.50	59.02	79.24	46.74
华县	Q_{gvi}	21.32	60.35	91.13	49.92	20.97	8.63	5.63	6.84	10.63	18.46	28.18	13.80
	Q_{syvi}	63.95	181.00	273.30	149.70	62.90	25.88	16.88	20.52	31.89	55.38	84.54	41.39

表 7.11 渭河流域各河段生态基础流量与适宜生态流量过程计算成果(平水年情形)

(单位:m³/s)

控制断面	流量类型	7月	8月	9月	10月	11月	12月	1月	2月	3月	4月	5月	6月
林家村	Q_{gvi}	3.80	18.49	6.72	8.27	4.82	2.28	1.94	1.83	4.58	7.38	7.45	8.73
	Q_{syvi}	11.41	55.47	20.15	24.81	14.45	6.85	5.81	5.49	13.74	22.13	22.35	26.19
魏家堡	Q_{gvi}	5.79	29.09	13.13	17.01	7.21	3.04	2.50	2.05	5.49	6.68	16.19	11.23
	Q_{syvi}	17.37	87.26	39.40	51.03	21.63	9.13	7.49	6.16	16.48	20.03	48.58	33.70
咸阳	Q_{gvi}	7.92	34.92	20.17	22.75	10.95	4.34	4.63	2.27	6.94	15.30	15.10	20.71
	Q_{syvi}	23.75	104.7	60.51	68.26	32.84	13.02	13.90	6.82	20.81	45.90	45.29	62.14
临潼	Q_{gvi}	60.36	9.93	16.16	24.24	17.28	7.00	5.84	2.76	10.23	22.64	22.29	28.32
	Q_{syvi}	181.10	29.50	48.48	72.73	51.85	21.00	17.51	8.28	30.68	67.91	66.86	84.97
华县	Q_{gvi}	16.85	53.08	35.94	36.33	18.22	6.64	5.21	3.55	9.01	22.41	22.90	28.33
	Q_{syvi}	50.54	159.2	107.80	108.90	54.65	19.92	15.62	10.65	27.03	67.23	68.71	85.00

表 7.12　渭河流域各河段生态基础流量与适宜生态流量过程计算成果(枯水年情形)

（单位：m³/s）

控制断面	流量类型	7月	8月	9月	10月	11月	12月	1月	2月	3月	4月	5月	6月
林家村	Q_{gvi}	20.02	13.67	10.12	6.67	3.42	2.06	1.94	2.19	2.55	2.85	1.32	2.41
	Q_{syvi}	60.05	41.00	30.37	20.00	10.26	6.19	5.82	6,57	7.66	8.56	3.95	7.24
魏家堡	Q_{gvi}	30.38	18.64	19.84	8.32	4.41	2.06	0.61	0.64	0.75	2.66	1.02	3.02
	Q_{syvi}	91.15	55.93	59.51	24.95	13.23	6.18	1.84	1.91	2.24	7.98	3.07	9.06
咸阳	Q_{gvi}	37.22	21.77	27.97	13.48	8.06	3.22	2.08	2.08	1.56	5.26	2.21	1.83
	Q_{syvi}	111.6	65.30	83.91	40.43	2.17	9.67	6.25	6.25	4.67	15.79	6.64	5.50
临潼	Q_{gvi}	56.50	35.27	42.54	19.34	12.64	4.96	3.12	5.07	4.39	11.33	4.36	4.03
	Q_{syvi}	169.5	105.80	127.60	58.02	37.91	14.89	9.35	15.22	13.18	34.00	13.08	12.08
华县	Q_{gvi}	58.23	35.14	44.04	19.03	13.34	3.96	3.39	5.04	2.82	11.40	3.00	2.92
	Q_{syvi}	174.7	105.40	132.10	57.09	40.02	11.88	10.16	15.12	8.47	34.21	8.99	8.76

7.4.2　自净流量

1) 环境功能法

在综合考虑水质保护与水量维持关系情况下确定河流生态环境需水量更具有实际的意义。王西琴(2007)、黄玉瑶(2001)等针对我国水环境污染比较严重的具体情况,提出了根据河流水质保护标准和污染物排放浓度,推算满足河流稀释、自净等环境功能所需水量的方法。该方法首先将河流(河段)划分为 i 个小段,将每一小段看作一个闭合汇水区,根据河流水质模型计算每一段的河道需水量 Q_{vi}($i=$ 1,2,…,n),然后对其求和即可得到整个河流(河段)的环境需水量,其中 Q_{vi} 必须同时满足下列方程:

$$Q_{vi} \geqslant \lambda \times Q_{wi} \tag{7.2}$$

$$Q_{vi} \geqslant Q_{ni}(p)(p \geqslant p_0) \tag{7.3}$$

式中,λ 为河流稀释系数;Q_{wi} 为 i 小段合理的污水排放总量,是指达标排放的废污水量;$Q_{ni}(p)$ 为不同水文年(如多年平均、枯水年、平水年)设定保证率(指月保证率,如 $p_0=90\%$、$p_0=80\%$ 等)下 i 小段的河道流量。

2) 7Q10 法

该方法采用 90% 保证率连续 7 天最枯的平均水量作为河流最小流量设计值。7Q10 法在 20 世纪 70 年代由美国引入我国,主要用于计算污染物允许排放量,在许多大型水利工程建设的环境影响评价中得到应用。由于该标准要求较高,鉴于我国的经济发展水平和南北方河流水资源的差别等情况,对该法进行了修改。《制订地方水污染物排放标准的技术原则和方法》(GB 3839—83)规定:一般河流采用近 10 年最枯月平均流量或 90% 保证率最枯月平均流量。另外,在法国对河流低限环境流量也做出规定:河流最低环境流量不应小于多年平均流量的 1/10;如果河流多年平均流量大于 80m³/s,政府可以针对每条河流制定法规,但是最低流量的下限不得低于多年平均流量的 1/20。

　　自净流量的计算就是按照水体功能区划来约束水质,这里仅考虑以点源方式入河的污染物造成水体污染所需的自净流量。本书以渭河流域 5 个关键断面为控制断面,采用 7Q10 法的改进方法——近十年最枯月平均流量法,通过渭河流域各控制断面 1997～2010 年最枯月平均流量计算现状排污下保守自净流量;采用环境功能法计算各断面达到功能要求的自净流量,其中按照水质的不同恢复目标,分别计算现状排污(2010 年)与达标排污[参照《地面水环境质量标准》(GB 3838—2002)]两种情形下的自净流量。在该方法中,根据渭河干流排污口及支流与控制断面之间的相对位置,将每个控制断面以上的支流和各排污口汇至该控制断面,假定均匀排污且排入的污染物瞬间混合,各河段综合降解系数 k 以陕西省水文水资源勘测局研究成果 $0.43d^{-1}$ 为依据,每一个控制断面涉及的排污口中最大的自净需水流量即为该控制断面自净需水流量。此外,根据文献的相关研究成果,对同一断面而言,不同水文年逐时段自净水量差别不大,因此本书仅计算多年平均情形下渭河流域各断面自净流量过程,计算结果见表 7.13。

表 7.13　渭河流域各河段各等级自净流量计算成果(多年平均情形)

(单位:m³/s)

控制断面	流量类型	7月	8月	9月	10月	11月	12月	1月	2月	3月	4月	5月	6月
林家村	Q_{mzvi}	14.27	15.41	13.94	11.14	11.03	3.75	5.09	4.87	6.82	8.24	10.26	9.92
	Q_{xzvi}	147.10	158.70	143.50	114.70	113.50	38.65	52.40	50.19	70.21	84.85	105.60	102.10
	Q_{dzvi}	59.38	64.10	57.99	46.35	45.87	15.61	21.16	20.27	28.36	34.27	42.68	41.25
魏家堡	Q_{mzvi}	5.21	9.50	21.96	6.71	4.24	4.75	4.25	3.56	4.24	7.95	4.92	4.72
	Q_{xzvi}	82.87	150.90	349.10	106.60	67.39	75.58	67.50	56.67	67.43	126.40	78.18	75.12
	Q_{dzvi}	39.77	72.45	167.5	51.16	32.34	36.27	32.39	27.19	32.36	60.68	37.51	36.05
咸阳	Q_{mzvi}	14.70	15.07	24.62	58.09	40.25	6.09	6.75	6.18	29.22	10.77	4.75	3.65
	Q_{xzvi}	141.00	144.60	236.30	557.60	386.40	58.46	64.81	59.32	280.50	103.30	45.60	34.99
	Q_{dzvi}	87.45	89.65	146.50	345.60	239.50	36.23	40.17	36.77	173.80	64.06	28.26	21.69

续表

控制断面	流量类型	7月	8月	9月	10月	11月	12月	1月	2月	3月	4月	5月	6月
临潼	Q_{mzvi}	35.94	40.71	91.61	128.80	69.95	24.07	61.31	86.52	48.66	47.11	27.44	28.45
	Q_{xzvi}	89.84	101.70	229.00	322.00	174.80	60.17	153.20	216.30	121.60	117.70	68.60	71.13
	Q_{dzvi}	54.98	62.29	140.10	197.00	107.00	36.82	93.81	132.30	74.45	72.07	41.98	43.53
华县	Q_{mzvi}	27.67	37.41	91.38	126.30	86.99	12.26	44.96	97.60	55.04	40.16	9.93	18.35
	Q_{xzvi}	63.65	86.05	210.10	290.60	200.00	28.20	103.40	224.40	126.50	92.36	22.84	42.22
	Q_{dzvi}	43.45	58.74	143.40	198.40	136.50	19.25	70.58	153.20	86.41	63.04	15.59	28.82

注：现状排污下较小自净流量记为 Q_{mzvi}；现状排污下自净流量记为 Q_{xzvi}；达标排污下自净流量记为 Q_{dzvi}。

7.4.3　输沙需水量

河流输沙需水量是指河流某一河段或某一断面输送单位重量泥沙所需水量的体积。这里所指的水有的学者认为是清水。但实际上，河流一般都携带泥沙，水、沙二相性是河道水流的第一个特性，在任何河段中几乎不存在都完全不携带泥沙的天然河流（袁兴中等，2001）。因此，研究河流输沙所需要的水定义为清水是属于概念上的范畴，在此将输沙需水量界定为含有泥沙的水量。因此，河流输沙需水量可以表示为

$$W_s = \frac{1}{S} \tag{7.4}$$

式中，W_s 为输沙需水量（m^3/kg）；S 为某一河段或断面平均含沙量（kg/m^3）。

对于某一河段而言，影响河段泥沙冲淤的因素主要有：河段进口（上游断面）的水沙特性、河道的输沙能力特性和边界（比降等）特性。当河段输沙能力与边界条件沿程不变或变化不大时，河段泥沙冲淤变化主要由河段进口即上游断面的含沙量（S_u）与水流挟沙力（S_u^*）决定。由此，通过分析上游断面的水沙特性便可以建立起求解该河段输沙需水量的公式。

$$W_s \geqslant \frac{1}{S_u^*} \tag{7.5}$$

如果将河流输沙需水量界定为当河流输沙基本上处于冲淤平衡状态时所需要的水的体积，即最小输沙需水量。很显然：

$$W_{smin} \geqslant \frac{1}{S^*} \tag{7.6}$$

式中，W_{smin} 为某一河段或断面在某一时段的最小输沙需水量（m^3/kg）；S^* 为某一河段或断面在某一时段平均水流挟沙力（kg/m^3）。

输沙需水总量则为

$$W_s = W_{smin} \times T_s \tag{7.7}$$

式中，W_s 为某一河段或断面在某一时段的输沙需水总量(m^3)；T_s 为某一河段或断面在某一时段来沙总量(kg)。

由于输沙需水量计算方法的关键是选择水流挟沙力公式，本书通过比较分析，选择黄河干支流水流挟沙力公式(张翠萍等，1999；陈雪峰等，1999；张红武等，1992)，该公式以黄河干流及部分支流(无定河、渭河和伊洛河)的实测资料为基础推导而来，经验证较符合实际，公式为

$$S = 1.07 \times \frac{u^{2.25}}{R^{0.74} \times \omega^{0.77}} \tag{7.8}$$

式中，S 为含沙量(kg/m^3)；R 为水力半径(m)；u 为断面平均流速(m/s)；ω 为悬移质沉速(cm/s)。

渭河属多沙河流，易于淤积，主要集中在下游，尤其是临潼断面以下的河段，且渭河输沙多集中在汛期，利用水资源调控手段改善河流水沙条件，应充分利用汛期洪水完成输沙要求。因此，本书仅针对渭河流域临潼、华县断面，以月为计算时段，计算多年平均情形下汛期输沙需水流量。由于渭河下游来水呈减少趋势而来沙量呈多变的特征，在三门峡水库全年运行后，渭河下游输沙需水量与含沙量相关性最好。因此，渭河下游输沙需水计算以三门峡水库全年运行后的 1974~2010 年系列为依据，根据高效输沙原理，汛期输沙主要集中在 7~9 月，计算结果见表 7.14。

表 7.14　渭河流域各河段输沙需水流量过程计算成果(多年平均情形)

(单位：m^3/s)

河段	控制断面	7月	8月	9月
临潼—华县	临潼	504.42	424.81	610.11
华县以下	华县	585.64	616.32	674.52

7.4.4　水生生物生存需水流量

1) 相关概念的界定

(1) 生态流速。使河道生态系统保持其基本生态功能的水流流速，称为生态流速，用 VE 来表示。生态目标包括：水生生物及鱼类对流速的要求，如鱼类洄游的流速、栖息地生活的流水流速；保持河道输沙的不冲不淤流速；保持河道防止污染的自净流速；若是入海河流，要保持其一定入海水量的流速等。

(2) 生态水深。为了保证一定的生态目标，使河道生态系统保持其基本生态功能的最低水深，称为生态水深，用 ZE 来表示。

(3) 生态流量。为了保证一定的生态目标，使河道生态系统保持其基本生态

功能的流量,称为生态流量,用 QE 来表示。对于给定河段,为保证一定的生态目标,河道内既应保持一定的水深,又应具有一定的流速。水深太浅,河道生态系统的基本生态功能将不复存在。也就是说,一定的生态水深是保持生态系统基生态功能的必备条件。而生态流速反映的是生态目标对流速的要求,流速过大或过小,均不利于该生态目标的实现。也就是每一生态目标均对流速有一定范围内的限制,该限制范围可表示为 $VE \in [VE_{min}, VE_{max}]$。由此可知,所谓生态流量是指高于或等于生态水深并且在 $[VE_{min}, VE_{max}]$ 范围内的流速对应的流量。

2) 生态水深流速法的思路

生态水深-流速法主要是用生态水深 ZE 和生态流速 VE 来推求河段可以满足一定生态功能(如鱼类洄游)所需要的水力参数。

3) 生态水深流速法的特点

生态水深-流速法是通过求和的方法来确定复式断面生态水深和生态流速所对应的生态流量,不仅避免了如湿周法来确定湿周流量关系($P\text{-}Q$)的突变点,而且还能适应多沙河流摩阻特性的变化。可见估算河道内生态流量的生态水深流速法是水文学(大断面、流量、水深等资料)和水力学(曼宁公式)两种方法的集成,并为解决如何确定复杂河流的生态水深和生态流速提供了可能。

计算水生生物生存需水首先需要选择指示生物,指示生物一般选择特定流域的保护性物种。据调查,渭河流域干流除存在一定数量耐低氧、耐污染的底栖生物外,鱼类资源基本灭绝(Karr,1999)。由于鱼类对河流水文情势变化十分敏感,且一般情况下是水生生态系统的顶级群落。因此,本节选择鱼类——鲤鱼为渭河流域生态系统指示生物,通过对鲤鱼主要产卵场和栖息地环境进行保护,来维护渭河流域生态系统生物多样性。

本书采用生态水深流速法计算鱼类生存需水流量。首先,需要确定指示生物的适宜生态流速,表7.15列出了鲤鱼在河流生态水文季节各项生命周期活动对应的河流水力、水文适宜指标,可以看出,鱼类在不同时期(产卵期、育幼期和成长期)需要的水深、流速及流量均不相同。考虑河道断面过水能力与各水文站输沙流速,结合渭河鲤鱼在不同时期的流速偏好作为指示生物的适宜生态流速。其次,根据曼宁公式推导适宜生态流速对应的生态水深,由于渭河流域河道属于宽浅型河道,其水力半径与平均水深基本相等,因此可以用曼宁公式中的水力半径替代平均水深,得生态水深(表7.16)。最后,由于资料欠缺,以2006年渭河流域5个水文站实测大断面资料为依据,根据各水文站逐日平均水位采用累加法确定逐日平均水深,与逐日平均流量生成流量平均水深曲线图,采用幂函数进行拟合,见图7.1~图7.5,据此便可查出生态水深对应的水生生物生存流量,见表7.17。

表 7.15　渭河鲤鱼生命周期活动对河流水文与水力指标的偏好

河流生态水文季节	流速偏好/(m/s)	水深偏好/m	流量偏好	生态目标
11 月～翌年 3 月	0.10～0.80	>1.50	低流量	蛰伏期
4～6 月	<0.30	>1.00	流量脉冲	产卵期
7～10 月	0.30～1.20	>0.70	高流量	育幼期

表 7.16　渭河鲤鱼生命周期活动对应的生态适宜流速与生态水深

控制断面	河流生态水文季节					
	11 月～翌年 3 月		4～6 月		7～10 月	
	生态流速/(m/s)	生态水深/m	生态流速/(m/s)	生态水深/m	生态流速/(m/s)	生态水深/m
林家村	0.40～0.80	0.11～0.31	0.40	0.11	0.40～1.10	0.11～0.51
魏家堡	0.40～0.80	0.23～0.65	0.40	0.23	0.40～0.89	0.23～0.76
咸阳	0.40～0.80	0.41～1.16	0.40	0.41	0.40～0.84	0.41～1.24
临潼	0.40～0.60	0.66～1.21	0.40	0.66	0.40～0.75	0.66～1.67
华县	0.40～0.60	0.74～1.47	0.40	0.74	0.40～0.79	0.74～2.04

注：采用曼宁公式的推导式计算：$h = n^{3/2} v^{3/2} j^{-3/4}$，其中 h 为生态水深；n 为断面糙率，林家村、魏家堡、咸阳、临潼、华县依次为 0.026、0.028、0.029、0.026、0.025；v 为生态流速；j 为水面比降，林家村、魏家堡、咸阳、临潼、华县依次为 0.00205、0.0009、0.000441、0.00019、0.00015。

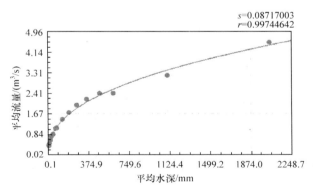

图 7.1　渭河林家村站流量-平均水深关系曲线图

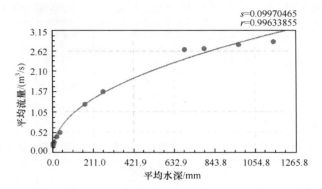

图 7.2　渭河魏家堡站流量-平均水深关系曲线

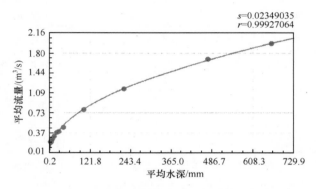

图 7.3　渭河咸阳站流量-平均水深关系曲线图

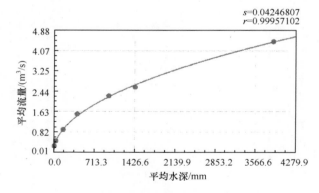

图 7.4　渭河临潼站流量-平均水深关系曲线

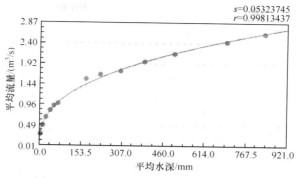

图 7.5　渭河华县站流量-平均水深关系曲线

表 7.17　渭河流域各河段鱼类生存需水流量

河段	控制断面	河流生态水文季节对应鱼类生存需水流量/(m³/s)		
		11 月～翌年 3 月	4～6 月	7～10 月
林家村—魏家堡	林家村	2.55～18.25	2.55	2.55～49.79
魏家堡—咸阳	魏家堡	8.19～68.11	8.19	8.19～89.26
咸阳—临潼	咸阳	10.87～74.54	10.87	10.87～120.92
临潼—华县	临潼	42.08～158.77	42.08	42.08～316.43
华县以下	华县	29.32～147.29	29.32	29.32～320.45

7.5　渭河流域不同保护目标下健康流量过程重构

　　同一河流不同河段的流量耦合不仅包含年内丰枯季节及河流生态水文季节的组合,还需要考虑不同功能需求对应不同类型流量的组合。此外,不同河段流量过程的构建还需考虑河流系统上中下游的协调,需考虑不同用户流量需求间冲突的协调,以及年际间不同来水情形下(丰水年、平水年、枯水年)河段流量过程的不同构成。

　　一般情形下,河流系统任一河段一定来水情形下河流健康流量过程 Q_{vi}＝汛前期河流健康流量 Q_{xqvi}＋洪水期河流健康流量 Q_{xvi}＋汛后枯水期河流健康流量构成 Q_{xhvi}。河流健康需水量 W_{vi}＝(汛前期时段 t_i×汛前期河流健康流量 Q_{xqvi})＋(洪水期时段 t_i×洪水期河流健康流量 Q_{xvi})＋(汛后枯水期时段 t_i×汛后枯水期河流健康流量 Q_{xhvi}),其中

$$Q_{xqvi} = Q_{syvi} \bigcup Q_{zjvi} \bigcup Q_{ecovi} \tag{7.9}$$

$$Q_{xvi} = Q_{gvi} \bigcup Q_{ssvi} \bigcup Q_{zjvi} \bigcup Q_{ecovi} \tag{7.10}$$

$$Q_{xhvi} = Q_{gvi} \bigcup Q_{zjvi} \bigcup Q_{ecovi} \tag{7.11}$$

式中,Q_{gvi} 为河流生态基础流量;Q_{syvi} 为河流适宜健康流量;Q_{zjvi} 为河流自净流量;

Q_{ssvi}为输沙需水流量;Q_{ecovi}为河流水生生物生存流量。需注意的是,针对特定河流系统河段健康流量重构时,可根据主导功能优先性和需求冲突协调原则对流量构成进行调整。

渭河流域健康流量重构要综合考虑不同河段在不同时段以主导功能为核心的功能需求流量过程、河段间即上下游间流量的协调和同一河段内不同用水户间冲突的协调,同时权衡重构流量过程实现的可能性,结合不同等级的河流保护目标,分不同级别给出不同来水情形下的河流健康流量过程。依次确定河流系统各河段各时段对应不能功能需求的关键流量后,最后将流量信息耦合,以河段关键控制断面为基准,推求每个河段重构健康流量过程。表 7.18~表 7.20 为渭河流域重构后的河流健康流量过程。

表 7.18　渭河流域各河段各时段健康流量过程(保守河流保护目标)

（单位:m³/s）

控制断面	来水情形	7月	8月	9月	10月	11月	12月	1月	2月	3月	4月	5月	6月
林家村	多年平均	14.27	15.41	16.05	12.48	11.03	3.75	5.09	4.87	6.82	8.24	10.26	9.92
魏家堡		19.74	16.52	28.63	22.41	10.67	8.19	8.19	8.19	8.19	9.03	3.45	10.12
咸阳		23.82	19.41	40.27	58.09	40.25	10.87	10.87	10.87	10.87	11.42	16.96	11.09
临潼		504.40	424.80	610.10	316.40	69.95	42.08	61.61	86.52	48.66	47.11	42.08	42.08
华县		585.60	616.30	674.50	126.30	86.99	29.32	44.96	97.60	55.04	40.16	29.32	29.32
林家村	25%情形下	14.27	28.96	25.15	13.97	11.03	4.11	5.09	4.87	6.82	8.23	10.26	9.91
魏家堡		33.74	20.54	21.96	59.99	25.89	11.39	8.19	8.19	8.19	8.19	8.19	8.19
咸阳		18.75	36.33	54.55	58.09	40.25	10.87	10.87	10.87	29.22	11.62	15.90	10.87
临潼		504.40	424.80	610.10	128.80	69.95	42.08	61.31	86.52	48.66	47.11	42.08	42.08
华县		585.60	616.30	674.50	126.30	86.99	29.32	44.96	97.60	55.04	40.16	29.32	29.32
林家村	50%情形下	14.27	18.49	13.94	11.14	11.03	3.75	5.09	4.87	6.82	8.24	10.26	9.92
魏家堡		8.19	29.09	21.96	17.01	8.19	8.19	8.19	8.19	8.19	8.19	16.19	11.23
咸阳		14.70	34.52	24.62	58.09	40.25	10.87	10.87	10.87	29.22	15.30	15.10	20.71
临潼		504.40	424.80	610.10	128.80	69.95	42.08	61.31	86.52	48.66	47.11	42.08	42.08
华县		585.60	616.30	674.50	126.30	86.99	29.32	44.96	97.60	55.04	40.16	29.32	29.32
林家村	75%情形下	20.02	15.41	13.94	11.14	11.03	3.75	5.09	4.87	6.82	8.24	10.26	9.92
魏家堡		30.38	18.64	21.96	8.32	8.19	8.19	8.19	8.19	8.19	8.19	8.19	8.19
咸阳		37.22	21.77	27.97	58.09	40.25	10.87	10.87	10.87	29.22	10.87	10.87	10.87
临潼		504.40	424.80	610.10	128.80	69.95	42.08	61.31	86.52	48.66	42.08	42.08	42.08
华县		585.60	616.30	674.50	126.30	86.99	29.32	44.96	97.60	55.04	40.16	29.32	29.32

表 7.19　渭河流域各河段各时段健康流量过程（折中河流保护目标）

（单位：m³/s）

控制断面	来水情形	7月	8月	9月	10月	11月	12月	1月	2月	3月	4月	5月	6月
林家村		33.47	34.97	48.15	37.44	18.95	9.90	7.30	7.93	11.57	14.99	18.25	18.18
魏家堡	多年平均	59.21	49.55	85.89	67.24	32.02	15.64	9.34	8.81	14.21	27.10	40.36	30.35
咸阳		74.48	58.24	120.9	90.06	42.08	20.71	14.93	14.00	17.95	34.27	50.89	33.28
临潼		504.4	424.8	610.1	138.8	69.95	42.08	61.31	86.52	48.66	59.70	81.99	50.49
华县		585.6	616.3	674.5	150.5	86.99	30.17	44.96	97.60	55.04	49.69	73.43	47.92
林家村		33.71	86.87	75.45	41.92	19.21	12.32	7.06	6.97	10.10	9.53	10.92	9.19
魏家堡	25%情形下	101.2	61.63	58.16	179.9	77.68	34.17	20.65	18.63	18.60	15.68	14.01	9.86
咸阳		56.26	108.9	163.6	85.21	40.25	21.98	14.97	15.83	19.99	34.85	47.69	60.94
临潼		504.4	424.8	610.1	128.8	69.95	42.08	61.31	86.52	48.66	59.02	79.23	46.74
华县		585.6	616.3	674.5	149.7	86.99	29.32	44.96	97.60	55.04	55.37	84.53	41.38
林家村		14.27	55.47	20.14	24.84	14.45	6.85	5.81	5.49	13.74	22.13	22.35	26.19
魏家堡	50%情形下	17.37	89.26	39.40	51.03	21.63	9.13	7.49	6.16	16.48	20.02	48.58	33.70
咸阳		23.74	104.7	60.51	68.26	40.25	13.02	13.90	12.62	20.81	45.90	45.29	62.13
临潼		504	424	610	72.70	69.90	24.00	61.30	86.50	48.66	67.90	66.80	84.96
华县		585	616	674	108	86.90	29.30	44.9	97.60	55.04	67.20	68.7	85.00
林家村		60.00	49.70	30.30	20.00	11.00	6.19	5.82	6.57	7.66	8.56	10.2	9.91
魏家堡	75%情形下	91.10	55.90	59.50	24.90	13.20	6.18	4.25	3.56	4.24	7.95	4.92	9.05
咸阳		111	65.30	83.90	58.00	40.20	10.80	10.80	10.80	10.87	15.70	10.80	10.87
临潼		504	424	610	128	69.90	42.00	61.30	86.50	48.66	67.90	66.80	84.96
华县		585	616	674	126	86.9	29.30	44.9	97.60	55.04	40.10	29.30	29.32

表 7.20　渭河流域各河段各时段健康流量过程（最佳河流保护目标）

（单位：m³/s）

控制断面	来水情形	7月	8月	9月	10月	11月	12月	1月	2月	3月	4月	5月	6月
林家村		59.30	64.00	57.90	49.70	45.80	15.60	21.10	20.20	28.36	34.20	42.6	41.25
魏家堡	多年平均	59.21	72.45	167.5	67.24	32.02	36.27	32.39	27.19	32.36	60.68	40.36	36.05
咸阳		87.44	89.65	146.5	345.6	239.5	36.23	40.17	36.77	173.8	64.06	50.89	33.28
临潼		504.4	424.8	610.1	197	107	42.08	93.81	132.3	74.45	72.07	81.99	50.49
华县		585.6	616.3	674.5	198.4	136.5	30.17	70.58	153.2	86.41	63.04	73.43	47.92

控制断面	来水情形	7月	8月	9月	10月	11月	12月	1月	2月	3月	4月	5月	6月
林家村		59.38	86.87	75.45	46.35	45.87	15.61	21.16	20.27	28.36	34.27	42.68	41.25
魏家堡	25%情形下	101.20	72.45	167.50	179.90	77.68	36.27	32.39	27.19	32.36	60.68	37.51	36.05
咸阳		87.44	108.90	163.60	345.60	239.50	36.23	40.17	36.77	173.8	64.06	47.69	30.93
临潼		504.40	424.80	610.10	197.00	42.08	42.08	42.08	42.08	42.08	72.07	79.23	46.74
华县		585.60	616.30	674.50	198.40	29.32	29.32	29.32	29.32	29.32	63.04	84.53	41.38
林家村		59.38	64.10	57.99	46.35	45.87	15.61	21.16	20.27	28.36	34.27	42.68	41.25
魏家堡	50%情形下	39.77	89.26	167.50	51.03	32.34	36.27	32.39	27.19	32.36	60.68	48.58	36.05
咸阳		87.44	104.70	146.50	345.60	239.50	36.23	40.17	36.77	173.80	64.06	45.29	62.13
临潼		504.40	424.80	610.10	197.00	107.00	42.08	93.81	132.30	74.45	72.07	66.86	84.96
华县		585.60	616.30	674.50	198.40	136.50	29.32	70.58	153.20	86.41	63.04	68.71	85.00
林家村		60.05	64.10	57.99	46.35	45.87	15.61	21.16	20.27	28.36	34.27	42.68	41.25
魏家堡	75%情形下	91.15	89.26	167.50	51.16	32.34	36.27	32.39	27.19	32.36	60.68	37.51	36.05
咸阳		111.60	89.65	146.50	345.60	239.50	36.23	40.17	36.77	173.80	64.06	28.26	21.67
临潼		504.40	424.80	610.10	197.00	107.00	42.08	93.81	132.30	74.45	72.07	41.98	43.50
华县		585.60	616.30	674.50	198.40	136.50	29.32	70.58	153.20	86.41	63.04	29.32	29.32

7.6　计算结果的合理性分析

统计多年平均情形下渭河流域各河流保护目标下,各断面非汛期和汛期平均流量、水量等指标,见表7.21。保守河流保护目标是将河流生态基础流量与保守自净流量、汛期输沙需水流量及水生生物生存需水流量按照相应时段取最大叠加的方式处理后得到的流量过程。折中河流保护目标是将河流适宜生态流量与保守自净流量、汛期输沙需水流量及水生生物生存需水流量按照相应时段取最大叠加的方式处理后得到的流量过程。通过计算不同排污情形下的水体自净流量可知,现状排污下各断面自净流量非常大,非汛期几乎所有时段均超过了多年平均天然来水流量,可见渭河流域水体污染的严重性。因此,从健康流量的可实现性考虑,本书水体自净流量仅考虑达标排放下的自净流量。最佳河流保护目标将河流适宜生态流量与达标排放自净流量、汛期输沙需水流量及水生生物生存需水流量按照相应时段取最大叠加的方式处理后得到的流量过程。

表 7.21　渭河流域各河段不同河流保护目标下河流健康流量及水量统计(多年平均情形)

控制断面	汛期					
	保守目标		折中目标		最佳目标	
	平均流量/(m³/s)	水量/亿 m³	平均流量/(m³/s)	水量/亿 m³	平均流量/(m³/s)	水量/亿 m³
林家村	14.55	1.53	38.51	4.05	57.81	6.07
魏家堡	21.83	2.29	65.47	6.88	91.61	9.62
咸阳	35.40	3.72	85.93	9.03	167.31	17.58
临潼	463.95	48.74	419.54	44.08	434.11	45.61
华县	500.72	52.61	506.77	53.24	518.73	54.50

控制断面	非汛期					
	保守目标		折中目标		最佳目标	
	平均流量/(m³/s)	水量/亿 m³	平均流量/(m³/s)	水量/亿 m³	平均流量/(m³/s)	水量/亿 m³
林家村	7.50	1.58	13.38	2.81	31.18	6.55
魏家堡	8.25	1.73	22.23	4.67	37.17	7.81
咸阳	15.40	3.24	28.51	5.99	84.35	17.72
临潼	55.01	11.56	62.59	13.15	81.79	17.19
华县	51.59	10.84	60.73	12.76	82.67	17.37

控制断面	全年(水文年)					
	保守目标		折中目标		最佳目标	
	平均流量/(m³/s)	水量/亿 m³	平均流量/(m³/s)	水量/亿 m³	平均流量/(m³/s)	水量/亿 m³
林家村	11.03	2.87	25.29	6.58	44.50	11.57
魏家堡	15.04	4.03	43.85	11.55	64.39	17.43
咸阳	25.40	6.95	57.22	15.02	125.83	35.30
临潼	259.48	60.30	241.07	57.23	257.95	62.73
华县	276.15	63.45	283.75	66.00	300.70	71.87

由表 7.21 可知,保守河流保护目标下,非汛期林家村、魏家堡、咸阳、临潼、华县断面的平均流量依次为 7.50m³/s、8.25m³/s、15.40m³/s、55.01m³/s、51.59m³/s,折合水量依次为 1.58 亿 m³、1.73 亿 m³、3.24 亿 m³、11.56 亿 m³、10.84 亿 m³,汛期输沙水量为 52.61 亿 m³,全年健康需水量为 63.45 亿 m³;折中河流保护目标下,非汛期林家村、魏家堡、咸阳、临潼、华县断面的平均流量为 13.38m³/s、22.23m³/s、28.51m³/s、62.59m³/s、60.73m³/s,折合水量为 2.81 亿 m³、4.67 亿 m³、5.99 亿 m³、13.15 亿 m³、12.76 亿 m³,汛期输沙水量为 53.24 亿 m³,全年健康需水量为 66.00 亿 m³;最佳河流保护目标下,非汛期林家村、魏家堡、咸阳、临潼、华县断面的平均流量为 31.18m³/s、37.17m³/s、84.35m³/s、81.79m³/s、

82.67m³/s,折合水量为 6.55 亿 m³、7.81 亿 m³、17.72 亿 m³、17.19 亿 m³、17.37 亿 m³,汛期输沙水量为 53.24 亿 m³,全年健康需水量为 71.87 亿 m³。综合来看,保守河流保护目标下,各断面非汛期平均流量为多年平均非汛期流量的 10%～12%,汛期为 11%～16%,全年为 12%～16%,基本符合 Tennant 法关于河流生态状况的最底限描述(占同期流量的 10%);折中河流保护目标下,各断面非汛期、汛期、全年平均流量约为多年平均流量的 30%,基本符合 Tennant 法关于河流生态状况的一般描述(占同期流量的 30%);最佳河流保护目标下,各断面非汛期、汛期、全年平均流量约为多年平均流量的 45%,基本符合 Tennant 法关于河流生态状况的较好、好的描述(占同期流量的 40%～50%)。

第8章　基于"三条红线"的渭河流域水资源合理配置理论基础

8.1　水资源合理配置的目标

　　水资源合理配置是指在一定时期、特定区域内,以有效、公平和可持续为原则,对有限的不同形式和质量的水资源,通过工程与非工程措施在各用水对象之间进行科学分配。水资源合理配置不仅要满足经济社会发展和居民生活的需求,还应尽可能地满足人类依赖的生态环境对水资源的需求。因此,水资源配置是需水管理的核心之一,是区域水资源系统可持续发展的关键,也是可持续发展观在水资源利用上的具体体现。

　　水资源合理配置的目标是:最大限度地满足人口、资源、环境与经济协调发展对水资源在时间、空间、数量和质量上的要求,使有限的水资源获得最大的利用效益,促进区域发展和社会进步,实现区域可持续发展。因此,水资源配置包括数量、质量、时间和空间四个基本要素。其中,数量是对用水总量和增量的要求;质量是对水质和水生态环境的要求;时间要求主要是协调天然水与用水在时间上的矛盾;空间要求主要是进行水资源使用方向和地区的配置。

8.2　"三条红线"概念

8.2.1　"三条红线"的提出

　　人类社会文明的进步、社会经济的发展都与水密不可分。水是生命之源、生产之要、生态之基。古人曾说过:"水者,地之血气,如筋脉之流通"。可见,水对于人类来说是非常重要的。自20世纪末以来,全球人口过快增长,经济迅猛发展,水资源管理也面临着巨大挑战。

　　在全国水资源工作会议上,水利部部长陈雷在题为"实行最严格的水资源管理制度,保障经济社会可持续发展"的重要讲话中,提出了建立水资源管理的"三条红线",并强调要围绕水资源配置、节约和保护三个方面,建立水资源开发利用红线,实行用水总量控制;建立用水效率控制红线,避免用水浪费;建立水功能区限制纳污红线,避免水体污染。2011年中央一号文件和中央水利工作会议明确要求实行最严格的水资源管理制度,确立水资源开发利用控制、用水效率控制和水功能区限制纳污"三条红线"。

　　水资源开发利用红线就是在高效用水的前提下,划定各地允许的用水总量,该红线是对用水定量化的宏观管理,可控制河道外总的取水和用水规模,它反映出我国水资源管理将从供水转向需水。水资源开发利用红线主要考虑水量,没有考虑水质问题。用水效率红线是一个综合性指标,可以包括用水定额(如农田灌溉用水定额),也可以包括用水效率(如工业用水重复利用率),可以宏观,也可以微观;可以直接控制用水量,也可以间接考虑水质,这是由于用水效率高意味着重复利用率高,废污水排放量少,有利于改善水质。水功能区限制纳污红线就是水域纳污能力,是水污染物排放许可证发放的依据。该红线可以作为宏观指标,通过水功能区一级区管理,考核跨行政区之间水资源保护效果;也可以作为微观指标,通过水功能区二级区的管理,考核同一水域水质状况或同一地区不同用水部门减排情况。该红线主要是用来对水质、生态环境进行保护。

　　我国当前处于经济社会快速发展时期,经济社会用水不断挤占生态用水,偏低的用水效率以及区域性的水量与水质型缺水情势致使我国水资源供需矛盾不断尖锐。同时,我国面临着水资源过度开发的局面,许多地区已经达到当地水资源开发可以支撑的极限,必须采取强有力的措施,从而转变水资源短缺现象日益加重的局面。据统计 2010 年全国废污水的排放总量已达 750 亿 t,近 40% 的河流水质不达标,严重威胁到广大人民的饮水安全,加强水资源管理,才能保障人民生活和经济社会健康持续发展。“三条红线”是水资源开发利用的一个底线,一旦底线被突破,经济社会发展就会受损,生态环境也将受到严重影响。

8.2.2　“三条红线”之间的关系

　　用水总量控制是对一个流域(区域)用水总量进行管理,是水资源管理的宏观控制指标。用水总量控制红线只考虑水量,没有考虑水质。

　　用水效率控制红线是一个综合性指标,包含人均综合用水量、万元工业增加值用水量和亩均用水量等指标。这些指标反映了各行业用水定额,可以用来考核一个流域(区域)的用水效率。用水效率红线除了直接控制用水量以外,还可以间接影响水质。因为提高用水效率,使水资源重复利用率增大,从而减少了废污水排放,使水质得到改善。

　　水功能区限制纳污控制红线主要针对水域纳污能力。限制排污也可以间接控制工业和生活用水总量。因为在耗水率一定时,用水量多,废污水排放量也相对增大。对水功能区达标率进行管理,可以间接控制地区用水总量。

　　“三条红线”分别从不同方面对水资源的开发利用进行管理。三者之间虽有所区别,但也密切相关。进行用水总量控制,可以促使用水效率提高、排污量减少;若提高用水效率,可以有效控制用水总量、减少污染物的产生和排污;若要满足水功能区管理要求,可以通过增加供水量来解决水质型缺水的问题。从管理角度讲,用水总量控制用来对流域(区域)的水资源进行宏观管理;用水效率用来对特定行业或者用水户的用水进行微观管理;限制纳污用来对水环境健康进行管理。三者一起形成一个完整的水资源管理体系。

8.2.3　基于"三条红线"的水资源合理配置原则

基于"三条红线"水资源合理配置是指结合国家最严格水资源管理制度的要求,进行流域或区域水资源配置时,考虑用水总量控制红线、用水效率控制红线和水功能区限制纳污控制红线,从而保障流域或区域经济社会可持续发展,达到人水和谐。根据"三条红线"的特定要求,基于"三条红线"水资源合理配置应遵循以下原则。

(1)节约高效原则。水资源的有效性原则是基于水资源作为经济社会行为中的商品属性确定,对水资源的利用应以其利用效益作为经济部门核算成本的重要指标,而经济上有效的水资源分配,是水资源利用的边际效益在各用水部门中相等,以获取最大的社会效益。因此,这种有效性不是单纯追求经济意义上的有效性,而是同时追求对环境负面影响小的环境效益,以及能够提高社会人均收益的社会效益,是能够保证经济、环境和社会协调发展的综合利用效益。节约用水和科学用水应成为水资源合理利用的核心和水资源管理的首要任务。

(2)公平性原则。在不同发展水平的地区之间,要统筹兼顾,给予欠发达地区必要的照顾,不能破坏区域发展的协调性和违背建设和谐社会的发展战略目标;在用水目标上,优先保证城市的生活用水和城市环境用水,兼顾工业用水和农业用水,兼顾综合利用可供水量;在不同的社会阶层之间,人人具有平等的生存权,每个人都具有使用保证生存的必要水的权利。资源分配部门有这样的义务来保证这种公平性不被资源利用的高效性原则所忽略。

(3)可持续发展原则。它研究的是一定时期内全社会消耗的资源总量与后代能获得的资源量相比的合理性。水资源优化配置作为可持续发展理论在水资源领域的具体体现,应该注重人口、资源、生态环境及社会经济的协调发展,以实现资源的充分、合理利用,保证生态环境的良性循环,促进社会的持续健康发展。

(4)高水高用、优水优用原则。水资源的配置不仅要考虑水量问题,还要考虑水质问题。不同用户对水质的要求不同,而不同水质的水也具有不同的价格。通过优化和模拟技术,从经济效益、社会效益和生态环境效益、保证率等多方面综合确定不同水源对应不同用户的水量。

(5)目标可控原则。基于"三条红线"水资源配置,其内涵是满足国家最严格水资源管理的要求,即满足用水总量控制红线、用水效率控制红线和水功能区限制纳污红线,从而将社会经济对水资源和生态环境的影响控制在可以承载的范围内,达到人水和谐。

8.3　基于"三条红线"渭河流域水资源配置基本条件

陕西省渭河流域是国家西部大开发"十一五"规划的三大重点经济区之一,为加快"一线两带"和大关中经济区建设,充分发挥关中地区科技和制造业优势,关中必须率先发展,以带动全省乃至大西北的经济发展。但是陕西省渭河流域水资源总量仅为 77.816 亿 m³,人均和耕地亩均水资源量分别为 304m³ 和 297m³,相当于全国平均水平的 14% 和 17%,属严重资源型缺水地区。目前陕西省渭河流域的发展,不得不依靠超采地下水、挤占农业和牺牲生态用水来维持。缺水不仅严重制约了关中地区经济社会的发展,而且对陕西省经济社会的整体和谐发展也造成极为不利的影响,为保证关中地区和陕西省经济社会的可持续发展,在强化节水、治污的前提下,区外调水解决关中地区严重的缺水问题是十分必要和紧迫的,为此引汉济渭调水工程是解决陕西省渭河流域水资源严重短缺的重要举措。

本书将渭河流域水资源配置分为两个阶段,即现状 2010 年末调入水量和规划年 2020 年、2030 年引汉济渭工程建成后进行配置。本节分别讨论不同阶段"三条红线"的控制情况。

8.3.1　水资源开发利用红线控制

水资源开发利用红线控制要求划定供水总量标准,从而保障水资源的可持续开发利用和优化配置。在基于"三条红线"的渭河流域陕西段水资源合理配置的研究中,根据渭河流域陕西段实际情形,供水总量的确定依据以下原则。

(1) 以本地水资源开发利用潜力为阈值,考虑不同水平年来水条件和需水要求,优先使用当地地表水。

(2) 严格控制地下水开采量。对渭河沿线地下水超采区进行划定,逐步封闭超采区地下水水源地和自备井,合理开发利用地下水。

(3) 加大中水等非传统水源的利用,将再生水作为城市的第二水源。城市污水再生利用可以提高水资源综合利用率,从而减少了水体污染。再生水回用不但能减少水环境污染,而且还可以缓解水资源紧缺的矛盾,是贯彻可持续发展的有效措施之一。

(4) 研究区规划水平年供水系统除了考虑本地水源工程(由地表水供水系统和地下水供水系统、雨污水回用供水系统组成)以外,还需考虑外流域调水工程。外流域调水工程主要是南水北调西线的引红济石调水工程及中线的引汉济渭调水工程。

1. 现状年可供水量

1）地表水可供水量

依据《黄河流域水资源综合规划》报告,渭河华县断面及北洛河状头断面现状年河道内生态环境需水量分别为 64.13 亿 m³ 和 2.77 亿 m³,渭河平均入黄水量应达到 66.90 亿 m³。按丰增枯减的原则,75%、95% 代表年要求下泄水量分别为 47.50 亿 m³ 和 31.44 亿 m³。根据渭河流域水资源量,核算出现状多年平均地表水允许消耗量为 19.00 亿 m³,75%、95% 代表年允许消耗量为 16.08 亿 m³ 和 12.50 亿 m³,按照现状年耗水系数 0.75 计算,则多年平均地表水供水量应不大于 25.33 亿 m³,75% 代表年和 95% 代表年地表水供水量应不大于 21.44 亿 m³ 和 16.66 亿 m³。以计算的地表水允许消耗量为控制指标,退还挤占的河道内生态用水以及农业用水后,基准年 50%、75% 代表年当地地表水可供水量分别为 22.27 亿 m³、19.99 亿 m³,均小于允许供水量,加上利用黄河干流水 3.2 亿 m³ 后,可供水量总计为 25.47 亿 m³、23.19 亿 m³。表 8.1 和表 8.2 为陕西省渭河流域主要水利工程可供水量,其中引水和提水工程主要为农业供水。

表 8.1　关中地区基准年大中型蓄水工程可供水量表　（单位:万 m³）

序号	水库名称	总库容	兴利库容	可供水量	
				50%	75%
1	石堡川	6220	3235	1750	1593
2	冯家山	38900	28600	20400	18564
3	段家峡	1440	885	840	764
4	羊毛湾	12000	5220	1250	1138
5	石头河	14700	12050	17600	16025
6	桃曲坡	5720	3250	5100	4641
7	零河水库	4195	1085	1500	1365
8	引乾＋石砭峪	2810	2510	7174	6694
9	尤河水库	2430	1165	1500	1365
10	薛峰水库	4130	3024	1800	1638
11	三原西郊	3400	1984	2000	1820
12	金盆水库	20000	17740	35000	31850
	合计	115945	80748	95914	87457

表 8.2　关中地区基准年大中型引水、提水工程可供水量表

类别		工程名称	设计流量/(m³/s)	供水面积/万亩	供水量(农业)/万 m³	
					50%	75%
引水工程	1	宝鸡峡	95	282.83	68000	62200
	2	泾惠渠	46	125.90	24000	21900
	3	冶峪河	12	10.24	1500	1350
	4	洛惠渠	25	74.30	15000	13700
	5	沣惠渠	11	12.50	3800	3600
	合计		189	505.77	112300	102750
提水工程	1	交口	37	112.96	19500	17500
	2	东雷一期	60	83.70	17000	17000
	3	东雷二期	40	66.00	15000	15000
	合计		137	262.66	51500	49500

2) 地下水及其他水源工程可供水量

为保证地下水的可持续利用,渭河流域地下水开采遵循总量控制、调整布局原则。对沿渭城市集中水源地超采区寻求新的补充水源,对地下水实行限采、压采;对超采灌区积极增大地表水的灌溉,补充、涵养地下水;在平衡区,维持现状开采量;在有开采潜力的洪积扇区和漫滩、阶地区适当加大地下水资源的开采,以达到采补平衡。依据上述地下水开发利用思路及规划布局,基准年地下水可供水量为23.66 亿 m³。

其他水源工程(包括中水回用和雨水集蓄工程等),基准年可供水量为0.83 亿 m³,主要用于河道外生态、工业用水和农村人畜用水及少量农业灌溉。表 8.3 为现状年水资源开发利用红线控制下渭河流域陕西段不同水平年可供水量。

表 8.3　现状年 2010 年水资源开发利用红线控制下渭河流域陕西段可供水量

(单位:万 m³)

水资源分区	地表水可供水量		地下水	再生水利用及其他水源可供水量	合计	
	50%	75%			50%	75%
北洛河南城里以上	11200	8800	4200	1100	16500	14100
白于山泾河上游	800	700	200	0	1000	900
泾河张家山以上	3031	2746	900	90	4021	3736
渭河宝鸡峡以上北岸	640	577	150	0	790	727
渭河宝鸡峡以上南岸	116	105	80	0	196	185
宝鸡峡至咸阳北岸	91820	83197	68320	930	161070	152447

水资源分区	地表水可供水量		地下水	再生水利用及	合计	
	50%	75%		其他水源可供水量	50%	75%
宝鸡峡至咸阳南岸	10554	9652	39500	430	50484	49582
咸阳至潼关北岸	81380	75586	62400	650	144430	138636
咸阳至潼关南岸	55228	50565	60870	5100	121198	116535
合计	254769	231928	236620	8300	499689	476848

2. 规划年可供水量

1) 引汉济渭供水工程概况

按照规划要求,规划年引汉济渭工程已经基本完成,此时可供水量应考虑引汉济渭工程调水量,具体调水量见 2.4.4 小节。

2) 地表水可供水量

根据《黄河流域水资源综合规划》报告,2020 年渭河华县和北洛河状头断面下泄的生态环境需水量分别为 56.03 亿 m³ 和 2.77 亿 m³,多年平均渭河入黄水量应达到 58.80 亿 m³,50% 和 75% 代表年要求下泄水量分别为 40.57 亿 m³ 和 26.46 亿 m³。考虑渭河流域水资源量及河湖库蒸发、排水蒸发以及潜水蒸发等非用水消耗量,渭河流域 2020 年允许消耗的地表水资源量为 22.51 亿 m³,如果耗水系数按照 0.80 计算,则 2020 年 50% 和 75% 代表年地表水可供水量不能大于 30.92 亿 m³和 28.14 亿 m³。到 2030 年,50% 和 75% 代表年地表水可供水量不能大于30.29 亿 m³ 和 27.84 亿 m³。

对渭河流域现有供水工程出现的挤占农业用水、超采地下水和牺牲生态水等不合理用水退还供水能力,采用典型年法进行调算,得出规划年现有地表水 50%、75% 代表年可供水量分别为 26.92 亿 m³ 和 24.74 亿 m³。根据《陕西省水资源综合规划》,渭河流域在建和规划的大、中型水源工程有东雷抽黄续建工程、渭南涧峪水库、李家河水库、泾河亭口水库和引红济石调水工程等,具体地表水工程见表 8.4。这些工程可新增生活工业供水量 2.70 亿 m³,增加农灌供水量 1.52 亿～1.70 亿 m³。另外,规划在秦岭北麓渭河支流建设一些小型水库,可增加部分供水量。计算得到 2020 年 50%、75% 代表年当地地表水可供水量分别为 25.12 亿 m³、23.34 亿 m³,2030 年 50%、75% 代表年当地地表水可供水量分别为 25.49 亿 m³、22.87 亿 m³,均小于允许供水量,考虑黄河补水量,规划 2020 年、2030 年,50%、75% 代表年地表水可供水量分别为 30.92 亿 m³ 和 28.14 亿 m³、30.29 亿 m³ 和 27.67 亿 m³。

表 8.4　四个单元的地表水供水工程

计算单元	供水对象	地表水供水水源 （2010 现状年）	地表水供水水源 （2020、2030 水平年）	备注
西安单元	西安市	黑河水库、石砭峪水库及 引乾济石工程、石头河水库	黑河水库、石砭峪水库及 引乾济石工程、李家河水库	黑河金盆水库、石砭峪水库及引乾济石工程为已成工程；李家河水库待建（设计水平年 2015 年）
	长安区	黑河水库	黑河水库	
	阎良区	黑河水库	黑河水库、李家河水库	
	周至县	黑河水库	黑河水库	
	户县	无	无	
	临潼县	无	无	
	高陵县	黑河水库	黑河水库	
宝鸡单元	宝鸡市	冯家山水库	石头河水库及引红济石工程	石头河水库已成工程；引红济石在建（设计水平年 2015 年）
	眉县	无	石头河水库及引红济石工程	
	四工业区	无	石头河水库及引红济石工程	
咸阳单元	咸阳单元	无	无	无
渭南单元	渭南市	无	涧峪水库	涧峪水库 2007 年建成
	华县	无	无	
	华阴县	无	无	

3）地下水可供水量

为保证地下水的可持续利用，地下水开采实施总量控制的原则。对西安、宝鸡、咸阳和渭南等城市超采区实行限采、压采；对泾惠渠、蒲（城）富（平）井灌区及周至、户县、长安井灌区等农灌超采区实施限采和节水措施以减少供给量；在平衡区，维持现状开采量；在渭河两岸有开采潜力的洪积扇区和漫滩、阶地区，可适当加大浅层地下水资源的开采，以达到采补平衡。对分布在渭北的岩溶水，其分布不均，赋存条件复杂，可少量开采，主要用于生活和工业用水。规划 2020 年、2030 年渭河流域地下水可供水量为 23.69 亿 m^3。

4）其他工程可供水量

预测 2020 年渭河流域雨水集蓄利用 1900 万 m^3，2030 年达到 3300 万 m^3。为最大限度地进行污水再生利用，改善生态环境，节约新鲜水，渭河流域拟规划建设一批污水处理项目。2020 年城市污水处理率达到 70%～80%，回用率达到 40%～50%，其中西安回用率达到 50%，宝鸡、咸阳等城市达到 40% 以上，其他城市达到 30%；2030 年污水处理率达到 80%～90%，回用率平均达到 50%，其中西安回用率达到 60%，宝鸡、咸阳、杨凌等城市达到 50%，其他小城市（包括县城）达到 30%以上。预测再生水回用量 2020 年为 4.25 亿 m^3；2030 年为 5.66 亿 m^3。

5）可供水量汇总

2020 年、2030 年关中地区各类供水工程可供水量见表 8.5 和表 8.6。在 50%代表年情况下，2020 年陕西省渭河流域可供水量为 68.36 亿 m³，其中地表水供水量为 30.92 亿 m³，占总可供水量的 45.23%；地下水供水量为 23.69 亿 m³，占总供水量的 34.65%；其他供水水源 4.44 亿 m³，占 6.50%。地下水供水比例呈降低趋势，地表水供水比重有所提高，不同水源的供水比例基本趋向合理。

表 8.5　规划水平年 2020 年水资源开发利用红线控制下渭河流域陕西段可供水量

（单位：万 m³）

水资源分区	地表水可供水量		地下水	再生水利用及其他水源可供水量	外调水	合计	
	50%	75%				50%	75%
北洛河南城里以上	10800	8500	4400	1700			
白于山泾河上游	1100	1000	300	0			
泾河张家山以上	11077	10780	900	760			
渭河宝鸡峡以上北岸	852	768	150	0			
渭河宝鸡峡以上南岸	136	123	80	0	93000	683584	655838
宝鸡峡至咸阳北岸	112325	101777	67320	13600			
宝鸡峡至咸阳南岸	18500	14796	39500	3750			
咸阳至潼关北岸	101188	94997	63400	6585			
咸阳至潼关南岸	53241	48732	60870	18050			

表 8.6　规划水平年 2030 年水资源开发利用红线控制下渭河流域陕西段可供水量

（单位：万 m³）

水资源分区	地表水可供水量		地下水	再生水利用及其他水源可供水量	外调水	合计	
	50%	75%				50%	75%
北洛河南城里以上	10800	8500	4400	1700			
白于山泾河上游	1100	1000	300	0			
泾河张家山以上	10856	10564	900	1195			
渭河宝鸡峡以上北岸	870	785	150	0			
渭河宝鸡峡以上南岸	133	120	80	0	139496	739316	713121
宝鸡峡至咸阳北岸	109460	99755	67320	18490			
宝鸡峡至咸阳南岸	17321	14135	39500	4750			
咸阳至潼关北岸	100144	94054	63400	9145			
咸阳至潼关南岸	52226	47802	60870	24710			

2020~2030 年，渭河流域可以开发利用的水源都已充分利用，基本上没有新

建大型水源工程。同时考虑到工程的老化,供水能力衰减等因素,2030 年 50%代表年可供水量为 73.93 亿 m³,其中地表水供水量 30.29 亿 m³,地下水供水量 23.69 亿 m³,其他水源供水量 6.00 亿 m³。

8.3.2　用水效率红线控制

用水效率控制红线是一个综合性指标,包含万元 GDP 用水量、万元工业增加值用水量、工业用水重复利用率和行业用水定额等指标,该指标不仅可以直接控制用水量,也因为用水效率高意味着重复利用率高和废污水排放少而间接考虑了水质问题。

1. 不考虑用水效率控制红线的渭河流域需水定额

根据《陕西省水资源综合规划》、《陕西省节约用水规划》和《陕西省节水型社会建设"十一五"规划》中的节水规划,参考现状各行业的用水标准,拟定 2010 年、2020 年及 2030 年陕西省渭河流域主要用水部门基本需水定额,详见表 8.7。

表 8.7　渭河流域陕西段各用水部门需水定额

城市类型	水平年	生活 /[L/(人·d)]		农田灌溉 /(m³/亩)		工业(万元增加值)			生态	
		城镇	农村	50%	75%	工业综合 /(m³/万元)	建筑业 /(m³/万元)	三产 /(m³/万元)	人均绿地 /(m²/人)	人均河湖补水 /(m³/人)
重点城市	2010 年	109	—	—	—	79	7	6	7	12
	2020 年	137	—	—	—	42	6	6	13	10
	2030 年	141	—	—	—	22	4	5	16	8
县级城市	2010 年	82	—	—	—	71	12	9	6	10
	2020 年	118	—	—	—	52	9	9	11	9
	2030 年	131	—	—	—	40	6	7	14	8
灌区	2010 年	92	53	293	330	99	16	9	5	11
	2020 年	134	65	279	315	53	10	8	10	9
	2030 年	142	74	273	308	32	8	6	13	9
工业园区	2010 年	66	—	—	—	62	13	8	6	10
	2020 年	115	—	—	—	40	7	7	12	8
	2030 年	135	—	—	—	20	5	5	15	6

2. 考虑用水效率控制红线的渭河流域需水定额

中央一号文件提出,到 2020 年,万元国内生产总值和万元工业增加值用水量明显降低,农田灌溉水有效利用系数显著提高。为守住用水效率控制红线,中央一号文件提出要尽快制定区域、行业和用水产品的用水效率指标体系,把节水工作贯穿于经济社会发展和群众生产生活全过程。文件要求强化节水监督管理,严格控制高耗水项目建设,落实建设项目节水设施与主体工程同时设计、同时施工、同时投产制度。为提高用水效率,文件要求抓紧制定节水强制性标准,尽快淘汰不符合节水标准的用水工艺、设备和产品,加快推进节水技术改造,普及农业高效节水技术,全面加强企业节水管理。

以全面建设节水型社会为前提,根据经济发展合理、高效利用、技术可行的原则,结合渭河各行业用水现状,科学地确定了研究区域不同水平年的用水效率指标,详情见表 8.8。

表 8.8　渭河流域陕西段不同水平年考虑用水效率控制红线的各用水部门需水定额

| 城市类型 | 水平年 | 生活/[L/(人·d)] | | 农田灌溉/(m³/亩) | | 工业(万元增加值) | | | 生态 | |
		城镇	农村	50%	75%	工业综合/(m³/万)	建筑业/(m³/万)	三产/(m³/万)	人均绿地/(m²/人)	人均河湖补水/(m³/人)
重点城市	2010 年	109	—	—	—	79	7	6	7	12
	2020 年	126	—	—	—	34	5	5	13	10
	2030 年	130	—	—	—	18	3	4	16	8
县级城市	2010 年	82	—	—	—	71	12	9	6	10
	2020 年	109	—	—	—	42	7	7	11	9
	2030 年	121	—	—	—	32	5	6	14	8
灌区	2010 年	92	53	293	330	99	16	9	5	11
	2020 年	124	65	271	306	43	8	6	10	9
	2030 年	135	74	266	300	26	6	5	13	9
工业园区	2010 年	66	—	—	—	62	13	8	6	10
	2020 年	106	—	—	—	32	6	6	12	8
	2030 年	125	—	—	—	16	4	4	15	6

8.3.3　限制纳污控制

水功能区限制纳污红线主要针对水域纳污能力以保护水质,也起到保护生态系统的目的,同时因为在耗水率一定时,用水多,退水也多,废污水排放也大,因此对水功能区达标率的控制,可以间接控制地区用水总量,是对水资源可利用量的有效保障。

根据渭河干流陕西段水环境功能区划分,Ⅱ级水环境功能区 1 个,Ⅲ级水环境功能区 4 个, IV 级水环境功能区 8 个, 见表 8.9。根据 2010 年渭河流域陕西段地区排污源普查数据, 渭河陕西段全年污水排放量 74600 万 t, COD 入河量 16.76 万 t, NH$_3$-N 全年入河量 1.43 万 t。2010 年、2020 年和 2030 年各断面污水及污染物入河量见表 8.10。

表 8.9　渭河流域陕西段段水环境功能区划分

断面名称及编号	用途	水质目标	NH$_3$-N 浓度/(mg/L)
林家村 1	渔业用水区	II	≤0.5
卧龙寺桥 2	景观娱乐用水区	III	≤1.0
虢镇桥 3	工业用水区	IV	≤1.5
常兴桥 4	景观娱乐用水区	III	≤1.0
兴平 5	工业用水区	IV	≤1.5
南营 6	饮用水水源保护区	III	≤1.0
咸阳铁桥 7	景观娱乐用水区	IV	≤1.5
天江人渡 8	饮用水水源保护区	III	≤1.0
耿镇桥 9	工业用水区	IV	≤1.5
新丰镇大桥 10	工业用水区	IV	≤1.5
沙王渡 11	工业用水区	IV	≤1.5
树园 12	工业用水区	IV	≤1.5
潼关吊桥 13	工业用水区	IV	≤1.5

表 8.10　各情景不同断面污水及污染物入河量

断面	现状年 2010 年		规划年 2020 年		规划年 2030 年	
	污水量/(m^3/s)	NH$_3$-N 浓度/(mg/L)	污水量/(m^3/s)	NH$_3$-N 浓度/(mg/L)	污水量/(m^3/s)	NH$_3$-N 浓度/(mg/L)
林家村 1	0.75	21.80	0.90	4.47	2.02	17.88
卧龙寺桥 2	1.50	21.80	1.80	4.47	1.29	20.78
虢镇桥 3	2.24	21.80	2.69	4.47	2.19	17.35
常兴桥 4	2.99	21.80	3.59	4.47	1.50	19.62
兴平 5	4.62	21.07	5.65	5.21	2.03	15.80
南营 6	6.26	21.07	7.71	5.21	1.47	19.50
咸阳铁桥 7	9.79	18.63	10.95	5.96	6.97	41.32
天江人渡 8	13.33	18.63	14.19	5.96	13.67	16.94

断面	现状年 2010 年		规划年 2020 年		规划年 2030 年	
	污水量 /(m³/s)	NH₃-N 浓度 /(mg/L)	污水量 /(m³/s)	NH₃-N 浓度 /(mg/L)	污水量 /(m³/s)	NH₃-N 浓度 /(mg/L)
耿镇桥 9	16.86	18.63	17.43	5.96	9.46	0.20
新丰镇桥 10	20.40	18.63	20.67	5.96	2.40	19.51
沙王渡 11	21.49	16.87	21.05	6.70	1.41	16.06
树园 12	22.58	16.87	21.43	6.70	2.23	14.73
潼关吊桥 13	23.67	16.87	21.81	6.70	2.24	14.75

　　限制纳污控制是为缓解流域水质型缺水,防止生态环境恶化,从而保障水资源可持续利用。实行流域限制纳污,需结合水环境的保护目标、现状水质及排污现状,给出各水域水功能区达标率。根据《陕西省实行最严格水资源管理制度考核(暂行)办法》的要求,陕西省重要水功能区达标率控制目标是 82.4%。

第9章 基于"用水效率控制红线"的渭河流域需水量预测

9.1 渭河流域经济社会发展指标分析

9.1.1 陕西省渭河流域经济社会发展总体部署

陕西省关中地区科技、农业、旅游、军工等区域优势明显,陕北矿产资源丰富,陕南生物、水资源丰富。从全局考虑,省委省政府提出了"重点发展关中,加快陕南陕北开发"的发展思路,提出沿陇海铁路陕西段建设关中高新技术产业带及关中重大产业带,建设陕北环保能源重化工基地、陕南生物资源生产加工和水电基地,即陕北"煤、油、气、电"、关中"高科技"、陕南"林特水能"的战略构想。按照这一构想,在 2030 年前,应巩固农业的基础地位和作用,以交通、城市公共设施和改善生态环境为重点,加强基础设施建设,改善生态环境,做强能源化工、装备制造、高新技术三大支柱产业,建设陕北能源化工基地、关中装备制造和高新技术产业基地及渭北果业基地,形成各具特色的区域经济发展格局。为保障全省及渭河流域经济布局的调整,需强化节水型社会建设,依托重点调水工程,使陕南水调往关中,通过缩减关中取用黄河水权的份额,增大渭河入黄水量,增加陕北取用黄河用水指标,实现省内水权置换。

9.1.2 人口与城镇化

陕西省渭河流域是人口集中地区,且关中地区作为西部大开发的核心区域,将有越来越多的外来人口涌入,结合人口变化的实际情况,陕西省渭河流域 2020 年以前受人口增长惯性作用,人口增长率仍然较高,2020 年以后,人口将呈现"低增长率,高增长量"的发展态势。2010 年区内总人口 2346.21 万人,其中城镇人口1267.40 万人,农村人口 1078.81 万人,城镇化率为 54.02%。预测全省 2020 年和2030 年人口增长率分别控制在 5‰和 4‰以内。城镇化率达到 64.25%和71.44%。依据上述控制指标,渭河流域总人口 2020 年、2030 年分别为 2537.5 万人、2656.81 万人。

参考《陕西省国民经济和社会发展第十一个五年规划纲要》、《渭河流域城镇化建设与人口发展规划》和《黄河流域水资源综合规划》等成果,确定陕西省渭河流域各分区人口发展指标,见表 9.1。

表 9.1 陕西省渭河流域人口发展指标表

分区名称	水平年	总人口/万人	城镇化率/%	城镇人口/万人	农村人口/万人
北洛河南城里以上	2020 年	78.26	66.88	52.34	25.92
	2030 年	81.45	66.89	54.48	26.98
白于山泾河上游	2020 年	9.41	44.85	4.22	5.19
	2030 年	9.79	44.84	4.39	5.40
泾河张家山以上	2020 年	84.88	69.53	59.02	25.86
	2030 年	88.34	69.53	61.42	26.92
林家村以上渭河南区	2020 年	2.01	29.85	0.60	1.41
	2030 年	2.00	40.00	0.80	1.20
林家村以上渭河北区	2020 年	9.71	35.02	3.40	6.31
	2030 年	9.91	45.00	4.46	5.45
渭河宝鸡峡至咸阳南	2020 年	235.32	55.00	129.43	105.89
	2030 年	245.02	62.95	154.24	90.78
渭河宝鸡峡至咸阳北	2020 年	647.47	58.19	376.76	270.71
	2030 年	664.59	66.22	440.06	224.53
渭河咸阳至潼关南岸	2020 年	823.94	81.23	669.26	154.68
	2030 年	885.81	87.82	777.88	107.93
渭河咸阳至潼关北岸	2020 年	646.50	51.85	335.21	311.29
	2030 年	669.90	59.74	400.19	269.71
合计	2020 年	2537.50	64.25	1630.24	907.26
	2030 年	2656.81	71.44	1897.90	758.90

9.1.3 国民经济各行业发展主要指标

按照国家战略部署和有关发展规划,陕西省将逐步形成"一个龙头,四个支柱,两大支撑"的产业发展格局:以创新产业为龙头,形成区域的核心品牌产业和核心竞争力;以壮大装备制造、食品加工制造、能源化工、现代旅游文化为四个支柱;以现代化服务业和现代农业为两大支撑,推动区域产业发展,带动全省经济社会高速发展。预计未来一段时间内经济仍保持高速增长,基本实现工业化,建成比较完善且具有活力的开放经济体系,城乡、区域经济社会发展更趋协调。

根据确定的目标计算,陕西省 GDP 增长率 2011~2020 年为 10%左右,2021~2030 年发展速度确定为 6.5%左右。第二产业形成以高新技术产业为主导,以装备工业、国防科技、电子信息和能源工业为支撑的现代化工业体系;第三产业形成以旅游业为重点,以现代商贸流通、交通邮电和金融保险为支撑的完整现代化服务体系,城镇化、信息化水平明显提高,中心城市得到较快发展。按照上述控制指标,预测陕西省渭河流域国内生产总值 2020 年、2030 年分别为 11064.46 亿元、19985.95 亿元。各水平年各区域经济社会主要发展指标见表 9.2。陕西省渭河流域以后新建火电工业基本上拟采用空冷机组,对现有火电机组进行技术改造,到 2030 年火电总装机的 80% 为空冷机组。规划渭河流域 2020 年、2030 年火电装机分别达到 3602 万 kW、4322 万 kW。

表 9.2 陕西省渭河流域国民经济主要发展指标表 （单位:亿元）

分区名称	水平年	第一产业	第二产业						第三产业	总计
			工业小计	其中火电		建筑业	小计			
				增加值	装机容量/万 kW					
泾河张家山以上	2020 年	44.73	144.96	120.00	960	16.03	160.99		40.97	246.69
	2030 年	69.32	231.24	187.50	1500	21.19	252.43		66.90	388.65
渭河宝鸡峡以上北岸	2020 年	1.85	16.24	—	—	1.08	17.32		1.74	20.91
	2030 年	2.49	29.63			2.33	31.96		3.06	37.51
渭河宝鸡峡以上南岸	2020 年	0.66	2.73			0.26	2.99		1.24	4.89
	2030 年	0.94	5.12			0.39	5.51		2.33	8.78
渭河宝鸡峡至咸阳北岸	2020 年	212.08	1261.87	85.00	680	187.85	1449.72		986.52	2648.32
	2030 年	314.33	2296.44	100.00	800	273.33	2569.77		1903.32	4787.42
渭河宝鸡峡至咸阳南岸	2020 年	55.10	287.32	20.00	160	77.94	365.26		250.81	671.17
	2030 年	76.40	538.89	20.00	160	125.12	664.01		446.49	1186.90
渭河咸阳至潼关北岸	2020 年	227.64	726.00	90.70	725	127.61	853.61		705.62	1786.87
	2030 年	350.34	1393.46	90.70	725	170.01	1563.47		1288.65	3202.46
渭河咸阳至潼关南岸	2020 年	104.54	1981.81	134.68	1077	409.15	2390.96		3190.11	5685.61
	2030 年	161.23	3602.67	142.18	1137	539.87	4142.54		6070.46	10374.23
合计	2020 年	646.60	4420.93	450.38	3602	819.92	5240.85		5177.01	11064.46
	2030 年	975.05	8097.45	540.34	4322	1132.24	9229.69		9781.21	19985.95

9.1.4 农业发展预测

陕西省渭河流域 2020 年,2030 年农业发展预测如表 9.3 所示。

1) 农业灌溉面积

随着城市建设用地的不断增加,陕西省渭河流域耕地面积将有所减少。考虑近几年耕地减少的实际情况和未来粮食安全,预测 2020 年、2030 年耕地面积分别为 2272.56 万亩、2260.62 万亩。本着农田有效灌溉面积基本保持不变的原则,对已有灌区在不扩大现状灌溉面积的前提下,充分考虑灌溉面积因其他用地而减少的因素,通过节水改造、续建配套,恢复部分有效灌溉面积,2020 年以前,区内的东雷二期抽黄灌溉工程将续建完成,可增加灌溉面积 51 万亩。灌区新增灌溉面积与城市建设用地增减相抵,2020 年和 2030 年流域内有效灌溉面积保持现状规模不变。规划 2020 年、2030 年渭河流域农田有效灌溉面积分别为 1301.1 万亩、1281.9 万亩。

根据陕西省农业发展规划,对果品生产重点实施优果工程,努力提高果品质量和单产,林果地面积保持不变。规划水平年 2020 年、2030 年渭河流域草场灌溉面积均为 0.81 万亩。

2) 渔业及牲畜

陕西省渭河流域规划水平渔业生产面积在 2010 年的基础上略有增加,2020 年、2030 年分别达到 7.4 万亩、7.5 万亩。预测渭河流域 2020 年、2030 年大牲畜分别为 118.8 万头、131.2 万头,小牲畜分别为 612.6 万头、683.4 万头。

表 9.3　陕西省渭河流域农业发展预测表

分区名称	水平年	灌溉面积/万亩					鱼塘面积/万亩	牲畜头数/万头		
		农田有效灌溉面积			林果地	合计		大牲畜	小牲畜	合计
		水浇地	菜田	小计						
泾河张家山以上	2020 年	14.3	1.6	15.9	4.0	19.9	0.1	10.6	63.5	74.1
	2030 年	14.3	1.6	15.9	4.0	19.9	0.1	11.7	70.8	82.5
渭河宝鸡峡以上北岸	2020 年	1.8	—	1.8	—	1.8	—	0.7	3.7	4.4
	2030 年	1.8	—	1.8	—	1.8	—	0.8	4.2	5.0
渭河宝鸡峡以上南岸	2020 年	0.4	—	0.4	—	0.4	—	0.2	1.6	1.8
	2030 年	0.4	—	0.4	—	0.4	—	0.2	1.8	2.0
渭河宝鸡峡至咸阳北岸	2020 年	410.5	10.6	421.1	28.6	449.7	1.3	47.5	181.2	228.7
	2030 年	410.8	10.3	421.1	28.6	449.7	1.4	52.5	202.1	254.6
渭河宝鸡峡至咸阳南岸	2020 年	89.3	20.1	109.4	22.9	132.3	1.0	8.3	52.8	61.1
	2030 年	88.9	20.5	109.4	22.9	132.3	1.0	9.1	58.9	68
渭河咸阳至潼关北岸	2020 年	474.4	42.8	517.2	60.2	577.4	1.8	34.7	219.7	254.4
	2030 年	473.4	45.7	519.1	60.2	579.3	1.8	38.3	245.1	283.4
渭河咸阳至潼关南岸	2020 年	188.8	46.5	235.3	18.2	253.5	3.2	16.8	90.1	106.9
	2030 年	188.3	25.9	214.2	18.2	232.4	3.2	18.6	100.5	119.1
合计	2020 年	1179.5	121.6	1301.1	133.9	1435.0	7.4	118.8	612.6	731.4
	2030 年	1177.9	104.0	1281.9	133.9	1415.8	7.5	131.2	683.4	814.6

9.1.5　生态环境建设目标

渭河流域各水平年城市生态环境需水包括绿化用水、城镇河湖补水、环境卫生用水和防护林草需水等。2020 年、2030 年生态环境目标为绿化 18.4 万亩、24.2万亩,河湖 6.26 万亩、8.62 万亩,环境卫生 13.94 万亩、17.70 万亩,林草面积6.38 万亩、9.32 万亩。

9.2　渭河流域需水量预测

就不同水平年需水量而言,其影响因素较多。不同社会经济发展速度,不同产业结构、用水结构,以及不同用水定额和节水水平,对水资源的需求差异较大,本书分别对"基本方案"和"考虑用水效率方案"进行预测。

在现状节水、用水水平和相应节水措施的基础上,基本保持现有节水水平的投入力度,参照用水定额和用水量变化趋势所确定的方案为"基本方案"。"考虑用水效率方案"是在"基本方案"的基础上合理调整产业结构、进一步加大节水投入的力度、根据前述确定的考虑用水效率控制红线的需水定额,以及进一步提高用水效率和节水水平等措施后的需水方案。

9.2.1　基本需水预测

基本需水预测是在现状节水、用水水平和相应的节水措施基础上,基本保持现有节水水平的投入力度,参照近年来的用水定额和用水量变化趋势所进行的需水预测。根据《陕西省水资源综合规划》、《陕西省节约用水规划》、《陕西省节水型社会建设"十一五"规划》、《渭河流域近期综合治理规划》和《陕西省渭河流域水资源开发利用规划》等相关成果,参照现状各行业的用水标准,拟定 2010 现状年、2020年及 2030 年规划水平年渭河流域陕西段各用水部门需水定额。根据各水平年社会经济发展指标、农业灌溉不同降水频率的灌溉定额及用各行业定额,采用指标分析法分别计算各水平年(50%)、枯水年(75%)的需水量(表 9.4)。

表 9.4　陕西省渭河流域水资源四级分区不同水平年需水量汇总表(基本方案)

（单位:万 m³）

分区名称	水平年	生活需水量		工业需水量(第二、三产业)	第一产业需水量		河道外生态环境需水量	合计	
		城镇	农村		灌溉毛需水量 50%	灌溉毛需水量 75%		$P=50\%$	$P=75\%$
北洛河南城里以上	2010 年	1505	773	1935	6300	6700	100	10613	11013
	2020 年	2274	840	2787	6600	6900	200	12701	13001
	2030 年	2605	1069	4603	6600	6900	200	15077	15377

续表

分区名称	水平年	生活需水量		工业需水量(第二、三产业)	第一产业需水量		河道外生态环境需水量	合计	
		城镇	农村		灌溉毛需水量 50%	灌溉毛需水量 75%		$P=50\%$	$P=75\%$
白于山泾河上游	2010 年	133	115	49	877	934	0	1174	1231
	2020 年	209	114	100	918	966	0	1341	1389
	2030 年	224	128	131	918	966	100	1501	1549
泾河张家山以上	2010 年	1416	1166	1899	5366	6040	240	10087	10761
	2020 年	2114	1273	9169	5281	5940	429	18266	18925
	2030 年	2746	1184	11514	5148	5790	545	21137	21779
林家村以上渭河南区	2010 年	0	42	86	112	125	0	240	253
	2020 年	28	36	155	113	126	6	338	351
	2030 年	39	32	187	111	124	9	378	391
林家村以上渭河北区	2010 年	52	150	477	513	579	18	1210	1276
	2020 年	158	152	901	516	580	35	1762	1826
	2030 年	213	139	1068	503	565	48	1971	2033
宝鸡峡至咸阳南	2010 年	3340	2495	11437	41936	46103	1107	60315	64482
	2020 年	6519	2590	19771	37336	41199	1606	67822	71685
	2030 年	8219	2419	22745	36236	39987	2018	71637	75388
宝鸡峡至咸阳北	2010 年	10422	6380	42529	138641	155239	2998	200970	217568
	2020 年	17465	6423	84130	136330	152658	4210	248558	264886
	2030 年	21845	6065	96508	132987	148900	5278	262683	278596
咸阳至潼关南	2010 年	20901	4226	67137	74241	82434	6979	173484	181677
	2020 年	32001	3783	135780	68749	76422	9411	249724	257397
	2030 年	38898	2994	147099	66902	74361	11004	266897	274356
咸阳至潼关北	2010 年	8568	6944	22695	163868	182851	2020	204095	223078
	2020 年	16028	7385	48002	158391	176738	3226	233032	251379
	2030 年	20012	7285	57992	154497	172393	3885	243671	261567
合计	2010 年	46337	22291	148244	431854	481005	13462	662188	711339
	2020 年	76796	22596	300795	414234	461529	19123	833544	880839
	2030 年	94801	21315	341847	403902	449986	23087	884952	931036

1) 生活需水量预测

根据拟定的不同需水方案定额和人口发展指标,经计算,2010 年陕西省渭河流域生活需水量为 6.86 亿 m³,规划水平年 2020 年、2030 年基本方案生活需水量分别为 9.94 亿 m³ 和 11.61 亿 m³。

2) 第一产业需水量预测

根据陕西省的农作物种植情况,农灌用水土地分为水田、水浇地和菜田三类。基本方案需水定额是按照现状灌溉制度拟定 25%、50%、75% 频率的灌溉定额,区内灌溉保证率最高只能达到 75%。经计算,基本方案规划水平年 2020 年、2030 年50% 代表年农业灌溉需水量分别为 41.42 亿 m³、40.39 亿 m³,75% 需水量分别为46.15 亿 m³、45.00 亿 m³。

3) 第二产业需水量预测

第二产业中工业分为火电和非火电工业,火电工业采用单位千瓦装机需水量预测法,其他工业需水均采用万元增加值需水量定额预测法,根据拟定的需水方案、定额、水利用系数及发展指标预测工业需水量,并按年增长率、人均需水量进行复核。2020 年、2030 年基本方案工业需水量分别为 26.83 亿 m³、29.94 亿 m³。

4) 第三产业需水量预测

第三产业需水量预测方法采用万元增加值定额预测法。经计算,基准年第三产业需水量为 1.12 亿 m³,规划年 2020 年和 2030 年第三产业需水量分别为 3.25亿 m³ 和 4.24 亿 m³。

5) 河道外生态需水量预测

河道外生态环境需水包括城市绿化用水、河湖补水、林草灌溉等生态环境需水。城市绿化用水根据城镇人均绿地面积计算。河湖补水量根据人均水面面积,并采用已建成和规划的水景观面积按照渗漏量、年换水次数、蒸发增损量复核。防护林草根据关中水源涵养林带面积和定额计算。

6) 河道内生态需水量

以渭河干流林家村、魏家堡、咸阳、临潼和华县为渭河干流生态需水计算的关键控制断面,从河道汛期输沙需水、非汛期生态基流及河流水污染稀释需水等方面计算渭河干流关键控制断面生态环境需水量。

7) 需水量汇总

根据以上各水平年社会经济发展指标、农业灌溉不同降水频率的灌溉定额及各行业基本节水定额,计算各水平年 50%、75% 代表年的基本方案需水量。预测陕西省渭河流域不同方案总需水量为:基本节水方案 2020 年各代表年需水量分别为 83.35 亿 m³、88.08 亿 m³,2030 年分别为 88.50 亿 m³、93.10 亿 m³。

9.2.2　基于用水效率控制红线的需水预测

需水预测是基于"三条红线"的区域水资源配置的一项基础工作。以流域2010 年用水现状为基础,根据各水平年社会经济发展指标、农业灌溉不同降水频率的灌溉定额及用水效率控制红线下的各行业定额,分别计算各水平年 50%、75%代表年的需水量,见表 9.5。

表 9.5　陕西省渭河流域不同水平年需水量表(考虑用水效率)

(单位:万 m³)

分区名称	水平年	生活需水量		工业需水量(第二、三产业)	第一产业需水量		城镇生态环境需水量	合计	
		城镇	农村		灌溉毛需水量 $P=50\%$	灌溉毛需水量 $P=75\%$		$P=50\%$	$P=75\%$
北洛河南城里以上	2010 年	1505	773	1935	6300	6700	100	10613	11013
	2020 年	2082	840	2023	5500	5800	200	10645	10945
	2030 年	2406	1069	3479	5500	5800	200	12654	12954
白于山泾河上游	2010 年	133	115	49	877	934	0	1174	1231
	2020 年	194	114	100	787	814	0	1195	1222
	2030 年	208	128	107	787	814	100	1330	1357
泾河张家山以上	2010 年	1416	1166	1899	5366	6040	240	10087	10761
	2020 年	1946	1273	6819	5101	5738	429	15568	16205
	2030 年	2551	1184	9622	5009	5633	545	18911	19535
宝鸡峡以上渭河南区	2010 年	0	42	86	112	125	0	240	253
	2020 年	25	36	111	109	121	6	287	299
	2030 年	36	32	145	108	120	9	330	342
宝鸡峡以上渭河北区	2010 年	52	150	477	513	579	18	1210	1276
	2020 年	143	152	654	498	560	35	1482	1544
	2030 年	197	139	829	488	548	48	1701	1761
宝鸡峡至咸阳南	2010 年	3340	2495	11437	41936	46103	1107	60315	64482
	2020 年	5952	2590	15122	36076	39810	1606	61346	65080
	2030 年	7656	2419	17878	35268	38920	2018	65239	68891
宝鸡峡至咸阳北	2010 年	10422	6380	42529	138641	155239	2998	200970	217568
	2020 年	15815	6423	64435	131771	147563	4210	222654	238446
	2030 年	20238	6065	76328	129398	144887	5278	237307	252796
咸阳至潼关南	2010 年	20901	4226	67137	74241	82434	6979	173484	181677
	2020 年	29558	3783	103125	66482	73901	9636	212584	220003
	2030 年	36059	2994	114344	65115	72376	11004	229516	236777

续表

分区名称	水平年	生活需水量		工业需水量（第二、三产业）	第一产业需水量		城镇生态环境需水量	合计	
		城镇	农村		灌溉毛需水量 $P=50\%$	灌溉毛需水量 $P=75\%$		$P=50\%$	$P=75\%$
咸阳至潼关北	2010 年	8568	6944	22695	163868	182851	2020	204095	223078
	2020 年	14805	7385	36983	150471	167901	3226	212870	230300
	2030 年	18551	7285	46048	146772	163773	3885	222541	239542
合计	2010 年	46337	22291	148244	431854	481005	13462	662188	711339
	2020 年	70520	22596	229372	396795	442208	19348	738631	784044
	2030 年	87902	21315	268780	388445	432871	23087	789529	833955

1）生活需水量预测

根据拟定的不同需水方案定额和人口发展指标，经计算，2010 年陕西省渭河流域生活需水量为 6.86 亿 m³，考虑用水效率红线控制方案，生活需水量 2020 年和 2030 年分别为 9.31 亿 m³ 和 10.92 亿 m³。

2）第一产业需水量预测

根据陕西省的农作物种植情况，农灌用水土地分为水田、水浇地和菜田三类。经计算，考虑用水效率红线控制方案规划水平年 2020 年、2030 年 50% 代表年需水量分别为 39.68 亿 m³、38.84 亿 m³，75% 需水量为 44.22 亿 m³、43.29 亿 m³。

3）第二产业需水量预测

第二产业中工业分为火电和非火电工业，火电工业采用单位千瓦装机需水量预测法，其他工业需水均采用万元增加值需水量定额预测法，根据拟定的需水方案、定额、水利用系数及发展指标预测工业需水量，并按年增长率、人均需水量进行复核。

2020 年、2030 年考虑用水效率红线控制方案工业需水量分别为 18.15 亿 m³、20.50 亿 m³。

4）第三产业需水量预测

第三产业需水量预测方法采用万元增加值定额预测法。经计算，基准年第三产业需水量为 1.91 亿 m³；规划水平年 2020 年、2030 年需水分别为 4.79 亿 m³、6.38 亿 m³。

5）需水量汇总

考虑用水效率控制红线后，渭河流域 2020 年 50%、75% 代表年需水量分别为 73.86 亿 m³、78.40 亿 m³，2030 年分别为 78.95 亿 m³、83.40 亿 m³。

预测得到规划水平年 2020 年，在 50% 来水频率年下，渭河流域陕西段总需水量为 73.86 亿 m³;75%来水频率年下,渭河流域总需水量为 78.40 亿 m³。规划水平年 2030 年,在 50%来水频率年下,渭河流域陕西段总需水量为 78.95 亿 m³;75%来水频率年下,渭河流域总需水量为 83.40 亿 m³。同现状年相比较,规划水平年渭河流域陕西段生活、工业、生态用水呈增加趋势,农业用水则逐渐减小。

9.2.3 引汉济渭工程受水区主要城市及工业园区需水预测

2020 水平年引汉济渭工程受水区主要包括 5 座大城市(区)、11 座县级市(区),2030 水平年主要包括 5 座大城市(区)、12 座县级市(区)和 6 个工业园区,用水部门包括城市生活用水量、第二产、第三产工业用水量及河道外生态用水量。各城市基准年的建成区范围、人口等社会经济状况以各城市 2010 年统计年鉴为准;规划水平年的社会经济状况以基准年统计资料为基础,参照相关城市发展规划成果进行预测,需水定额按照城市节水指标要求而定。根据上述各类用水户需水量预测原则,得到受水区不同水平年需水量,见表 9.6~表 9.8。

表 9.6 5 座大城市(区)需水量预测成果汇总表 (单位:万 m³)

城市(区)	水平年	城镇生活需水量	生产需水量		河道外生态环境需水量	合计
			第二产业	第三产业		
西安市	2010 年	16085	40810	3618	5421	65934
	2020 年	29379	53228	15782	8044	106433
	2030 年	37264	56170	16516	8482	118432
宝鸡市	2010 年	2832	10515	642	1033	15022
	2020 年	5698	20013	2857	1732	30300
	2030 年	8155	25322	4645	1924	40046
咸阳市	2010 年	2635	8867	657	904	13063
	2020 年	5282	13627	3716	1415	24040
	2030 年	7339	15525	5605	1714	30183
渭南市	2010 年	1279	7242	305	413	9239
	2020 年	2880	12878	1479	801	18038
	2030 年	4002	14440	2062	949	21453
杨凌区	2010 年	315	462	53	107	937
	2020 年	878	1878	290	235	3281
	2030 年	1186	2158	416	275	4035
合计	2010 年	23146	67896	5275	7878	104195
	2020 年	44117	101624	24124	12227	182092
	2030 年	57946	113615	29244	13344	214149

表 9.7　11(12)座中小城市(区)需水量预测成果汇总表（单位：万 m³）

城市(区)	水平年	城镇生活需水量	生产需水量		河道外生态环境需水量	合计
			第二产业	第三产业		
周至县	2010 年	163	561	138	57	919
	2020 年	455	1107	306	113	1981
	2030 年	824	1454	433	172	2883
户县	2010 年	347	1891	246	150	2634
	2020 年	1403	4400	736	456	6995
	2030 年	2215	4792	942	541	8490
长安区	2010 年	520	2005	357	204	3086
	2020 年	1314	4807	706	401	7228
	2030 年	2902	5273	751	670	9596
临潼区	2010 年	487	1498	325	170	2480
	2020 年	1388	3671	1131	396	6586
	2030 年	2728	4979	1360	600	9667
高陵区	2010 年	102	889	92	48	1131
	2020 年	354	1460	234	114	2162
	2030 年	596	2492	299	152	3539
阎良区	2010 年	336	2011	135	133	2615
	2020 年	1692	7078	355	499	9624
	2030 年	3032	7525	531	761	11849
眉县	2010 年	92	1255	88	49	1484
	2020 年	389	1763	190	123	2465
	2030 年	781	2714	348	156	3999
兴平市	2010 年	417	3209	136	138	3900
	2020 年	1646	4557	341	362	6906
	2030 年	2046	6016	397	404	8863
武功县	2010 年	119	861	78	50	1108
	2020 年	699	2360	222	196	3477
	2030 年	987	2758	260	215	4220
泾阳县	2010 年	151	1172	131	70	1524
	2020 年	422	2518	328	146	3414
	2030 年	713	3403	410	187	4713

续表

城市（区）	水平年	城镇生活需水量	生产需水量		河道外生态环境需水量	合计
			第二产业	第三产业		
三原县	2010 年	201	1120	130	88	1539
	2020 年	582	3257	324	194	4357
	2030 年	951	3905	488	243	5587
华阴市	2010 年	229	1249	81	80	1639
	2020 年	843	2178	209	246	3476
	2030 年	1445	3552	261	347	5605
华县	2010 年	195	619	56	80	950
	2020 年	653	3085	402	209	4349
	2030 年	1014	4399	497	276	6186
合计	2010 年	3359	18340	1993	1317	25009
	2020 年	11840	42241	5484	3455	63020
	2030 年	20234	53262	6977	4724	85197

表 9.8　6 个工业园区需水量预测成果汇总表　　（单位：万 m³）

工业园区	水平年	城镇生活需水量	生产需水量		河道外生态环境需水量	合计
			第二产业	第三产业		
泾河工业园区	2010 年	38	246	11	22	317
	2020 年	218	1250	34	77	1579
	2030 年	376	1468	46	110	2000
陈仓区	2010 年	67	469	17	38	591
	2020 年	410	2716	54	159	3339
	2030 年	717	3011	70	211	4009
蔡家坡	2010 年	155	1941	81	94	2271
	2020 年	645	6632	260	213	7750
	2030 年	973	6316	326	272	7887
常兴	2010 年	35	243	7	22	307
	2020 年	442	2842	27	157	3468
	2030 年	705	2737	36	197	3675

工业园区	水平年	城镇生活需水量	生产需水量		河道外生态环境需水量	合计
			第二产业	第三产业		
扶风绛帐	2010 年	29	210	8	18	265
	2020 年	338	1853	26	123	2340
	2030 年	599	2763	35	177	3574
泾阳密集	2010 年	34	172	7	21	234
	2020 年	210	1468	23	79	1780
	2030 年	362	1436	31	114	1943
合计	2010 年	358	3281	131	215	3985
	2020 年	2263	16761	424	808	20256
	2030 年	3732	17731	544	1081	23088

第 10 章　现状年渭河流域水量水质耦合
配置模型及结果

10.1　渭河流域水量水质耦合配置模型建立及求解

本书构建的渭河流域水资源配置模型是水量水质耦合模型,首先进行水量配置模拟计算,其次耦合水质模型。模型求解时,以旬为计算时段,采用 1960 年 7 月至 2007 年 6 月共 47 年的长系列径流资料进行逐年逐时段调节计算,获得渭河流域各分区的水量水质结果。

10.1.1　河流概化及节点图

水资源系统不仅是涉及多个部门的复杂系统,而且是动态的、多维的、非平衡的"非结构化"系统。复杂水资源系统还具有水源多、用水部门多、水库数目多和各水库调节性能不一等特点,按照传统思路的以水库为中心,制定水库最优放水策略,并以此进行沿河水资源最优分配的方法难以考虑诸多复杂因素和条件,使得水资源配置方案在实际中难以操作或实施。因此,有必要对水资源系统按水源(干支流、水库等)、用户(不同地域、不同用水部门)及它们之间的关系进行细化,构造整个研究区域的水资源系统概化节点图,按节点进行水量平衡,按子系统水源、用户进行水量分配。如黄河流域水资源经济模型、南水北调东线和中线方案水量调度模型等,均构造了水资源系统节点图,这样既可使水资源在宏观调配上达到最佳,又使水资源在微观上的分配具有可操作性。渭河水资源系统在物理上是由各种元素(如供水水源、用水户、水利工程及它们之间的输水线路等)组成,模型建立的第一步需要把实际的水资源系统概化为节点和连线组成的网络系统,该系统要求既能反映实际系统的主要特征及各组成部分之间的相互联系,又能便于使用数学语言对系统中各种变量、参数之间的关系进行表述。由此便建立了陕西省渭河流域由水源、节点、用户和连线组成的水资源系统概化节点图,图 10.1 为现状年节点图。

· 240 ·　变化环境下渭河流域水资源演变与配置

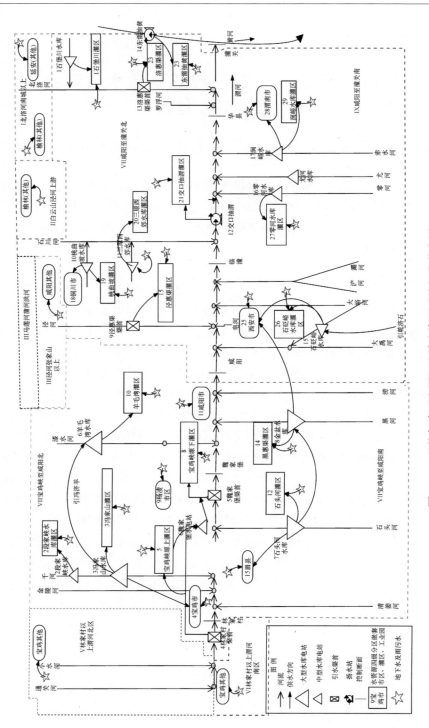

图 10.1　现状年陕西省渭河流域水资源系统概化节点图

10.1.2　渭河流域水质水量耦合配置模型建立

　　基于"三条红线"水资源合理配置是指结合国家最严格水资源管理制度的要求,进行流域水资源配置时,考虑用水总量控制红线、用水效率控制红线和水功能区限制纳污控制红线,从而保障流域经济社会可持续发展。水量水质耦合模型是在水量配置的基础上耦合水质模型,水量配置是在满足"三条红线"基本要求,考虑配置目标、模拟原则和约束条件等基础上进行模拟的,水质方面采用改进型一维稳态水质模型进行模拟。水量水质调控模拟模型流程如图 10.2 所示。

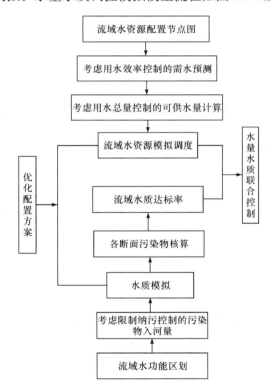

图 10.2　水量水质耦合配置模型框架图

1. 配置目标

　　针对渭河流域陕西段水资源开发利用的综合性与水问题的复杂性,将渭河流域水资源配置目标分为 3 个,分别为非汛期生态基流控制目标、水资源利用目标和河道水质改善目标。首先满足非汛期生态基流调控目标,然后满足水资源利用调控目标,当不满足河道水质改善目标时通过模型进行反馈调控。

（1）非汛期生态基流控制目标。非汛期生态基流控制目标要求在渭河非汛期（11月～翌年6月）给河道内留有必要的生态基础流量，用来维持渭河流域陕西段河道生态平衡。

（2）水资源利用目标。以用水总量控制为依据，追求整个河流系统及各可控系统各计算单元缺水量最小，重点解决各可控系统间、可控系统内各计算单元间及计算单元内不同用水户间的水量分配问题。

（3）河道水质改善目标。以河道内不同控制断面的水质符合水环境功能区划要求为目标。

2. 水资源配置模拟原则

单一水库蓄泄原则：①为保证水库本身安全，水库汛期蓄水不允许超过汛期限制水位，非汛期不超过正常蓄水位；②若水库下游某些断面有最小流量要求且未被满足，水库需加大泄水予以满足；③若水库以供水为主，兼顾发电，则将根据上述原则计算出的下泄流量作为发电流量，并按此流量计算出力；④若水库以发电为主，兼顾其他，则需检查电站出力是否满足本时段的发电指标，若未满足，还需增加水库泄水，以增大发电流量，达到预期发电指标要求。

地表水、地下水联合运用原则：模型中采取地表水和地下水联合运用的方法，采用直接扣除法，即直接给定各个分区的可开采量，按照先用地下水、后用地表水的原则进行调节计算。

用水优先次序：即不同地区、不同部门、不同时间供水的优先次序。用水优先次序反映了流域分水政策。渭河流域水资源配置从用水部门来看，城镇生活、农村人畜用水和工业优先，河道内生态环境次之，农业灌溉、河道外生态最后供给；从河段来看，先上游、后下游，先支流、后干流；从水源上看，地表水地下水联合运用，互补余缺。

3. 改进型一维稳态水质模型

当河段均匀、恒定连续排污和水文条件稳定时，该河段断面面积 A、平均流速 u、污染物的输入量 W 和纵向弥散系数 E 都不随时间变化。此时，河流断面污染物浓度 c 是稳定而不随时间变化的，如图10.3所示。

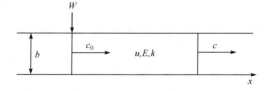

图10.3　一维稳态河流示意图

一维稳态河流水质模型基本方程为

$$u\frac{\partial c}{\partial x}=E\frac{\partial^2 c}{\partial x^2} \tag{10.1}$$

初始条件和边界条件为 $x=0,c=c_0$,可解得以下积分方程:

$$c=c_0\exp\left[\frac{u}{2E}\left(1-\frac{4kE}{u^2}\right)x\right] \tag{10.2}$$

式中,c 为 x 处的河水污染物浓度;c_0 为 $x=0$ 处的河流污染物浓度;u 为平均流速;k 为污染物的衰减系数;E 为弥散系数。

对于一般不受潮汐影响、连续排污的稳态河流,往往可以忽略纵向弥散作用。本书对一维河流稳态水质模型进行了改进,在原有模型只考虑点源污染影响的基础上加入了非点源污染对河流水质的影响,考虑非点源污染等因素影响的改进型一维稳态河流水质模型为

$$c_{i+1}=c_i\mathrm{e}^{-k+1}+s_i(i=0,1,2,\cdots,n) \tag{10.3}$$

式中,c_{i+1} 为 $i+1$ 河段段尾污染物浓度;c_i 为 i 河段段尾污染物浓度;k 为河水从 i 河段段尾(即 $i+1$ 河段段首)到 $i+1$ 河段段尾的流动时间;s_i 为源汇项,主要是渭河流域陕西段非点源污染等对 $i+1$ 河段段尾断面的影响,源汇项的确定是利用现有的水质资料,在段首和段尾水质已知的情况下,用河段段尾浓度减去段首浓度,经过河段衰减到达段尾的浓度。

10.1.3　约束条件

1) 非汛期生态基流

非汛期生态基流控制目标即要求在非汛期(11 月~翌年 6 月)保留给河道内必要的生态基础流量,以维持河道生态平衡。

$$Q_{ji}(i,t)\leqslant \mathrm{Gq}_{ji}(i,t) \tag{10.4}$$

式中,$Q_{ji}(i,t)$ 指不同生态基流控制断面在非汛期任一时刻的生态基流控制目标;$\mathrm{Gq}_{ji}(i,t)$ 指不同生态基流控制断面在非汛期任一时刻生态基流调控值。其中,$i=1,2,3,4,5$,分别代表林家村、魏家堡、咸阳、临潼、华县五个河道生态基流控制断面。

2) 汛期输沙需水

针对渭河关中段中下游泥沙淤积严重,汛期(7~9 月)必须提供必要的输沙需水来保证河道冲淤平衡,确保潼关断面不抬高,以保证渭河下游防洪安全。

$$\mathrm{QS}_{\min}(i,t)\leqslant \mathrm{GS}(i,t) \tag{10.5}$$

式中,$\mathrm{QS}_{\min}(i,t)$ 指不同水沙控制断面在汛期任一时刻的最小输沙需水量;$\mathrm{GS}(i,t)$ 指不同水沙控制断面在汛期任一时刻供给的冲沙用水。其中,$i=1,2,3$,分别代表咸阳、华县、潼关三个水沙控制断面。

3) 河道水质改善

为保证河道不同控制断面水质符合水域功能要求或者达到一定的改善目标，要求提供满足一定水质要求的稀释用水。

$$QZ_{min}(i,t) \leqslant GZ(i,t) \tag{10.6}$$

式中，$QZ_{min}(i,t)$ 为不同水质控制断面为达到一定水质目标对应的最小稀释水量；$GZ(i,t)$ 为不同水质控制断面任一时刻供给的稀释用水。其中，$i=1,2,3,4,5$，分别代表林家村、魏家堡、咸阳、华县、潼关五个水质控制断面。

4) 水库水量平衡约束

$$V(m,t+1)=V(m,t)+Q_{Ru}(m,t) \times \Delta t - LW(m,t) - sun(m,t) \tag{10.7}$$

式中，$V(m,t+1)$ 和 $V(m,t)$ 分别为第 m 个水库在 $(t+1)$ 和 t 时段的库容；$Q_{Ru}(m,t)$ 为第 m 个水库在 t 时段的入流量；$LW(m,t)$ 为第 m 个水库在 t 时段的供给量；$sun(m,t)$ 为第 m 个水库在 t 时段内平均损失水量。

5) 水库库容约束

$$V_{min}(m,t) \leqslant V(m,t) \leqslant V_{max}(m,t) \tag{10.8}$$

式中，$V_{min}(m,t)$ 一般为死库容；$V_{max}(m,t)$ 允许的最大库容，非汛期一般为正常蓄水位下的库容，汛期为防洪限制水位下的库容，抬高汛限水位可实现洪水资源化。

6) 水库供给量平衡约束

$$LW(m,t)=Gq_{ji}(i,t)+G_{ind}(i,t)+G_{irri}(i,t)+G_{qpower}(i,t) \tag{10.9}$$

式中，$Gq_{ji}(m,t)$ 为第 m 个水库在 t 时段的供给量；$G_{ind}(i,t)$、$G_{irri}(i,t)$、$G_{qpower}(i,t)$ 分别为第 i 个节点 t 时段水库供给的灌区生态工业、农业供水量、发电供水量；$LW(m,t)$ 为第 m 个水库在 t 时段的供给量。

7) 节点地下水供给量平衡约束

$$Und(i,t)=GPU(i,t)+GBU(i,t)+GIU(i,t) \tag{10.10}$$

式中，$GPU(i,t)$、$GBU(i,t)$、$GIU(i,t)$ 分别为第 i 个节点 t 时段地下水供给灌区生活、河道外生态、工业的水量；$Und(i,t)$ 为地下水在第 i 个节点 t 时段的总供水量。

8) 节点水量供需平衡约束

$$Q_{pop}(i,t)=GPU(i,t)+Q_{uepop}(i,t)$$
$$Q_{ind}(i,t)=G_{ind}(i,t)+GIU(i,t)+Q_{ueind}(i,t)$$
$$Q_{bio}(i,t)=GBU(i,t)+Q_{uebio}(i,t)$$
$$Q_{guan}(i,t)=G_{irri}(i,t)+Q_{ueirri}(i,t) \tag{10.11}$$

式中，$Q_{pop}(i,t)$、$Q_{ind}(i,t)$、$Q_{bio}(i,t)$、$Q_{guan}(i,t)$ 分别为第 i 个节点 t 时段的灌区生活需水量、灌区工业需水量、河道外生态需水量、农业需水量；$Q_{uepop}(i,t)$、$Q_{ueind}(i,t)$、$Q_{uebio}(i,t)$、$Q_{ueirri}(i,t)$ 为第 i 个节点 t 时段各种水源供给后不足水量。

9) 电站出力约束

$$Q_{power}(i,t)=G_{qpower}(i,t)+Q_{qpower}(i,t) \tag{10.12}$$

式中，$Q_{power}(i,t)$ 为第 i 节点 t 时段的总发电需水量；$Q_{qpower}(i,t)$ 为第 i 个节点 t 时段水库供给的灌区发电供水量；$Q_{qpower}(i,t)$ 为第 i 个节点 t 时段水库的发电需水量。

10）变量非负约束

$$N_{min}(i,t) \leqslant N(i,t) \leqslant N_{max}(i,t) \tag{10.13}$$

式中，$N_{min}(i,t)$ 和 $N_{max}(i,t)$ 分别为出力最小值、最大值。

10.2　现状水平年方案设置及配置结果

10.2.1　方案设置

现状年配置方案有两个，调控手段主要是优先保障河道内生态需水，需水为基本需水，如表 10.1 所示。

表 10.1　现状年水资源配置方案集

方案名称	调控手段		
	优先保障河道内生态需水		需水
	不考虑	考虑	基本需水
方案一	★		★
方案二		★	★

注：★代表采取对应调控手段。

10.2.2　配置结果

1. 河道外水资源配置结果

1）多年平均水资源配置结果

通过模型运算，可得到现状年 2010 年不同配置方案下多年平均水资源配置结果。现状年 2010 年方案一和方案二下多年平均水资源配置结果见表 10.2～表 10.4。

表 10.2　现状年方案一下多年平均水资源配置结果　（单位：万 m³）

区域	类别		农业	生活	工业	河道外生态	合计
北洛河南城里以上	需水量		6300	2278	1935	100	10613
	供水量	地表水	6300	1505	935	0	8740
		地下水	0	773	0	0	773
		其他水源	0	0	1000	100	1100
		合计	6300	2278	1935	100	10613
	缺水量		0	0	0	0	0

区域	类别		农业	生活	工业	河道外生态	合计
白云山泾河上游	需水量		877	248	49	0	1174
	供水量	地表水	617	133	49	0	799
		地下水	85	115	0	0	200
		其他水源	0	0	0	0	0
		合计	702	248	49	0	999
	缺水量		−175	0	0	0	−175
泾河张家山以上	需水量		5366	2582	1899	240	10087
	供水量	地表水	756	1682	593	0	3031
		地下水	0	900	0	0	900
		其他水源	0	0	0	90	90
		合计	756	2582	593	90	4021
	缺水量		−4610	0	−1306	−150	−6066
林家村以上渭河南区	需水量		112	42	86	0	240
	供水量	地表水	30	0	86	0	116
		地下水	38	42	0	0	80
		其他水源	0	0	0	0	0
		合计	68	42	86	0	196
	缺水量		−44	0	0	0	−44
林家村以上渭河北区	需水量		513	202	477	18	1210
	供水量	地表水	111	52	477	0	640
		地下水	0	150	0	0	150
		其他水源	0	0	0	0	0
		合计	111	202	477	0	790
	缺水量		−402	0	0	−18	−420
宝鸡峡至咸阳南	需水量		41936	5835	11437	1107	60315
	供水量	地表水	8680	0	1542	0	10222
		地下水	24151	5835	8837	677	39500
		其他水源	0	0	0	430	430
		合计	32831	5835	10379	1107	50152
	缺水量		−9105	0	−1058	0	−10163

区域	类别		农业	生活	工业	河道外生态	合计
宝鸡峡至咸阳北	需水量		138641	16802	42529	2998	200970
	供水量	地表水	82931	0	8889	0	91820
		地下水	21501	16802	28901	1116	68320
		其他水源	0	0	−952	1882	930
		合计	104432	16802	36838	2998	161070
	缺水量		−34209	0	−5691	0	−39900
咸阳至潼关南	需水量		74241	25127	67137	6979	173484
	供水量	地表水	4598	15098	35532	0	55228
		地下水	17784	10029	29210	3847	60870
		其他水源	0	0	1968	3132	5100
		合计	22382	25127	66710	6979	121198
	缺水量		−51859	0	−427	0	−52286
咸阳至潼关北	需水量		163868	15512	22695	2020	204095
	供水量	地表水	81319	61	0	0	81380
		地下水	24966	15451	20351	1632	62400
		其他水源	0	0	262	388	650
		合计	106285	15512	20613	2020	144430
	缺水量		−57583	0	−2082	0	−59665
合计	需水量		431854	68628	148244	13462	662188
	供水量	地表水	185343	18531	48103	0	251976
		地下水	88524	50097	87299	7272	233193
		其他水源	0	0	2278	6022	8300
		合计	273867	68628	137680	13294	493469
	缺水量		−157987	0	−10564	−168	−168719

表 10.3　现状年方案二下多年平均水资源配置结果　（单位：万 m³）

区域	类别		农业	生活	工业	河道外生态	合计
北洛河南城里以上	需水量		6300	2278	1935	100	10613
	供水量	地表水	6300	1505	935	0	8740
		地下水	0	773	0	0	773
		其他水源	0	0	1000	100	1100
		合计	6300	2278	1935	100	10613
	缺水量		0	0	0	0	0
白云山泾河上游	需水量		877	248	49	0	1174
	供水量	地表水	617	133	49	0	799
		地下水	85	115	0	0	200
		其他水源	0	0	0	0	0
		合计	702	248	49	0	999
	缺水量		−175	0	0	0	−175
泾河张家山以上	需水量		5366	2582	1899	240	10087
	供水量	地表水	756	1682	593	0	3031
		地下水	0	900	0	0	900
		其他水源	0	0	0	90	90
		合计	756	2582	593	90	4021
	缺水量		−4610	0	−1306	−150	−6066
林家村以上渭河南区	需水量		112	42	86	0	240
	供水量	地表水	30	0	86	0	116
		地下水	38	42	0	0	80
		其他水源	0	0	0	0	0
		合计	68	42	86	0	196
	缺水量		−44	0	0	0	−44
林家村以上渭河北区	需水量		513	202	477	18	1210
	供水量	地表水	111	52	477	0	640
		地下水	0	150	0	0	150
		其他水源	0	0	0	0	0
		合计	111	202	477	0	790
	缺水量		−402	0	0	−18	−420

续表

区域	类别		农业	生活	工业	河道外生态	合计
宝鸡峡至咸阳南	需水量		41936	5835	11437	1107	60315
	供水量	地表水	8163	0	1119	0	9282
		地下水	24151	5835	8837	677	39500
		其他水源	0	0	0	430	430
		合计	32314	5835	9956	1107	49212
	缺水量		−9622	0	−1481	0	−11103
宝鸡峡至咸阳北	需水量		138641	16802	42529	2998	200970
	供水量	地表水	81118	0	5461	0	86579
		地下水	18342	16802	27786	5389	68319
		其他水源	0	0	3321	−2391	930
		合计	99460	16802	36568	2998	155828
	缺水量		−39181	0	−5961	0	−45142
咸阳至潼关南	需水量		74241	25127	67137	6979	173484
	供水量	地表水	4329	15098	35421	0	54848
		地下水	17784	10029	31178	1879	60870
		其他水源	0	0	0	5100	5100
		合计	22113	25127	66599	6979	120818
	缺水量		−52128	0	−538	0	−52666
咸阳至潼关北	需水量		163868	15512	22695	2020	204095
	供水量	地表水	80441	61	0	0	80502
		地下水	24966	15451	20351	1632	62400
		其他水源	0	0	262	388	650
		合计	105407	15512	20613	2020	143552
	缺水量		−58461	0	−2082	0	−60543
合计	需水量		431854	68628	148244	13462	662188
	供水量	地表水	181865	18531	44141	0	244537
		地下水	85366	50097	88152	9577	233192
		其他水源	0	0	4583	3717	8300
		合计	267231	68628	136876	13294	486029
	缺水量		−164623	0	−11368	−168	−176159

表 10.4　现状年各方案多年平均供缺水量汇总　　（单位：万 m³）

方案	需水量	供水量	缺水量				
			农业	生活	工业	河道外生态	合计
方案一	662188	493469	−157987	0	−10564	−168	−168719
方案二	662188	486029	−164623	0	−11368	−168	−176159

从表 10.2 和表 10.3 可以看出，各个方案供水量基本满足用水总量控制红线的要求。方案一和方案二下生活用水全部满足。方案一渭河流域陕西段总需水量为 66.22 亿 m³，供水量为 49.35 亿 m³，总缺水量为 16.87 亿 m³。方案二需水量与方案一下相同，供水量为 48.60 亿 m³，缺水量为 17.62 亿 m³。方案二缺水量大于方案一，是因为方案二考虑优先保障河道内生态需水，使河道外供水量减少。

2）枯水年（$P=75\%$）水资源配置结果

通过模型运算，可得到现状年 2010 年不同配置方案下枯水年水资源配置结果。现状年 2010 年方案一和方案二下枯水年水资源配置结果见表 10.5～表 10.7。

表 10.5　现状年方案一下枯水年水资源配置结果　　（单位：万 m³）

区域	类别		农业	生活	工业	河道外生态	合计
北洛河南城里以上	需水量		6700	2278	1935	100	11013
	供水量	地表水	6359	1505	935	0	8799
		地下水	341	773	0	0	1114
		其他水源	0	0	1000	100	1100
		合计	6700	2278	1935	100	11013
	缺水量		0	0	0	0	0
白云山泾河上游	需水量		934	248	49	0	1231
	供水量	地表水	517	133	49	0	699
		地下水	85	115	0	0	200
		其他水源	0	0	0	0	0
		合计	602	248	49	0	899
	缺水量		−332	0	0	0	−332
泾河张家山以上	需水量		6040	2582	1899	240	10761
	供水量	地表水	786	1682	278	0	2746
		地下水	0	900	0	0	900
		其他水源	0	0	0	90	90
		合计	786	2582	278	90	3736
	缺水量		−5254	0	−1621	−150	−7025

续表

区域	类别		农业	生活	工业	河道外生态	合计
林家村以上渭河南区	需水量		125	42	86	0	253
	供水量	地表水	19	0	86	0	105
		地下水	38	42	0	0	80
		其他水源	0	0	0	0	0
		合计	57	42	86	0	185
	缺水量		−68	0	0	0	−68
林家村以上渭河北区	需水量		579	202	477	18	1276
	供水量	地表水	48	52	477	0	577
		地下水	0	150	0	0	150
		其他水源	0	0	0	0	0
		合计	48	202	477	0	727
	缺水量		−531	0	0	−18	−549
宝鸡峡至咸阳南	需水量		46103	5835	11437	1107	64482
	供水量	地表水	8108	0	1542	0	9650
		地下水	24151	5835	8837	677	39500
		其他水源	0	0	0	430	430
		合计	32259	5835	10379	1107	49580
	缺水量		−13844	0	−1058	0	−14902
宝鸡峡至咸阳北	需水量		155239	16802	42529	2998	217568
	供水量	地表水	74250	0	8947	0	83197
		地下水	21501	16802	27651	2366	68320
		其他水源	0	0	298	632	930
		合计	95751	16802	36896	2998	152447
	缺水量		−59488	0	−5633	0	−65121
咸阳至潼关南	需水量		82434	25127	67137	6979	181677
	供水量	地表水	14376	12906	23284	0	50566
		地下水	12522	12147	33264	2936	60869
		其他水源	0	0	1057	4043	5100
		合计	26898	25053	57605	6979	116535
	缺水量		−55536	−74	−9532	0	−65142

续表

区域	类别		农业	生活	工业	河道外生态	合计
咸阳至潼关北	需水量		182851	15512	22695	2020	223078
	供水量	地表水	75586	0	0	0	75586
		地下水	24966	15451	20121	1862	62400
		其他水源	0	0	492	158	650
		合计	100552	15451	20613	2020	138636
	缺水量		−82299	−61	−2082	0	−84442
合计	需水量		481005	68628	148244	13462	711339
	供水量	地表水	180049	16278	35598	0	231925
		地下水	83604	52215	89873	7841	233533
		其他水源	0	0	2847	5453	8300
		合计	263653	68493	128318	13294	473758
	缺水量		−217352	−135	−19926	−168	−237581

表 10.6　现状年方案二下枯水年水资源配置结果　　　（单位：m³）

区域	类别		农业	生活	工业	河道外生态	合计
北洛河南城里以上	需水量		6700	2278	1935	100	11013
	供水量	地表水	6359	1505	935	0	8799
		地下水	341	773	0	0	1114
		其他水源	0	0	1000	100	1100
		合计	6700	2278	1935	100	11013
	缺水量		0	0	0	0	0
白云山泾河上游	需水量		934	248	49	0	1231
	供水量	地表水	517	133	49	0	699
		地下水	85	115	0	0	200
		其他水源	0	0	0	0	0
		合计	602	248	49	0	899
	缺水量		−332	0	0	0	−332
泾河张家山以上	需水量		6040	2582	1899	240	10761
	供水量	地表水	786	1682	278	0	2746
		地下水	0	900	0	0	900
		其他水源	0	0	0	90	90
		合计	786	2582	278	90	3736
	缺水量		−5254	0	−1621	−150	−7025

续表

区域	类别		农业	生活	工业	河道外生态	合计
林家村以上渭河南区	需水量		125	42	86	0	253
	供水量	地表水	19	0	86	0	105
		地下水	38	42	0	0	80
		其他水源	0	0	0	0	0
		合计	57	42	86	0	185
	缺水量		−68	0	0	0	−68
林家村以上渭河北区	需水量		579	202	477	18	1276
	供水量	地表水	48	52	477	0	577
		地下水	0	150	0	0	150
		其他水源	0	0	0	0	0
		合计	48	202	477	0	727
	缺水量		−531	0	0	−18	−549
宝鸡峡至咸阳南	需水量		46103	5835	11437	1107	64482
	供水量	地表水	7671	0	1432	0	9103
		地下水	24151	5835	8837	677	39500
		其他水源	0	0	0	430	430
		合计	31822	5835	10269	1107	49033
	缺水量		−14281	0	−1168	0	−15449
宝鸡峡至咸阳北	需水量		155239	16802	42529	2998	217568
	供水量	地表水	73262	0	8432	0	81694
		地下水	20251	16802	28901	2366	68320
		其他水源	0	0	298	632	930
		合计	93513	16802	37631	2998	150944
	缺水量		−61726	0	−4898	0	−66624
咸阳至潼关南	需水量		82434	25127	67137	6979	181677
	供水量	地表水	14518	12900	22456	0	49874
		地下水	10217	12147	35569	2936	60869
		其他水源	0	0	1057	4043	5100
		合计	24735	25047	59082	6979	115843
	缺水量		−57699	−80	−8055	0	−65834

续表

区域	类别		农业	生活	工业	河道外生态	合计
咸阳至潼关北	需水量		182851	15512	22695	2020	223078
	供水量	地表水	75124	0	0	0	75124
		地下水	24966	15451	20121	1862	62400
		其他水源	0	0	492	158	650
		合计	100090	15451	20613	2020	138174
	缺水量		−82761	−61	−2082	0	−84904
合计	需水量		481005	68628	148244	13462	711339
	供水量	地表水	178304	16272	34145	0	228721
		地下水	80049	52215	93428	7841	233533
		其他水源	0	0	2847	5453	8300
		合计	258353	68487	130420	13294	470554
	缺水量		−222652	−141	−17824	−168	−240785

表 10.7　现状年各方案枯水年供缺水量汇总　　　　（单位：万 m³）

方案	需水量	供水量	缺水量				
			农业	生活	工业	河道外生态	合计
方案一	711339	473758	−217352	−135	−19926	−168	−237581
方案二	711339	470554	−222652	−141	−17824	−168	−240785

　　从表 10.5～表 10.7 可以看出，各个方案水资源配置结果的供水量均满足用水总量控制红线要求。方案一供水量为 47.38 亿 m³，缺水量为 23.76 亿 m³。方案二供水量为 47.06 亿 m³，缺水量为 24.08 亿 m³。

　　3）河道外用水部门用水保证率

　　根据 1960 年 7 月～2007 年 6 月共 47 年每年 36 旬的配置结果，统计主要灌区生活保证率、工业保证率和灌溉保证率，见表 10.8。

表 10.8　现状年 2010 年灌区用水保证率　　　　（单位：%）

计算单元	调控方案	现状年 2010 年		
		生活保证率	工业保证率	农业保证率
宝鸡峡塬上灌区	方案一	100	98	75
	方案二	100	95	70
冯家山灌区	方案一	100	100	72
	方案二	100	100	72

续表

计算单元	调控方案	现状年 2010 年		
		生活保证率	工业保证率	农业保证率
石头河灌区	方案一	—	—	65
	方案二	—	—	65
宝鸡峡塬下灌区	方案一	100	100	77
	方案二	100	99	76
羊毛湾灌区	方案一	100	100	83
	方案二	100	100	81
金盆水库灌区	方案一	—	—	82
	方案二	—	—	63
泾惠渠灌区	方案一	100	100	82
	方案二	100	100	82
石砭峪水库灌区	方案一	—	—	67
	方案二	—	—	65
李家河灌区	方案一	—	—	61
	方案二	—	—	61
桃曲坡灌区	方案一	100	76	74
	方案二	100	76	74
交口抽渭灌区	方案一	100	100	85
	方案二	100	100	86
涧峪水库灌区	方案一	—	—	67
	方案二	—	—	65

2. 各控制断面不同配置方案下非汛期生态需水保证率

现状年 2010 年方案一和方案二下各生态需水控制断面非汛期生态需水保证率统计结果见图 10.4。

由图 10.4 可知,方案一即未考虑优先保障生态需水调控措施下,林家村、魏家堡和咸阳断面生态需水保证率较低,方案二下各断面生态需水保证率均达到 90%以上,符合设计保证率的要求。

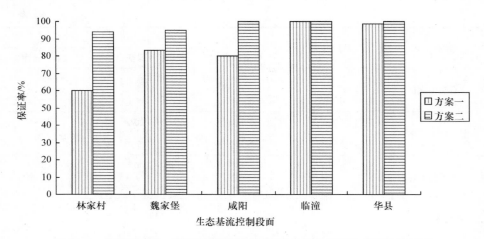

图 10.4　现状年 2010 年各控制断面不同调控方案非汛期生态需水保证率

第11章 规划水平年渭河流域水资源配置结果

11.1 规划水平年渭河流域水量水质耦合配置模型建立

渭河流域规划水平年水量水质耦合配置模型结构同现状年,包括水量配置模型和一维稳态水质模型,其中水质模型模拟方法和过程与现状年相同,下面分别就规划年水资源配置节点图和水量配置原则进行说明。

11.1.1 水资源配置节点图

规划水平年渭河流域将实施引汉济渭工程,其一次配置对象是5座大城市(区)、11座中小城市(区),二次配置对象是在一次配置的基础上加华县和6个工业园区。规划水平年陕西省渭河流域水资源系统具有水源多(地表水、地下水、雨污水,其中地表水包括当地水源、过境水源和跨流域调水水源)、用户多(灌区用户、城市用户、工业园区用户等;生活、工业、河道内外生态需水等)、水库多(干流缺乏控制性骨干工程,支流中小水库多,调节性能不一)、动态变化(来水随机性及时空分布不均、用水的时空变化特性、供水任务变化)及开放、耗散、非平衡的特性。本书对该系统按水源(干支流、水库、地下水及雨污水等)、用户(水资源四级分区嵌套灌区、城市及工业园区),以及它们之间的关系进行了细化,构造了陕西省渭河流域不同水平年由水源、节点、用户和连线组成的水资源系统概化节点图(图11.1和图11.2)。根据引汉济渭受水区各用水户所在行政区和水源分布状况,将受水区水资源系统划分为西安、咸阳、宝鸡和渭南四个子单元,建立了南水北调受水区水源工程联合配置节点图(图11.3),以及各单元供水图(图11.4);为做分析比较,建立了无南水北调引汉济渭工程节点图(图11.5)。

规划水平年陕西省渭河流域水资源配置包含节点众多,配置具有以下特点。

(1)水资源配置总体是考虑供水问题,但是针对不同的节点类型,用水需求不同。对于各个城市节点,供水要满足城市生活用水、城市工业用水及城市生态用水的用水需求。而对于水库节点,则要求满足河道内生态用水及相应灌区的农业用水需求。

(2)引汉济渭受水区主要水利工程包括:石头河水库、石砭峪水库、黑河水库、李家河水库、涧峪水库和冯家山水库。由于各个水库在不同水平年的供水对象不同,加之水库分为在建工程和已建工程,故加大了配置计算难度。

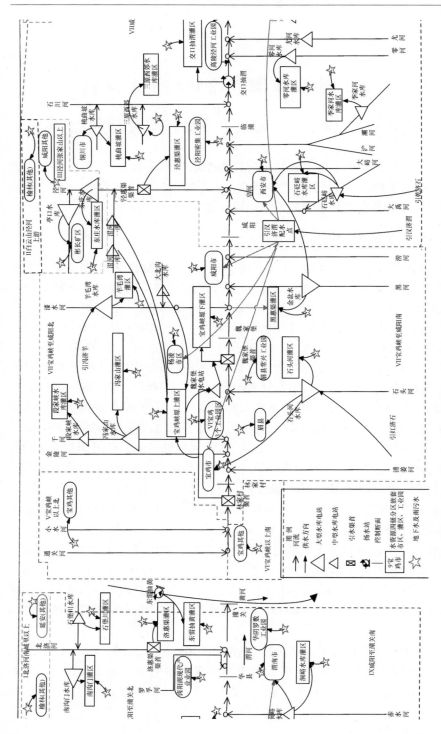

图 11.1 规划水平年 2020 年渭河流域陕西段水资源系统概化节点图

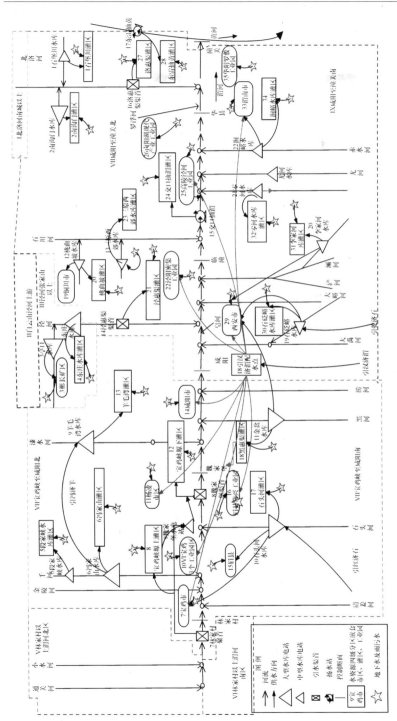

图 11.2　规划水平年 2030 年渭河流域陕西段水资源系统概化节点图

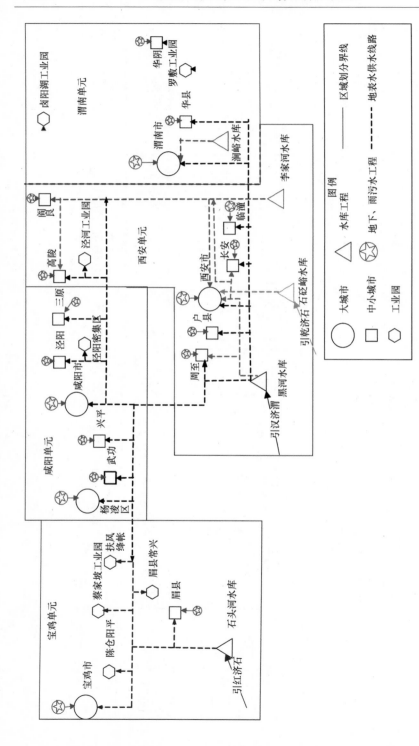

图 11.3 规划水平年陕西省南水北调受水区水源工程联合节点图

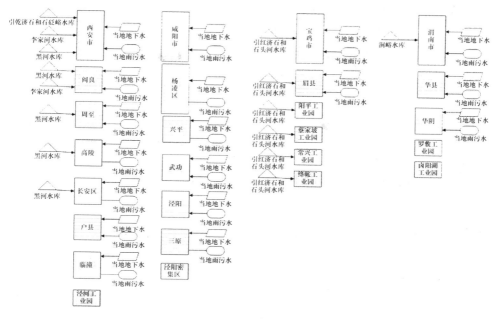

图 11.4　陕西省南水北调受水区西安、咸阳、宝鸡和渭南各单元供水

（3）受水区水资源总量是有限的，而在不同用水部门之间的分配方式是多种多样的，配置的目的就是为了充分利用水资源，最终寻求水资源的合理配置方式。

11.1.2　水资源配置模拟原则

采用 1960 年 7 月～2007 年 6 月的天然径流资料，以旬为计算时段进行调节计算。考虑目前的实际调度管理状况和各目标要求，从供水和用水两个方面，确定如下配置原则。

（1）各水源供水顺序为：优先利用雨污水回用水量，其次充分利用当地引水及调蓄工程水量，再利用重点调水工程引汉济渭水量和当地地下水量。

（2）调蓄工程首先保证河道内生态需水，然后满足水库灌区农业需水量，再对供水城市进行供水。

（3）雨污水回用水量首先保证河道外生态需水量，如有多余可供给对水质要求不高的工业部门，原则上不供给城市生活。

（4）城市用水部门的供给顺序为：满足城市生活需水后，再满足城市工业需水。

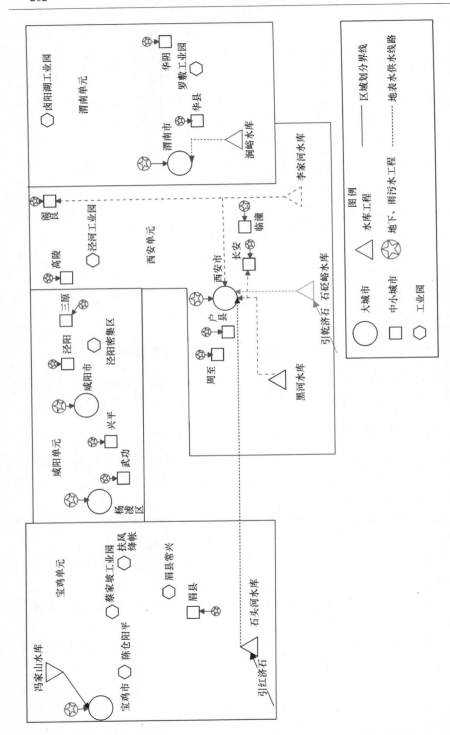

图 11.5 无引汉济渭工程受水区节点图

（5）为了改善地下水水源现状，地下水配置总量控制在允许可开采量，对特别特枯年份可适当放宽限制，控制在地下水最大开采量之下。

（6）各节点当地可利用水源配置后，再进行重点调水工程——引汉济渭调水量配置，且优先保证 5 座重点城市（区）的需水量，再满足 11（12）座中小城市（区）的需水量，最后配置 6 个工业园区。

（7）引汉济渭调水量在不同用水部门之间，应优先满足城市生活用水再供给城市工业用水，最后为城市生态用水。

模型约束条件除现状年约束外，还包括引汉济渭调水量供给平衡约束等。

11.2　水资源配置方案设置及结果分析

11.2.1　方案设置

方案设置调控手段包括：生态流量调控手段、用水效率调控手段和削减污染物调控手段及引汉济渭调水。规划水平年 2020 年、2030 年配置方案集分别见表 11.1 和表 11.2，方案一、方案二没有考虑用水效率控制红线，方案一和方案二为方案三、方案四和方案五的对比方案，方案六不考虑引汉济渭调水。由于方案三、方案四、方案五具有相同的水量调控手段，故方案三、方案四与方案五的水量配置结果是相同的。

表 11.1　规划水平年 2020 年水资源配置方案集

方案	引汉济渭调水 9.3 亿 m³	优先保证生态需水 不考虑	优先保证生态需水 考虑	需水 基本需水	需水 考虑用水效率控制红线	污染物削减 正常排放	污染物削减 削减率 20%	污染物削减 削减率 40%
方案一	★	★		★		★		
方案二	★		★	★		★		
方案三	★		★		★	★		
方案四	★		★		★		★	
方案五	★		★		★			★
方案六			★		★	★		

注：★代表采取对应调控手段，表 11.2 同。

表 11.2 规划水平年 2030 年水资源配置方案集

方案	引汉济渭调水	优先保证生态需水		需水		污染物削减		
	13.95 亿 m³	不考虑	考虑	基本需水	考虑用水效率控制红线	正常排放	削减率 20%	削减率 40%
方案一	★	★		★		★		
方案二	★		★	★		★		
方案三	★		★		★	★		
方案四	★		★		★		★	
方案五	★		★		★			★
方案六			★		★	★		

11.2.2 2020 水平年配置结果

1. 河道外水资源配置结果

1）多年平均水资源配置结果

通过模型运算，可得到不同配置方案下水资源配置结果，见表 11.3～表 11.7。

表 11.3 规划水平年 2020 年方案一下多年平均水资源配置结果

（单位：万 m³）

区域	类别		农业	生活	工业	河道外生态	合计
北洛河南城里以上	需水量		6600	3114	2787	200	12701
	供水量	地表水	6600	2274	1287	0	10161
		地下水	0	840	0	0	840
		其他水源	0	0	1500	200	1700
		合计	6600	3114	2787	200	12701
	缺水量		0	0	0	0	0
白云山泾河上游	需水量		918	323	100	0	1341
	供水量	地表水	791	209	100	0	1100
		地下水	127	114	0	0	241
		其他水源	0	0	0	0	0
		合计	918	323	100	0	1341
	缺水量		0	0	0	0	0

续表

区域	类别		农业	生活	工业	河道外生态	合计
泾河张家山以上	需水量		5281	3387	9169	429	18266
	供水量	地表水	2102	2487	6488	0	11077
		地下水	0	900	0	0	900
		其他水源	0	0	331	429	760
		合计	2102	3387	6819	429	12737
	缺水量		−3179	0	−2350	0	−5529
林家村以上渭河南区	需水量		113	64	155	6	338
	供水量	地表水	0	28	102	6	136
		地下水	113	36	1	0	150
		其他水源	0	0	0	0	0
		合计	113	64	103	6	286
	缺水量		0	0	−52	0	−52
林家村以上渭河北区	需水量		516	310	901	35	1762
	供水量	地表水	262	230	325	35	852
		地下水	0	80	0	0	80
		其他水源	0	0	0	0	0
		合计	262	310	325	35	932
	缺水量		−254	0	−576	0	−830
宝鸡峡至咸阳南	需水量		37336	9109	19771	1606	67822
	供水量	地表水	10448	2685	5049	0	18182
		地下水	20439	2276	2036	554	25305
		外调水（引汉济渭）	0	4148	4678	85	8911
		其他水源	0	0	3114	636	3750
		合计	30887	9109	14877	1275	56148
	缺水量		−6449	0	−4894	−331	−11674
宝鸡峡至咸阳北	需水量		136330	23888	84130	4210	248558
	供水量	地表水	72948	5965	38643	0	117556
		地下水	39702	17310	9958	350	67320
		外调水（引汉济渭）	0	612	14168	0	14780
		其他水源	0	0	10150	3450	13600
		合计	112650	23887	72919	3800	213256
	缺水量		−23680	−1	−11211	−410	−35302

区域	类别		农业	生活	工业	河道外生态	合计
咸阳至潼关南	需水量		68749	35784	135780	9411	249724
	供水量	地表水	2598	19672	30970	0	53240
		地下水	16735	13670	29801	664	60870
		外调水(引汉济渭)	0	2441	47272	0	49713
		其他水源	0	0	9457	8593	18050
		合计	19333	35783	117500	9257	181873
	缺水量		−49416	−1	−18280	−154	−67851
咸阳至潼关北	需水量		158391	23413	48002	3226	233032
	供水量	地表水	94830	1377	4981	0	101188
		地下水	23227	21017	18487	669	63400
		外调水(引汉济渭)	0	1019	3184	28	4231
		其他水源	0	0	2551	2101	4652
		合计	118057	23413	29203	2798	173471
	缺水量		−40334	0	−18799	−428	−59561
合计	需水量		414234	99392	300795	19123	833544
	供水量	地表水	190579	34927	87945	41	313492
		地下水	100343	56243	60283	2237	219106
		外调水(引汉济渭)	0	8220	69302	113	77635
		其他水源	0	0	27103	15409	42512
		合计	290922	99390	244633	17800	652745
	缺水量		−123312	−2	−56162	−1323	−180799

表 11.4　规划水平年 2020 年方案二下多年平均水资源配置结果

(单位:万 m³)

区域	类别		农业	生活	工业	河道外生态	合计
北洛河南城里以上	需水量		6600	3114	2787	200	12701
	供水量	地表水	6600	2274	1287	0	10161
		地下水	0	840	0	0	840
		其他水源	0	0	1500	200	1700
		合计	6600	3114	2787	200	12701
	缺水量		0	0	0	0	0

续表

区域	类别		农业	生活	工业	河道外生态	合计
白云山 泾河上游	需水量		918	323	100	0	1341
	供水量	地表水	791	209	100	0	1100
		地下水	127	114	0	0	241
		其他水源	0	0	0	0	0
		合计	918	323	100	0	1341
	缺水量		0	0	0	0	0
泾河张家 山以上	需水量		5281	3387	9169	429	18266
	供水量	地表水	1946	2487	6350	0	10783
		地下水	0	900	0	0	900
		其他水源	0	0	331	429	760
		合计	1946	3387	6681	429	12443
	缺水量		−3335	0	−2488	0	−5823
林家村以上 渭河南区	需水量		113	64	155	6	338
	供水量	地表水	0	28	94	6	128
		地下水	113	36	1	0	150
		其他水源	0	0	0	0	0
		合计	113	64	95	6	278
	缺水量		0	0	−60	0	−60
林家村以上 渭河北区	需水量		516	310	901	35	1762
	供水量	地表水	259	230	317	35	841
		地下水	0	80	0	0	80
		其他水源	0	0	0	0	0
		合计	259	310	317	35	921
	缺水量		−257	0	−584	0	−841
宝鸡峡至 咸阳南	需水量		37336	9109	19771	1606	67822
	供水量	地表水	10448	2685	5049	0	18182
		地下水	20439	2276	2036	554	25305
		外调水(引汉济渭)	0	4148	4678	85	8911
		其他水源	0	0	3114	636	3750
		合计	30887	9109	14877	1275	56148
	缺水量		−6449	0	−4894	−331	−11674

续表

区域	类别		农业	生活	工业	河道外生态	合计
宝鸡峡至咸阳北	需水量		136330	23888	84130	4210	248558
	供水量	地表水	68188	5965	37973	0	112126
		地下水	39777	17310	9958	351	67396
		外调水（引汉济渭）	0	612	14168	0	14780
		其他水源	0	0	10150	3450	13600
		合计	107965	23887	72249	3801	207902
	缺水量		−28365	−1	−11881	−409	−40656
咸阳至潼关南	需水量		68749	35784	135780	9411	249724
	供水量	地表水	2598	19672	30970	0	53240
		地下水	16735	13670	29801	664	60870
		外调水（引汉济渭）	0	2441	47272	0	49713
		其他水源	0	0	9457	8593	18050
		合计	19333	35783	117500	9257	181873
	缺水量		−49416	−1	−18280	−154	−67851
咸阳至潼关北	需水量		158391	23413	48002	3226	233032
	供水量	地表水	94830	1377	4981	0	101188
		地下水	23227	21017	18487	669	63400
		外调水（引汉济渭）	0	1019	3184	28	4231
		其他水源	0	0	2551	2101	4652
		合计	118057	23413	29203	2798	173471
	缺水量		−40334	0	−18799	−428	−59561
合计	需水量		414234	99392	300795	19123	833544
	供水量	地表水	185660	34927	87121	41	307749
		地下水	100418	56243	60283	2238	219182
		外调水（引汉济渭）	0	8220	69302	113	77635
		其他水源	0	0	27103	15409	42512
		合计	286078	99390	243809	17801	647078
	缺水量		−128156	−2	−56986	−1322	−186466

表 11.5　规划水平年 2020 年方案三(方案四、方案五)下多年平均水资源配置结果

（单位：万 m³）

区域	类别		农业	生活	工业	河道外生态	合计
北洛河南城里以上	需水量		5500	2923	2023	200	10646
	供水量	地表水	5500	2082	523	0	8105
		地下水	0	840	0	0	840
		其他水源	0	0	1500	200	1700
		合计	5500	2922	2023	200	10645
	缺水量		0	0	0	0	0
白云山泾河上游	需水量		787	308	100	0	1195
	供水量	地表水	787	194	100	0	1081
		地下水	0	114	0	0	114
		其他水源	0	0	0	0	0
		合计	787	308	100	0	1195
	缺水量		0	0	0	0	0
泾河张家山以上	需水量		5101	3218	6819	429	15567
	供水量	地表水	2271	2318	6488	0	11077
		地下水	0	900	0	0	900
		其他水源	0	0	331	429	760
		合计	2271	3218	6819	429	12737
	缺水量		−2830	0	0	0	−2830
林家村以上渭河南区	需水量		109	61	111	6	287
	供水量	地表水	0	25	105	6	136
		地下水	109	36	5	0	150
		其他水源	0	0	0	0	0
		合计	109	61	110	6	286
	缺水量		0	0	−1	0	−1
林家村以上渭河北区	需水量		498	295	654	35	1482
	供水量	地表水	20	215	582	35	852
		地下水	0	80	0	0	80
		其他水源	0	0	0	0	0
		合计	20	295	582	35	932
	缺水量		−478	0	−72	0	−550

区域	类别		农业	生活	工业	河道外生态	合计
宝鸡峡至咸阳南	需水量		36076	8542	15122	1606	61346
	供水量	地表水	10008	2415	4067	0	16490
		地下水	20200	2355	1851	554	24960
		外调水（引汉济渭）	0	3772	4784	258	8814
		其他水源	0	0	3114	636	3750
		合计	30208	8542	13816	1448	54014
	缺水量		−5868	0	−1306	−158	−7332
宝鸡峡至咸阳北	需水量		131771	22238	64435	4210	222654
	供水量	地表水	77802	6118	23671	0	107591
		地下水	29328	15669	20071	351	65419
		外调水（引汉济渭）	0	451	12241	0	12692
		其他水源	0	0	7726	3449	11175
		合计	107130	22238	63709	3800	196877
	缺水量		−24641	0	−726	−410	−25777
咸阳至潼关南	需水量		66482	33341	103125	9636	212584
	供水量	地表水	2606	19511	31124	0	53241
		地下水	28526	12099	19581	664	60870
		外调水（引汉济渭）	0	1731	35114	0	36845
		其他水源	0	0	9232	8818	18050
		合计	31132	33341	95051	9482	169006
	缺水量		−35350	0	−8074	−154	−43578
咸阳至潼关北	需水量		150471	22190	36983	3226	212870
	供水量	地表水	95665	1382	4141	0	101188
		地下水	28648	19936	14148	669	63401
		外调水（引汉济渭）	0	872	4449	41	5362
		其他水源	0	0	4484	2101	6585
		合计	124313	22190	27222	2811	176536
	缺水量		−26158	0	−9761	−415	−36334
合计	需水量		396795	93116	229372	19348	738631
	供水量	地表水	194659	34260	70801	41	299761
		地下水	106811	52029	55656	2238	216734
		外调水（引汉济渭）	0	6826	56588	299	63713
		其他水源	0	0	26387	15633	42020
		合计	301470	93115	209432	18211	622228
	缺水量		−95325	0	−19940	−1137	−116402

表 11.6　规划水平年 2020 年方案六下多年平均水资源配置结果

（单位：万 m³）

区域	类别		农业	生活	工业	河道外生态	合计
北洛河南城里以上	需水量		5500	2923	2023	200	10646
	供水量	地表水	5500	2082	523	0	8105
		地下水	0	840	0	0	840
		其他水源	0	0	1500	200	1700
		合计	5500	2922	2023	200	10645
	缺水量		0	−1	0	0	−1
白云山泾河上游	需水量		787	308	100	0	1195
	供水量	地表水	787	194	100	0	1081
		地下水	0	114	0	0	114
		其他水源	0	0	0	0	0
		合计	787	308	100	0	1195
	缺水量		0	0	0	0	0
泾河张家山以上	需水量		5101	3218	6819	429	15567
	供水量	地表水	2271	2318	6488	0	11077
		地下水	0	900	0	0	900
		其他水源	0	0	331	429	760
		合计	2271	3218	6819	429	12737
	缺水量		−2830	0	0	0	−2830
林家村以上渭河南区	需水量		109	61	111	6	287
	供水量	地表水	0	25	105	6	136
		地下水	109	36	5	0	150
		其他水源	0	0	0	0	0
		合计	109	61	110	6	286
	缺水量		0	0	−1	0	−1
林家村以上渭河北区	需水量		498	295	654	35	1482
	供水量	地表水	20	215	582	35	852
		地下水	0	80	0	0	80
		其他水源	0	0	0	0	0
		合计	20	295	582	35	932
	缺水量		−478	0	−72	0	−550

续表

区域	类别		农业	生活	工业	河道外生态	合计
宝鸡峡至咸阳南	需水量		36076	8542	15122	1606	61346
	供水量	地表水	10008	2415	4067	0	16490
		地下水	20200	2355	1851	554	24960
		其他水源	0	0	3114	636	3750
		合计	30208	4770	9032	1190	45200
	缺水量		−5868	−3772	−6090	−416	−16146
宝鸡峡至咸阳北	需水量		131771	22238	64435	4210	222654
	供水量	地表水	77946	5974	23671	0	107591
		地下水	29328	15669	20071	351	65419
		其他水源	0	0	7726	3449	11175
		合计	107274	21643	51468	3800	184185
	缺水量		−24497	−595	−12967	−410	−38469
咸阳至潼关南	需水量		66482	33341	103125	9636	212584
	供水量	地表水	2606	19511	31124	0	53241
		地下水	29029	11596	19581	664	60870
		其他水源	0	0	9232	8818	18050
		合计	31635	31107	59937	9482	132161
	缺水量		−34847	−2234	−43188	−154	−80423
咸阳至潼关北	需水量		150471	22190	36983	3226	212870
	供水量	地表水	95665	1382	4141	0	101188
		地下水	30194	18389	14148	669	63400
		其他水源	0	0	4484	2101	6585
		合计	125859	19771	22773	2770	171173
	缺水量		−24612	−2419	−14210	−456	−41697
合计	需水量		396795	93116	229372	19348	738631
	供水量	地表水	194803	34116	70801	41	299761
		地下水	108860	49979	55656	2238	216733
		其他水源	0	0	26387	15633	42020
		合计	303663	84095	152844	17912	558514
	缺水量		−93132	−9021	−76528	−1436	−180117

表 11.7　2020 水平年各方案多年平均水资源配置情况　（单位：万 m³）

方案	需水量	供水量	缺水量				
			农业	生活	工业	河道外生态	合计
方案一	833544	652745	−123312	−2	−56162	−1323	−180799
方案二	833544	647078	−128156	−2	−56986	−1322	−186466
方案三	738631	622228	−95325	0	−19940	−1137	−116402
方案四	738631	622228	−95325	0	−19940	−1137	−116402
方案五	738631	622228	−95325	0	−19940	−1137	−116402
方案六	738631	558514	−93132	−9021	−76528	−1436	−180117

由表 11.3～表 11.7 可以看出，各个方案水资源配置结果的供水量均满足用水总量控制红线要求。方案一渭河流域陕西段总需水量为 83.35 亿 m³，总供水量为 65.27 亿 m³，其中引汉济渭供水量为 7.76 亿 m³，缺水量为 18.08 亿 m³。方案二需水与方案一相同，供水量为 64.71 亿 m³，其中引汉济渭供水量为 7.76 亿 m³，缺水量为 18.65 亿 m³。考虑用水效率控制红线下的方案三（方案四、方案五）下，渭河陕西段需水为 73.86 亿 m³，供水量为 62.22 亿 m³，其中引汉济渭供水量为 6.37 亿 m³，缺水量为 11.64 亿 m³。方案六不考虑引汉济渭调水，流域需水量为 73.86 亿 m³，供水量为 55.85 亿 m³，缺水量 18.01 亿 m³。方案二总缺水量大于方案一总缺水量，方案三（方案四、方案五）总缺水量最小。由于方案二考虑优先保障河道内生态需水调控措施，使河道外供水量减少，故方案二下的总缺水量大于方案一下总缺水量。从水量结果看，方案三（方案四、方案五）下，工业缺水量和河道外水量缺口最小，方案三（方案四、方案五）下规划水平年 2020 年多年平均水资源配置结果最优。

2) 枯水年（P＝75％）水资源配置结果

枯水年各方案年水资源配置结果见表 11.8～表 11.12。各方案水资源供水量均满足用水总量控制红线的要求。各个方案下，工业、生态和农业均有不同程度的缺水。方案一下，渭河流域陕西段总需水量为 88.08 亿 m³，总供水量为 63.39 亿 m³，其中引汉济渭供水量为 8.58 亿 m³，总缺水量为 24.69 亿 m³；方案二下，渭河流域陕西段总需水量与方案一下相同，供水量为 62.58 亿 m³，其中引汉济渭供水量为 8.58 亿 m³，缺水量为 25.50 亿 m³；方案三（方案四、方案五）考虑用水效率控制红线下，渭河需水量为 78.48 亿 m³，供水量为 61.98 亿 m³，其中引汉济渭供水量为 8.66 亿 m³，缺水量为 16.50 亿 m³。方案六渭河流域陕西段需水量为 77.53 亿 m³，可供水量为 54.09 亿 m³，缺水量为 23.44 亿 m³。方案一缺水量小于方案二，方案三（方案四、方案五）总缺水量最小。

表 11.8　规划水平年 2020 年方案一下枯水年水资源配置结果

（单位：万 m³）

区域	类别		农业	生活	工业	河道外生态	合计
北洛河南城里以上	需水量		6900	3114	2787	200	13001
	供水量	地表水	4939	2274	1287	0	8500
		地下水	1961	840	0	0	2801
		其他水源	0	0	1500	200	1700
		合计	6900	3114	2787	200	13001
	缺水量		0	0	0	0	0
白云山泾河上游	需水量		918	323	100	0	1341
	供水量	地表水	691	209	100	0	1000
		地下水	186	114	0	0	300
		其他水源	0	0	0	0	0
		合计	877	323	100	0	1300
	缺水量		−41	0	0	0	−41
泾河张家山以上	需水量		5940	3387	9169	429	18925
	供水量	地表水	1805	2487	6488	0	10780
		地下水	0	900	0	0	900
		其他水源	0	0	331	429	760
		合计	1805	3387	6819	429	12440
	缺水量		−4135	0	−2350	0	−6485
林家村以上渭河南区	需水量		126	64	155	6	351
	供水量	地表水	0	28	89	6	123
		地下水	114	36	0	0	150
		其他水源	0	0	0	0	0
		合计	114	64	89	6	273
	缺水量		−12	0	−66	0	−78
林家村以上渭河北区	需水量		580	310	901	35	1826
	供水量	地表水	188	230	315	35	768
		地下水	0	80	0	0	80
		其他水源	0	0	0	0	0
		合计	188	310	315	35	848
	缺水量		−392	0	−586	0	−978

续表

区域	类别		农业	生活	工业	河道外生态	合计
宝鸡峡至咸阳南	需水量		41199	9109	19771	1606	71685
	供水量	地表水	7747	2376	3929	0	14052
		地下水	23587	2498	2384	554	29023
		外调水（引汉济渭）	0	4235	3959	42	8236
		其他水源	0	0	3114	636	3750
		合计	31334	9109	13386	1232	55061
	缺水量		−9865	0	−6385	−374	−16624
宝鸡峡至咸阳北	需水量		152658	23888	84130	4210	264886
	供水量	地表水	61512	5232	35033	0	101777
		地下水	38834	18092	10044	350	67320
		外调水（引汉济渭）	0	564	11368	0	11932
		其他水源	0	0	10150	3450	13600
		合计	100346	23888	66595	3800	194629
	缺水量		−52312	0	−17535	−410	−70257
咸阳至潼关南	需水量		76422	35784	135780	9411	257397
	供水量	地表水	12763	18059	17911	0	48733
		地下水	18470	14683	27054	664	60871
		外调水（引汉济渭）	0	3042	59608	0	62650
		其他水源	0	0	9457	8593	18050
		合计	31233	35784	114030	9257	190304
	缺水量		−45189	0	−21750	−154	−67093
咸阳至潼关北	需水量		176738	23413	48002	3226	251379
	供水量	地表水	90021	1234	3742	0	94997
		地下水	23681	21136	18199	384	63400
		外调水（引汉济渭）	0	1043	1948	14	3005
		其他水源	0	0	2551	2101	4652
		合计	113702	23413	26440	2499	166054
	缺水量		−63036	0	−21562	−727	−85325
合计	需水量		461481	99392	300795	19123	880791
	供水量	地表水	179666	32129	68894	41	280730
		地下水	106833	58379	57681	1952	224845
		外调水（引汉济渭）	0	8884	76883	56	85823
		其他水源	0	0	27103	15409	42512
		合计	286499	99392	230561	17458	633910
	缺水量		−174982	0	−70234	−1665	−246881

表 11.9 规划水平年 2020 年方案二下枯水年水资源配置结果

（单位：万 m³）

区域	类别		农业	生活	工业	河道外生态	合计
北洛河南城里以上	需水量		6900	3114	2787	200	13001
	供水量	地表水	4939	2274	1287	0	8500
		地下水	1961	840	0	0	2801
		其他水源	0	0	1500	200	1700
		合计	6900	3114	2787	200	13001
	缺水量		0	0	0	0	0
白云山泾河上游	需水量		918	323	100	0	1341
	供水量	地表水	672	209	100	0	981
		地下水	186	114	0	0	300
		其他水源	0	0	0	0	0
		合计	858	323	100	0	1281
	缺水量		−60	0	0	0	−60
泾河张家山以上	需水量		5940	3387	9169	429	18925
	供水量	地表水	1459	2487	6375	0	10321
		地下水	0	900	0	0	900
		其他水源	0	0	331	429	760
		合计	1459	3387	6706	429	11981
	缺水量		−4481	0	−2463	0	−6944
林家村以上渭河南区	需水量		126	64	155	6	351
	供水量	地表水	0	28	85	6	119
		地下水	114	36	0	0	150
		其他水源	0	0	0	0	0
		合计	114	64	85	6	269
	缺水量		−12	0	−70	0	−82
林家村以上渭河北区	需水量		580	310	901	35	1826
	供水量	地表水	168	230	320	35	753
		地下水	0	80	0	0	80
		其他水源	0	0	0	0	0
		合计	168	310	320	35	833
	缺水量		−412	0	−581	0	−993

续表

区域	类别		农业	生活	工业	河道外生态	合计
宝鸡峡至咸阳南	需水量		41199	9109	19771	1606	71685
	供水量	地表水	7747	2376	3929	0	14052
		地下水	23587	2498	2384	554	29023
		外调水(引汉济渭)	0	4235	3959	42	8236
		其他水源	0	0	3114	636	3750
		合计	31334	9109	13386	1232	55061
	缺水量		−9865	0	−6385	−374	−16624
宝鸡峡至咸阳北	需水量		152658	23888	84130	4210	264886
	供水量	地表水	56887	5232	34581	0	96700
		地下水	38833	18092	10044	351	67320
		外调水(引汉济渭)	0	564	11368	0	11932
		其他水源	0	0	10150	3450	13600
		合计	95720	23888	66143	3801	189552
	缺水量		−56938	0	−17987	−409	−75334
咸阳至潼关南	需水量		76422	35784	135780	9411	257397
	供水量	地表水	12365	18059	17911	0	48335
		地下水	18470	14683	27054	664	60871
		外调水(引汉济渭)	0	3042	59608	0	62650
		其他水源	0	0	9457	8593	18050
		合计	30835	35784	114030	9257	189906
	缺水量		−45587	0	−21750	−154	−67492
咸阳至潼关北	需水量		176738	23413	48002	3226	251379
	供水量	地表水	87913	1234	3742	0	92889
		地下水	23396	21136	18199	669	63400
		外调水(引汉济渭)	0	1043	1948	14	3005
		其他水源	0	0	2551	2101	4652
		合计	111309	23413	26440	2784	163946
	缺水量		−65429	0	−21562	−442	−87433
合计	需水量		461481	99392	300795	19123	880791
	供水量	地表水	172150	32129	68330	41	272650
		地下水	106547	58379	57681	2238	224845
		外调水(引汉济渭)	0	8884	76883	56	85823
		其他水源	0	0	27103	15409	42512
		合计	278697	99392	229997	17744	625830
	缺水量		−182784	0	−70798	−1379	−254961

表 11.10　规划水平年 2020 年方案三(方案四、方案五)下枯水年水资源配置结果

(单位:万 m³)

区域	类别		农业	生活	工业	河道外生态	合计
北洛河南城里以上	需水量		5800	2923	2023	200	10946
	供水量	地表水	5800	2082	523	0	8405
		地下水	0	840	0	0	840
		其他水源	0	0	1500	200	1700
		合计	5800	2922	2023	200	10945
	缺水量		0	−1	0	0	−1
白云山泾河上游	需水量		814	308	100	0	1222
	供水量	地表水	706	194	100	0	1000
		地下水	108	114	0	0	222
		其他水源	0	0	0	0	0
		合计	814	308	100	0	1222
	缺水量		0	0	0	0	0
泾河张家山以上	需水量		5738	3218	6819	429	16204
	供水量	地表水	1974	2318	6488	0	10780
		地下水	0	900	0	0	900
		其他水源	0	0	331	429	760
		合计	1974	3218	6819	429	12440
	缺水量		−3764	0	0	0	−3764
林家村以上渭河南区	需水量		121	61	111	6	299
	供水量	地表水	0	25	92	6	123
		地下水	114	36	0	0	150
		其他水源	0	0	0	0	0
		合计	114	61	92	6	273
	缺水量		−7	0	−19	0	−26
林家村以上渭河北区	需水量		560	295	654	35	1544
	供水量	地表水	0	215	518	35	768
		地下水	0	80	0	0	80
		其他水源	0	0	0	0	0
		合计	0	295	518	35	848
	缺水量		−560	0	−136	0	−696

续表

区域	类别		农业	生活	工业	河道外生态	合计
宝鸡峡至 咸阳南	需水量		39810	8542	15122	1606	65080
	供水量	地表水	8618	2125	3305	0	14048
		地下水	23252	2450	2034	553	28289
		外调水(引汉济渭)	0	3968	4955	151	9074
		其他水源	0	0	3114	636	3750
		合计	31870	8543	13408	1340	55161
	缺水量		−7940	1	−1714	−266	−9919
宝鸡峡至 咸阳北	需水量		147563	22069	64435	4210	238277
	供水量	地表水	63032	3672	24449	0	91153
		地下水	35225	17948	13796	351	67320
		外调水(引汉济渭)	0	449	10987	0	11436
		其他水源	0	0	8798	3450	12248
		合计	98257	22069	58030	3801	182157
	缺水量		−49306	0	−6405	−409	−56120
咸阳至 潼关南	需水量		73901	33341	103125	10515	220882
	供水量	地表水	15795	16741	16697	0	49233
		地下水	29098	14088	17021	664	60871
		外调水(引汉济渭)	0	2511	50653	0	53164
		其他水源	0	0	8353	9697	18050
		合计	44893	33340	92724	10361	181318
	缺水量		−29008	−1	−10401	−154	−39564
咸阳至 潼关北	需水量		167901	22190	36983	3226	230300
	供水量	地表水	91415	1098	2484	0	94997
		地下水	30302	18556	13811	731	63400
		外调水(引汉济渭)	0	2536	10138	244	12918
		其他水源	0	0	1988	2100	4088
		合计	121717	22190	28421	3075	175403
	缺水量		−46184	0	−8562	−151	−54897
合计	需水量		442208	92947	229372	20227	784754
	供水量	地表水	187340	28470	54656	41	270507
		地下水	118099	55012	46662	2299	222072
		外调水(引汉济渭)	0	9464	76733	395	86592
		其他水源	0	0	24084	16512	40596
		合计	305439	92946	202136	19247	619767
	缺水量		−136769	−1	−27237	−980	−164987

表 11.11　规划水平年 2020 年方案六下枯水年水资源配置结果

（单位：万 m³）

区域	类别		农业	生活	工业	河道外生态	合计
北洛河南城里以上	需水量		5800	2923	2023	200	10946
	供水量	地表水	5800	2082	523	0	8405
		地下水	0	840	0	0	840
		其他水源	0	0	1500	200	1700
		合计	5800	2922	2023	200	10945
	缺水量		0	—1	0	0	—1
白云山泾河上游	需水量		814	308	100	0	1222
	供水量	地表水	706	194	100	0	1000
		地下水	108	114	0	0	222
		其他水源	0	0	0	0	0
		合计	814	308	100	0	1222
	缺水量		0	0	0	0	0
泾河张家山以上	需水量		5738	3218	6819	429	16204
	供水量	地表水	1974	2318	6488	0	10780
		地下水	0	900	0	0	900
		其他水源	0	0	331	429	760
		合计	1974	3218	6819	429	12440
	缺水量		—3764	0	0	0	—3764
林家村以上渭河南区	需水量		121	61	111	6	299
	供水量	地表水	0	25	92	6	123
		地下水	114	36	0	0	150
		其他水源	0	0	0	0	0
		合计	114	61	92	6	273
	缺水量		—7	0	—19	0	—26
林家村以上渭河北区	需水量		560	295	654	35	1544
	供水量	地表水	0	143	590	35	768
		地下水	0	80	0	0	80
		其他水源	0	0	0	0	0
		合计	0	223	590	35	848
	缺水量		—560	—72	—64	0	—696

续表

区域	类别		农业	生活	工业	河道外生态	合计
宝鸡峡至咸阳南	需水量		39810	8542	14522	1606	64480
	供水量	地表水	6218	2125	3305	0	11648
		地下水	23252	2450	2034	553	28289
		外调水(引汉济渭)	0	0	0	0	0
		其他水源	0	0	3114	636	3750
		合计	29470	4575	8453	1189	43687
	缺水量		−10340	−3967	−6069	−417	−20793
宝鸡峡至咸阳北	需水量		145163	22238	63835	4210	235446
	供水量	地表水	73656	3672	24449	0	101777
		地下水	35225	17948	13796	351	67320
		外调水(引汉济渭)	0	0	0	0	0
		其他水源	0	0	8798	3450	12248
		合计	108881	21620	47043	3801	181345
	缺水量		−36282	−618	−16792	−409	−54101
咸阳至潼关南	需水量		71501	33341	102525	10515	217882
	供水量	地表水	15795	16239	16697	0	48731
		地下水	29098	14088	17021	664	60871
		外调水(引汉济渭)	0	0	0	0	0
		其他水源	0	0	8353	9697	18050
		合计	44893	30327	42071	10361	127652
	缺水量		−26608	−3014	−60454	−154	−90230
咸阳至潼关北	需水量		165523	22190	36374	3226	227313
	供水量	地表水	91415	1098	2484	0	94997
		地下水	30302	18556	13811	731	63400
		外调水(引汉济渭)	0	0	0	0	0
		其他水源	0	0	1988	2100	4088
		合计	121717	19654	18283	2831	162485
	缺水量		−43806	−2536	−18091	−395	−64828
合计	需水量		435030	93116	226963	20227	775336
	供水量	地表水	195564	27896	54728	41	278229
		地下水	118099	55012	46662	2299	222072
		外调水(引汉济渭)	0	0	0	0	0
		其他水源	0	0	24084	16512	40596
		合计	313663	82908	125474	18852	540897
	缺水量		−121367	−10208	−101489	−1375	−234439

表 11.12　规划年 2020 年各方案枯水年供缺水量汇总 （单位：万 m³）

方案	需水量	供水量	缺水量				
			农业	生活	工业	河道外生态	合计
方案一	880791	633910	−174982	0	−70234	−1665	−246881
方案二	880791	625830	−182784	0	−70798	−1379	−254961
方案三	784754	619767	−136769	−1	−27237	−980	−164987
方案四	784754	619767	−136769	−1	−27237	−980	−164987
方案五	784754	619767	−136769	−1	−27237	−980	−164987
方案六	775336	540897	−121367	−10208	−101489	−1375	−234439

3）河道外用水部门供水保证率

根据长系列计算结果统计主要城市和工业园区生活、城市工业和城市生态供水保证率。2020 年规划水平年，除方案六外，城市、灌区和工业园区生活用水保证率均达到 100%，城市河道外生态用水保证率均为 100%。工业园区河道外生态用水保证率较低，为 30%～60%，且方案三（方案四、方案五）比方案一和方案二河道外生态保证率高。对于各灌区农业保证率，方案二最低，为 60%～75%，这是因为方案二优先考虑保障生态基流，导致河道外供水量减小，农业保证率降低，方案三（方案四、方案五）考虑农业节水措施，故保证率有所提高，为 65%～85%。就工业保证率而言，方案六无引汉济渭工程时最低，方案一和方案二下，重点城市和灌区的工业保证率较高，县级城市工业保证率比较低，方案三（方案四、方案五）下，重点城市和县级城市保证率均有所提高，重点城市保证率大于 95%。

2. 河道内生态需水控制断面及水质配置结果

1）各控制断面非汛期生态基流保证率

根据长系列结果，统计规划水平年 2020 年不同方案下各控制断面非汛期生态需水保证率。方案一即未考虑优先保障生态需水调控措施下，林家村、魏家堡和咸阳断面生态需水保证率较低，为 45%～65%，方案二和方案三（方案四、方案五）下除林家村断面生态需水保证率为 87%外，其他各断面均达到 90%，符合设计保证率的要求。

2）水质改善效果

根据渭河流域陕西段水量的配置结果，规划水平年 2020 年不同方案调控后非汛期各断面不同来水频率的平均流量见表 11.13。

表 11.13 规划水平年 2020 年非汛期不同断面平均流量（单位：m³/s）

方案	来水频率	断面名称及编号												
		林家村 1	卧龙寺桥 2	魏家堡 3	常兴桥 4	兴平 5	咸阳 6	咸阳铁桥 7	天江人渡 8	耿镇 9	临潼 10	沙王渡 11	树园 12	华县 13
方案一	P=50%	30.4	30.1	31.1	28.9	30.0	33.0	39.8	49.7	56.8	69.3	70.4	71.5	77.9
	P=75%	12.6	7.1	8.0	6.6	7.6	9.6	15.5	31.1	38.1	44.4	45.5	46.6	50.4
方案二	P=50%	30.8	29.1	30.0	30.7	31.8	34.4	41.3	51.1	58.2	70.7	71.8	72.9	79.3
	P=75%	13.0	15.4	16.4	14	15.1	16.8	22.7	38.5	45.6	51.7	52.8	53.9	57.6
方案三	P=50%	31.1	31.2	32.2	34.5	35.6	37.1	45.7	56.3	62.9	70.4	72.4	74.5	68.9
	P=75%	13.4	16.7	17.6	16.8	17.9	19.4	28.0	37.1	43.7	51.2	53.2	55.3	48.5
方案四	P=50%	31.1	31.2	32.2	34.5	35.6	37.1	45.7	56.3	62.9	70.4	72.4	74.5	68.9
	P=75%	13.4	16.7	17.6	16.8	17.9	19.4	28.0	37.1	43.7	51.2	53.2	55.3	48.5
方案五	P=50%	31.1	31.2	32.2	34.5	35.6	37.1	45.7	56.3	62.9	70.4	72.4	74.5	68.9
	P=75%	13.4	16.7	17.6	16.8	17.9	19.4	28.0	37.1	43.7	51.2	53.2	55.3	48.5
方案六	P=50%	31.1	31.2	32.2	34.5	35.6	37.1	45.7	56.3	62.9	70.4	72.4	74.5	68.9
	P=75%	13.4	16.7	17.6	16.8	17.9	19.4	28.0	37.1	43.7	51.2	53.2	55.3	48.5

通过对渭河流域陕西段各断面的化学需氧量和氨氮的达标率分析可知，化学需氧量的达标率要高于氨氮的达标率，故以氨氮作为水质指标进行各断面不同调控方案非汛期水质改善效果分析。通过改进型一维稳态水质模型，可获得规划水平年 2020 年非汛期不同方案调控后各断面氨氮浓度的沿程变化，见图 11.6。

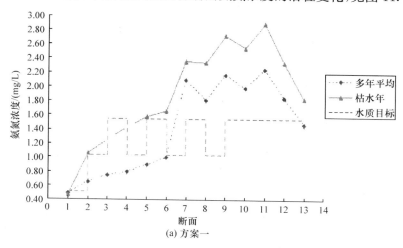

(a) 方案一

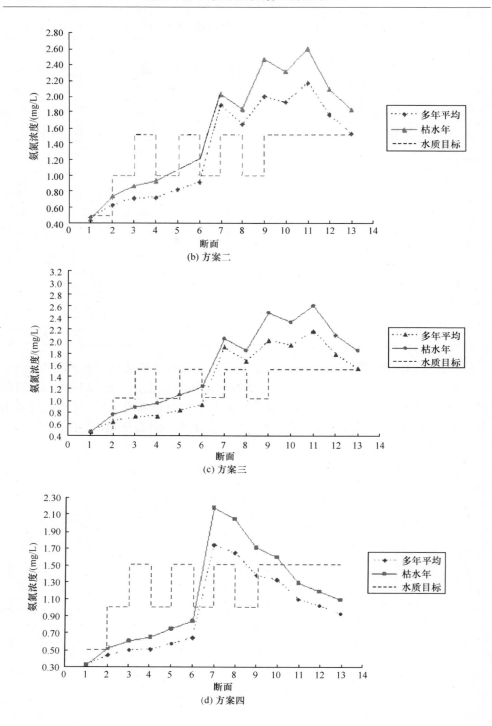

(b) 方案二

(c) 方案三

(d) 方案四

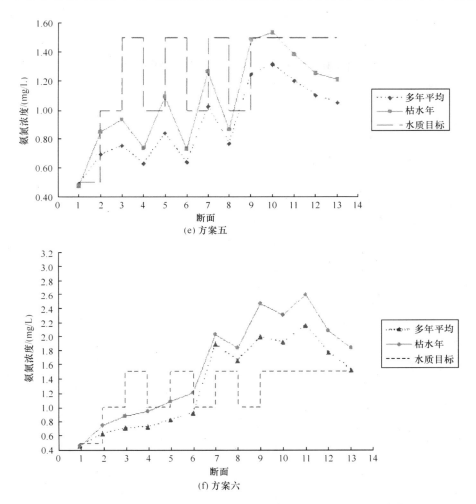

图 11.6　规划水平年 2020 年各方案各断面氨氮浓度的沿程变化

从图 11.6 中可以看出非汛期断面流量经过调控以后,南营断面(断面 6)之前断面均达到了水质目标,南营断面以后 NH$_3$-N 浓度开始升高,在咸阳断面(断面 11) NH$_3$-N 浓度达到最大。多年平均情形下,方案一和方案二 NH$_3$-N 浓度达标断面有 6 个,达标率为 46%;方案三 NH$_3$-N 浓度达标断面有 7 个,达标率为 54%。枯水典型年来水情形下,方案一、方案二和方案三 NH$_3$-N 浓度达标断面个数分别为 2、4 和 5,达标率分别为 15%、31% 和 38%。由此可见,考虑渭河流域断面水质达标率时,各方案从优到劣依次为:方案三、方案二、方案一。

由于非汛期用于改善河道内水质的供水量有限,要达到水功能区限制排污控制红线就要求必须从污染物削减角度使渭河水质达标,为此分别计算污染物削减20%(方案四)和40%(方案五)后的达标情况。根据"渭河水污染防治专项技术研究与示范课题子课题一"的研究方法和成果,2020年渭河陕西段非汛期氨氮排污量为4324t,当非汛期污染物削减量为20%,即865t时,水质沿程变化如方案四所示。

多年平均情形时,方案四 NH$_3$-N 浓度达标断面为 11 个,达标率为 84.6%;枯水年来水情形时,NH$_3$-N 浓度达标断面有 10 个,达标率为 77%。由此可见,当污染物削减20%以后,非汛期各断面的水质与污染物正常排放时相比,水质达标率有了较大的提升。2020年渭河流域陕西段非汛期氨氮排污量为4324t,当非汛期污染物削减量为40%即1730t时,水质沿程变化如方案五所示。方案五多年平均情形时 NH$_3$-N 浓度达标断面为 13 个,达标率为 100%;枯水典型年来水情形时,NH$_3$-N 浓度达标断面有 12 个,达标率为 92%。由此可见,当污染物削减40%后,非汛期各断面的水质与污染物削减 20% 时相比,水质达标率有了较大的提升,符合水功能区限制纳污控制要求(水质达标率82.4%)。

方案六多年平均情形下 NH$_3$-N 浓度达标断面有 7 个,达标率为 54%。枯水典型年来水情形下,方案三 NH$_3$-N 浓度达标断面有 5 个,达标率为 38%。

11.2.3　2030 水平年配置结果

1. 河道外水资源配置结果

1) 多年平均水资源配置结果

根据 2030 年用水需求,通过模型运算,可得到规划水平年 2030 年不同配置方案下多年平均水资源配置结果,见表 11.14～表 11.18。

表 11.14　规划水平年 2030 年方案一下多年平均水资源配置结果

(单位:万 m³)

区域	类别		农业	生活	工业	河道外生态	合计
北洛河南城里以上	需水量		6600	3674	4603	200	15077
	供水量	地表水	5093	2605	3103	0	10801
		地下水	1507	1069	0	0	2576
		其他水源	0	0	1500	200	1700
		合计	6600	3674	4603	200	15077
	缺水量		0	0	0	0	0

续表

区域	类别		农业	生活	工业	河道外生态	合计
白云山泾河上游	需水量		918	353	131	100	1502
	供水量	地表水	644	224	131	100	1099
		地下水	172	128	0	0	300
		其他水源	0	0	0	0	0
		合计	816	352	131	100	1399
	缺水量		−102	−1	0	0	−103
泾河张家山以上	需水量		5148	3930	11514	545	21137
	供水量	地表水	3061	3030	4765	0	10856
		地下水	0	900	0	0	900
		其他水源	0	0	650	545	1195
		合计	3061	3930	5415	545	12951
	缺水量		−2087	0	−6099	0	−8186
林家村以上渭河南区	需水量		111	71	187	9	378
	供水量	地表水	0	39	85	9	133
		地下水	48	32	0	0	80
		其他水源	0	0	0	0	0
		合计	48	71	85	9	213
	缺水量		−63	0	−102	0	−165
林家村以上渭河北区	需水量		503	353	1068	48	1972
	供水量	地表水	0	213	609	48	870
		地下水	11	139	0	0	150
		其他水源	0	0	0	0	0
		合计	11	352	609	48	1020
	缺水量		−492	−1	−459	0	−952
宝鸡峡至咸阳南	需水量		36236	10638	22745	2018	71637
	供水量	地表水	9494	3084	4066	0	16644
		地下水	19339	2549	2720	667	25275
		外调水(引汉济渭)	0	5006	4608	209	9823
		其他水源	0	0	3999	751	4750
		合计	28833	10639	15393	1627	56492
	缺水量		−7403	1	−7352	−391	−15145

区域	类别		农业	生活	工业	河道外生态	合计
宝鸡峡至咸阳北	需水量		132987	27296	96508	5278	262069
	供水量	地表水	56726	9148	43586	0	109460
		地下水	39116	17033	10729	441	67319
		外调水(引汉济渭)	0	1114	28511	236	29861
		其他水源	0	0	14276	4214	18490
		合计	95842	27295	97102	4891	225130
	缺水量		−37145	−1	594	−387	−36939
咸阳至潼关南	需水量		66902	41892	147099	11004	266897
	供水量	地表水	7742	21475	23010	0	52227
		地下水	38843	14718	6550	759	60870
		外调水(引汉济渭)	0	5699	76084	0	81783
		其他水源	0	0	14682	10028	24710
		合计	46585	41892	120326	10787	219590
	缺水量		−20317	0	−26773	−217	−47307
咸阳至潼关北	需水量		154497	27296	57992	3885	243670
	供水量	地表水	94430	1098	4616	0	100144
		地下水	20701	20940	20906	853	63400
		外调水(引汉济渭)	0	5258	4406	195	9859
		其他水源	0	0	6815	2330	9145
		合计	115131	27296	36743	3378	182548
	缺水量		−39366	0	−21249	−507	−61122
合计	需水量		403902	115503	341847	23087	884339
	供水量	地表水	177190	40916	83971	157	302234
		地下水	119737	57508	40905	2720	220870
		外调水(引汉济渭)	0	17077	113609	640	131326
		其他水源	0	0	41922	18068	59990
		合计	296927	115501	280407	21585	714420
	缺水量		−106975	−2	−61440	−1502	−169919

表 11.15　规划水平年 2030 年方案二下多年平均水资源配置结果

（单位：万 m³）

区域	类别		农业	生活	工业	河道外生态	合计
北洛河南城里以上	需水量		6600	3674	4603	200	15077
	供水量	地表水	5093	2605	3103	0	10801
		地下水	1507	1069	0	0	2576
		其他水源	0	0	1500	200	1700
		合计	6600	3674	4603	200	15077
	缺水量		0	0	0	0	0
白云山泾河上游	需水量		918	353	131	100	1502
	供水量	地表水	608	224	131	100	1063
		地下水	172	128	0	0	300
		其他水源	0	0	0	0	0
		合计	780	352	131	100	1363
	缺水量		−138	−1	0	0	−139
泾河张家山以上	需水量		5148	3930	11514	545	21137
	供水量	地表水	2965	3030	4235	0	10230
		地下水	0	900	0	0	900
		其他水源	0	0	650	545	1195
		合计	2965	3930	4885	545	12325
	缺水量		−2183	0	−6629	0	−8812
林家村以上渭河南区	需水量		111	71	187	9	378
	供水量	地表水	0	39	85	9	133
		地下水	48	32	0	0	80
		其他水源	0	0	0	0	0
		合计	48	71	85	9	213
	缺水量		−63	0	−102	0	−165
林家村以上渭河北区	需水量		503	353	1068	48	1972
	供水量	地表水	0	213	574	48	835
		地下水	11	139	0	0	150
		其他水源	0	0	0	0	0
		合计	11	352	574	48	985
	缺水量		−492	−1	−494	0	−987

续表

区域	类别		农业	生活	工业	河道外生态	合计
宝鸡峡至咸阳南	需水量		36236	10638	22745	2018	71637
	供水量	地表水	9494	2532	4364	0	16390
		地下水	19339	3819	4730	553	28441
		外调水(引汉济渭)	0	4287	4849	209	9345
		其他水源	0	0	3702	1048	4750
		合计	28833	10638	17645	1810	58926
	缺水量		−7403	0	−5100	−208	−12711
宝鸡峡至咸阳北	需水量		132987	27909	96508	5278	262682
	供水量	地表水	71991	7683	29786	0	109460
		地下水	24219	16074	26676	351	67320
		外调水(引汉济渭)	0	984	20223	619	21826
		其他水源	0	3168	10804	4518	18490
		合计	96210	27909	87489	5488	217096
	缺水量		−36777	0	−9019	210	−45586
咸阳至潼关南	需水量		66589	41892	147099	11004	266584
	供水量	地表水	4394	25598	22235	0	52227
		地下水	11575	12867	35764	664	60870
		外调水(引汉济渭)	0	3427	78198	139	81764
		其他水源	0	0	14663	10047	24710
		合计	15969	41892	150860	10850	219571
	缺水量		−50620	0	3761	−154	−47013
咸阳至潼关北	需水量		154197	27296	57992	3885	243370
	供水量	地表水	94054	1284	4806	0	100144
		地下水	20874	23364	18431	731	63400
		外调水(引汉济渭)	0	2649	7016	195	9860
		其他水源	0	0	6385	2760	9145
		合计	114928	27297	36638	3686	182549
	缺水量		−39269	1	−21354	−199	−60821
合计	需水量		403289	116116	341847	23087	884339
	供水量	地表水	188599	43208	69319	157	301283
		地下水	77745	58392	85601	2299	224037
		外调水(引汉济渭)	0	11347	110286	1162	122795
		其他水源	0	3168	37704	19118	59990
		合计	266344	116115	302910	22736	708105
	缺水量		−136945	−1	−38937	−351	−176234

表 11.16　规划水平年 2030 年方案三(方案四、方案五)下多年平均水资源配置结果

（单位:万 m³）

区域	类别		农业	生活	工业	河道外生态	合计
北洛河南城里以上	需水量		5500	3475	3479	200	12654
	供水量	地表水	5500	2406	1979	0	9885
		地下水	0	1069	0	0	1069
		其他水源	0	0	1500	200	1700
		合计	5500	3475	3479	200	12654
	缺水量		0	0	0	0	0
白云山泾河上游	需水量		787	337	107	100	1331
	供水量	地表水	685	208	107	100	1100
		地下水	102	128	0	0	230
		其他水源	0	0	0	0	0
		合计	787	336	107	100	1330
	缺水量		0	−1	0	0	−1
泾河张家山以上	需水量		5009	3735	9622	545	18911
	供水量	地表水	3256	2835	4765	0	10856
		地下水	0	900	0	0	900
		其他水源	0	0	650	545	1195
		合计	3256	3735	5415	545	12951
	缺水量		−1753	0	−4207	0	−5960
林家村以上渭河南区	需水量		108	68	145	9	330
	供水量	地表水	0	36	88	9	133
		地下水	48	32	0	0	80
		其他水源	0	0	0	0	0
		合计	48	68	88	9	213
	缺水量		−60	0	−57	0	−117
林家村以上渭河北区	需水量		488	336	829	48	1701
	供水量	地表水	0	197	625	48	870
		地下水	11	139	0	0	150
		其他水源	0	0	0	0	0
		合计	11	336	625	48	1020
	缺水量		−477	0	−204	0	−681

续表

区域	类别		农业	生活	工业	河道外生态	合计
宝鸡峡至咸阳南	需水量		35268	10075	17878	2018	65239
	供水量	地表水	9010	3203	4521	0	16734
		地下水	19392	2293	1347	667	23699
		外调水（引汉济渭）	0	4477	6902	338	11717
		其他水源	0	102	3760	888	4750
		合计	28402	10075	16530	1893	56900
	缺水量		−6866	0	−1348	−125	−8339
宝鸡峡至咸阳北	需水量		129398	26303	76328	5278	237307
	供水量	地表水	76876	5936	26647	0	109459
		地下水	28884	19356	18721	442	67403
		外调水（引汉济渭）	0	1010	19315	348	20673
		其他水源	0	0	6948	4215	11163
		合计	105760	26302	71631	5005	208698
	缺水量		−23638	−1	−4697	−273	−28609
咸阳至潼关南	需水量		65115	39053	114344	11004	229516
	供水量	地表水	9031	20973	22222	0	52226
		地下水	38146	13574	8391	759	60870
		外调水（引汉济渭）	0	4505	58075	0	62580
		其他水源	0	0	14682	10028	24710
		合计	47177	39052	103370	10787	200386
	缺水量		−17938	−1	−10974	−217	−29130
咸阳至潼关北	需水量		146772	25836	46048	3885	222541
	供水量	地表水	94259	1249	4636	0	100144
		地下水	28020	19710	14789	881	63400
		外调水（引汉济渭）	0	4877	7111	315	12303
		其他水源	0	0	6915	2230	9145
		合计	122279	25836	33451	3426	184992
	缺水量		−24493	0	−12597	−459	−37549
合计	需水量		388445	109218	268780	23087	789530
	供水量	地表水	198617	37043	65590	157	301407
		地下水	114603	57201	43248	2749	217801
		外调水（引汉济渭）	0	14869	91403	1001	107273
		其他水源	0	102	34455	18106	52663
		合计	313220	109215	234696	22013	679144
	缺水量		−75225	−3	−34084	−1074	−110386

表 11.17　规划水平年 2030 年方案六下多年平均水资源配置结果

（单位：万 m³）

区域	类别		农业	生活	工业	河道外生态	合计
北洛河南城里以上	需水量		5500	3475	3479	200	12654
	供水量	地表水	5500	2406	1979	0	9885
		地下水	0	1069	0	0	1069
		其他水源	0	0	1500	200	1700
		合计	5500	3475	3479	200	12654
	缺水量		0	0	0	0	0
白云山泾河上游	需水量		787	337	107	100	1331
	供水量	地表水	685	208	107	100	1100
		地下水	102	128	0	0	230
		其他水源	0	0	0	0	0
		合计	787	336	107	100	1330
	缺水量		0	−1	0	0	−1
泾河张家山以上	需水量		5009	3735	9622	545	18911
	供水量	地表水	3256	2835	4765	0	10856
		地下水	0	900	0	0	900
		其他水源	0	0	650	545	1195
		合计	3256	3735	5415	545	12951
	缺水量		−1753	0	−4207	0	−5960
林家村以上渭河南区	需水量		108	68	145	9	330
	供水量	地表水	0	36	88	9	133
		地下水	48	32	0	0	80
		其他水源	0	0	0	0	0
		合计	48	68	88	9	213
	缺水量		−60	0	−57	0	−117
林家村以上渭河北区	需水量		488	336	829	48	1701
	供水量	地表水	0	197	625	48	870
		地下水	11	139	0	0	150
		其他水源	0	0	0	0	0
		合计	11	336	625	48	1020
	缺水量		−477	0	−204	0	−681

续表

区域	类别		农业	生活	工业	河道外生态	合计
宝鸡峡至咸阳南	需水量		35268	10075	17878	2018	65239
	供水量	地表水	9010	3203	4521	0	16734
		地下水	19392	2293	1347	667	23699
		其他水源	0	102	3760	888	4750
		合计	28402	5598	9628	1555	45183
	缺水量		−6866	−4477	−8250	−463	−20056
宝鸡峡至咸阳北	需水量		129398	26303	76328	5278	237307
	供水量	地表水	79071	3742	26647	0	109460
		地下水	26689	21102	12462	537	60790
		其他水源	0	0	7158	4120	11278
		合计	105760	24844	46267	4657	181528
	缺水量		−23638	−1459	−30061	−621	−55779
咸阳至潼关南	需水量		65115	39053	114344	11004	229516
	供水量	地表水	9031	20973	22222	0	52226
		地下水	39600	12121	8391	759	60871
		其他水源	0	0	14682	10028	24710
		合计	48631	33094	45295	10787	137807
	缺水量		−16484	−5959	−69049	−217	−91709
咸阳至潼关北	需水量		146772	25836	46048	3885	222541
	供水量	地表水	94259	1249	4636	0	100144
		地下水	28793	18937	14789	881	63400
		其他水源	0	0	6915	2230	9145
		合计	123052	20186	26340	3111	172689
	缺水量		−23720	−5650	−19708	−774	−49852
合计	需水量		388445	109218	268780	23087	789530
	供水量	地表水	200812	34849	65590	157	301408
		地下水	114635	56722	36989	2844	211189
		其他水源	0	102	34665	18011	52778
		合计	315447	91672	137244	21012	565375
	缺水量		−72998	−17546	−131536	−2075	−224155

表 11.18　规划年 2030 年各方案多年平均供缺水量汇总（单位：万 m³）

方案	需水量	供水量	缺水量				
			农业	生活	工业	河道外生态	合计
方案一	884339	714420	−106975	−2	−61440	−1502	−169919
方案二	884339	708105	−136945	−1	−38937	−351	−176234
方案三	789530	679144	−75225	−3	−3404	−1074	−110386
方案四	789530	679144	−75225	−3	−3404	−1074	−110386
方案五	789530	679144	−75225	−3	−3404	−1074	−110386
方案六	789530	565375	−72998	−17546	−131536	−2075	−224155

从表 11.14～表 11.18 可以看出，各个方案水资源配置结果的供水量均满足用水总量控制红线的要求。方案一渭河流域陕西段需水量为 88.43 亿 m³，供水量为 71.44 亿 m³，其中引汉济渭供水量为 13.13 亿 m³，缺水量为 16.99 亿 m³。方案二需水量与方案一相同，供水量为 70.81 亿 m³，其中引汉济渭供水量为 12.28 亿 m³，缺水量为 17.62 亿 m³。考虑用水效率控制红线下的方案三（方案四、方案五）需水量为 78.95 亿 m³，供水量为 67.91 亿 m³，其中引汉济渭供水量为 10.73 亿 m³，缺水量为 11.04 亿 m³。不考虑引汉济渭的方案六需水量为 78.95 亿 m³，供水量为 56.54 亿 m³，缺水量为 22.42 亿 m³。方案二总缺水量大于方案一，方案三（方案四、方案五）总缺水量最小。

2）枯水年（$P=75\%$）水资源配置结果

规划水平年 2030 年各个方案下枯水年水资源配置结果见表 11.19～表 11.23，可以看出，各个方案水资源配置结果的供水量均满足用水总量控制红线的要求。各个方案下，工业、生态和农业均有不同程度缺水。方案一渭河流域陕西段需水量为 93.10 亿 m³，供水量为 69.23 亿 m³，其中引汉济渭供水量为 13.31 亿 m³，缺水量为 23.87 亿 m³；方案二需水量与方案一相同，供水量为 69.46 亿 m³，其中引汉济渭供水量为 13.31 亿 m³，缺水量为 23.63 亿 m³；方案三（方案四、方案五）考虑用水效率控制红线下，需水量为 83.40 亿 m³，供水量为 67.48 亿 m³，其中引汉济渭供水量为 13.20 亿 m³，缺水量为 15.92 亿 m³。不考虑引汉济渭的方案六需水量为 83.40 亿 m³，供水量为 54.28 亿 m³，缺水量为 29.12 亿 m³。方案二的总缺水量大于方案一的总缺水量，方案三（方案四、方案五）总缺水量最小。

表 11.19　规划水平年 2030 年方案一下枯水年水资源配置结果

（单位：万 m³）

区域	类别		农业	生活	工业	河道外生态	合计
北洛河南城里以上	需水量		6900	3674	4603	200	15377
	供水量	地表水	2793	2605	3103	0	8501
		地下水	3331	1069	0	0	4400
		其他水源	0	0	1500	200	1700
		合计	6124	3674	4603	200	14601
	缺水量		−776	0	0	0	−776
白云山泾河上游	需水量		918	353	131	100	1502
	供水量	地表水	544	224	131	100	999
		地下水	172	128	0	0	300
		其他水源	0	0	0	0	0
		合计	716	352	131	100	299
	缺水量		−202	−1	0	0	−203
泾河张家山以上	需水量		5790	3930	11514	545	21779
	供水量	地表水	2769	3030	4765	0	10564
		地下水	0	900	0	0	900
		其他水源	0	0	650	545	1195
		合计	2769	3930	5415	545	12659
	缺水量		−3021	0	−6099	0	−9120
林家村以上渭河南区	需水量		124	71	187	9	391
	供水量	地表水	0	39	72	9	120
		地下水	48	32	0	0	80
		其他水源	0	0	0	0	0
		合计	48	71	72	9	200
	缺水量		−76	0	−115	0	−191
林家村以上渭河北区	需水量		565	353	1068	48	2034
	供水量	地表水	0	213	524	48	785
		地下水	11	139	0	0	150
		其他水源	0	0	0	0	0
		合计	11	352	524	48	935
	缺水量		−554	−1	−544	0	−1099

续表

区域	类别		农业	生活	工业	河道外	合计
宝鸡峡至咸阳南	需水量		39987	10638	22745	2018	75388
	供水量	地表水	6746	2735	3262	0	12743
		地下水	22375	2745	2947	667	28734
		外调水（引汉济渭）	0	5158	4234	83	9475
		其他水源	0	0	3999	751	4750
		合计	29121	10638	14442	1501	55702
	缺水量		−10866	0	−8303	−517	−19686
宝鸡峡至咸阳北	需水量		148900	27909	96508	5278	278595
	供水量	地表水	67626	6906	25223	0	99755
		地下水	31681	18941	16256	441	67319
		外调水（引汉济渭）	0	2061	18984	86	21131
		其他水源	0	0	14275	4215	18490
		合计	99307	27908	74738	4742	206695
	缺水量		−49593	−1	−21770	−536	−71900
咸阳至潼关南	需水量		74361	41892	147099	11004	274356
	供水量	地表水	18087	18753	8713	0	45553
		地下水	40885	16840	2386	759	60870
		外调水（引汉济渭）	0	6299	87987	0	94286
		其他水源	0	0	14682	10028	24710
		合计	58972	41892	113768	10787	225419
	缺水量		−15389	0	−33331	−217	−48937
咸阳至潼关北	需水量		172393	27296	57992	3885	261566
	供水量	地表水	88993	970	4091	0	94054
		地下水	20713	21051	20783	853	63400
		外调水（引汉济渭）	0	5276	2875	78	8229
		其他水源	0	0	6888	2257	9145
		合计	109706	27297	34637	3188	174828
	缺水量		−62687	1	−23355	−697	−86738
合计	需水量		449938	116116	341847	23087	930988
	供水量	地表水	187558	35475	49884	157	273074
		地下水	119216	61845	42372	2720	226153
		外调水（引汉济渭）	0	18794	114080	247	133121
		其他水源	0	0	41995	17996	59990
		合计	306774	116114	248330	21120	692338
	缺水量		−143164	−2	−93517	−1967	−238650

表 11.20　规划水平年 2030 年方案二下枯水年水资源配置结果

（单位：万 m³）

区域	类别		农业	生活	工业	河道外生态	合计
北洛河南城里以上	需水量		6900	3674	4603	200	15377
	供水量	地表水	2538	2605	3103	0	8246
		地下水	3331	1069	0	0	4400
		其他水源	0	0	1500	200	1700
		合计	5869	3674	4603	200	14346
	缺水量		−1031	0	0	0	−1031
白云山泾河上游	需水量		918	353	131	100	1502
	供水量	地表水	524	224	131	100	979
		地下水	172	128	0	0	300
		其他水源	0	0	0	0	0
		合计	696	352	131	100	1279
	缺水量		−222	−1	0	0	−223
泾河张家山以上	需水量		5790	3930	11514	545	21779
	供水量	地表水	2769	3030	4631	0	10430
		地下水	0	900	0	0	900
		其他水源	0	0	650	545	1195
		合计	2769	3930	5281	545	12525
	缺水量		−3021	0	−6233	0	−9254
林家村以上渭河南区	需水量		124	71	187	9	391
	供水量	地表水	0	39	72	9	120
		地下水	48	32	0	0	80
		其他水源	0	0	0	0	0
		合计	48	71	72	9	200
	缺水量		−76	0	−115	0	−191
林家村以上渭河北区	需水量		565	353	1068	48	2034
	供水量	地表水	0	213	513	48	774
		地下水	11	139	0	0	150
		其他水源	0	0	0	0	0
		合计	11	352	513	48	924
	缺水量		−554	−1	−555	0	−1110

续表

区域	类别		农业	生活	工业	河道外生态	合计
宝鸡峡至咸阳南	需水量		39987	10638	22745	2018	75388
	供水量	地表水	6746	2735	3262	2892	15635
		地下水	22375	2745	2946	667	28733
		外调水(引汉济渭)	0	5158	4234	83	9475
		其他水源	0	2706	3999	751	7456
		合计	29121	13344	14441	4393	61299
	缺水量		−10866	2706	−8304	−2375	−14089
宝鸡峡至咸阳北	需水量		148900	27909	96508	5278	278595
	供水量	地表水	68176	6906	24673	0	99755
		地下水	31680	18942	16256	442	67320
		外调水(引汉济渭)	0	2061	18984	86	21131
		其他水源	0	0	14276	4214	18490
		合计	99856	27909	74189	4742	206696
	缺水量		−49044	0	−22319	−536	−71899
咸阳至潼关南	需水量		74361	41892	147099	11004	274356
	供水量	地表水	16958	18753	6969	0	42680
		地下水	39141	16840	4130	759	60870
		外调水(引汉济渭)	0	6299	87987	0	94286
		其他水源	0	0	14682	10028	24710
		合计	56099	41892	113768	10787	222546
	缺水量		−18262	0	−33331	−217	−51810
咸阳至潼关北	需水量		172393	27296	57992	3885	261566
	供水量	地表水	88993	970	4091	0	94054
		地下水	20713	21050	20783	853	63399
		外调水(引汉济渭)	0	5276	2875	78	8229
		其他水源	0	0	6887	2258	9145
		合计	109706	27296	34636	3189	174827
	缺水量		−62687	0	−23356	−696	−86739
合计	需水量		449938	116116	341847	23087	930988
	供水量	地表水	186704	35475	47445	3049	272673
		地下水	117471	61845	44115	2721	226152
		外调水(引汉济渭)	0	18794	114080	247	133121
		其他水源	0	2706	41994	17996	62696
		合计	304175	118820	247634	24013	694642
	缺水量		−145763	2704	−94213	−926	−36346

表 11.21　规划水平年 2030 年方案三(方案四、方案五)下枯水年水资源配置结果

（单位:万 m³）

区域	类别		农业	生活	工业	河道外生态	合计
北洛河南城里以上	需水量		5800	3475	3479	200	12954
	供水量	地表水	4115	2406	1979	0	8500
		地下水	1685	1069	0	0	2754
		其他水源	0	0	1500	200	1700
		合计	5800	3475	3479	200	12954
	缺水量		0	0	0	0	0
白云山泾河上游	需水量		814	337	107	100	1358
	供水量	地表水	585	208	107	100	1000
		地下水	172	128	0	0	300
		其他水源	0	0	0	0	0
		合计	757	336	107	100	1300
	缺水量		−57	−1	0	0	−58
泾河张家山以上	需水量		5633	3735	9622	545	19535
	供水量	地表水	2964	2835	4765	0	10564
		地下水	0	900	0	0	900
		其他水源	0	0	650	545	1195
		合计	2964	3735	5415	545	12659
	缺水量		−2669	0	−4207	0	−6876
林家村以上渭河南区	需水量		120	68	145	9	342
	供水量	地表水	0	36	75	9	120
		地下水	48	32	0	0	80
		其他水源	0	0	0	0	0
		合计	48	68	75	9	200
	缺水量		−72	0	−70	0	−142
林家村以上渭河北区	需水量		548	336	829	48	1761
	供水量	地表水	0	197	540	48	785
		地下水	11	139	0	0	150
		其他水源	0	0	0	0	0
		合计	11	336	540	48	935
	缺水量		−537	0	−289	0	−826

续表

区域	类别		农业	生活	工业	河道外生态	合计
宝鸡峡至咸阳南	需水量		38920	10075	17878	2018	68891
	供水量	地表水	7983	2680	3369	0	14032
		地下水	22362	2530	1326	667	26885
		外调水(引汉济渭)	0	4865	6095	252	11212
		其他水源	0	0	3999	751	4750
		合计	30345	10075	14789	1670	56879
	缺水量		−8575	0	−3089	−348	−12012
宝鸡峡至咸阳北	需水量		144887	26303	76328	5278	252796
	供水量	地表水	91548	6746	1461	0	99755
		地下水	47070	16214	0	442	63726
		外调水(引汉济渭)	0	3343	47919	242	51504
		其他水源	0	0	6948	4215	11163
		合计	138618	26303	56328	4899	226148
	缺水量		−6269	0	−20000	−379	−26648
咸阳至潼关南	需水量		72376	39053	114344	11004	236777
	供水量	地表水	15578	17572	9079	0	42229
		地下水	40943	15890	3277	759	60869
		外调水(引汉济渭)	0	5590	52751	0	58341
		其他水源	0	0	14682	10028	24710
		合计	56521	39052	79789	10787	186149
	缺水量		−15855	−1	−34555	−217	−50628
咸阳至潼关北	需水量		163773	25836	46048	3885	239542
	供水量	地表水	89235	1024	3795	0	94054
		地下水	27923	20190	14467	820	63400
		外调水(引汉济渭)	0	4621	6054	256	10931
		其他水源	0	0	6854	2291	9145
		合计	117158	25835	31170	3367	177530
	缺水量		−46615	−1	−14878	−518	−62012
合计	需水量		432871	109218	268780	23087	833956
	供水量	地表水	212008	33704	25170	157	271039
		地下水	140214	57092	19070	2688	219064
		外调水(引汉济渭)	0	18419	112819	750	131988
		其他水源	0	0	34633	18030	52663
		合计	352222	109215	191692	21625	674754
	缺水量		−80649	−3	−77088	−1462	−159202

表 11.22　规划水平年 2030 年方案六下枯水年水资源配置结果

（单位：万 m³）

区域	类别		农业	生活	工业	河道外生态	合计
北洛河南城里以上	需水量		5800	3475	3479	200	12954
	供水量	地表水	4115	2406	1979	0	8500
		地下水	1685	1069	0	0	2754
		其他水源	0	0	1500	200	1700
		合计	5800	3475	3479	200	12954
	缺水量		0	0	0	0	0
白云山泾河上游	需水量		814	337	107	100	1358
	供水量	地表水	585	208	107	100	1000
		地下水	172	128	0	0	300
		其他水源	0	0	0	0	0
		合计	757	336	107	100	1300
	缺水量		−57	−1	0	0	−58
泾河张家山以上	需水量		5633	3735	9622	545	19535
	供水量	地表水	2964	2835	4765	0	10564
		地下水	0	900	0	0	900
		其他水源	0	0	650	545	1195
		合计	2964	3735	5415	545	12659
	缺水量		−2669	0	−4207	0	−6876
林家村以上渭河南区	需水量		120	68	145	9	342
	供水量	地表水	0	36	75	9	120
		地下水	48	32	0	0	80
		其他水源	0	0	0	0	0
		合计	48	68	75	9	200
	缺水量		−72	0	−70	0	−142
林家村以上渭河北区	需水量		548	336	829	48	1761
	供水量	地表水	0	197	540	48	785
		地下水	11	139	0	0	150
		其他水源	0	0	0	0	0
		合计	11	336	540	48	935
	缺水量		−537	0	−289	0	−826

续表

区域	类别		农业	生活	工业	河道外生态	合计
宝鸡峡至咸阳南	需水量		38920	10075	17878	2018	68891
	供水量	地表水	7983	2680	3369	0	14032
		地下水	22362	2530	1326	667	26885
		外调水(引汉济渭)	0	0	0	0	0
		其他水源	0	0	3999	751	4750
		合计	30345	5210	8694	1418	45667
	缺水量		−8575	−4865	−9184	−600	−23224
宝鸡峡至咸阳北	需水量		144887	26303	76328	5278	252796
	供水量	地表水	91548	6746	1461	0	99755
		地下水	47070	16214	0	442	63726
		外调水(引汉济渭)	0	0	0	0	0
		其他水源	0	0	6948	4215	11163
		合计	138618	22960	8409	4657	174644
	缺水量		−6269	−3343	−67919	−621	−78152
咸阳至潼关南	需水量		72376	39053	114344	11004	236777
	供水量	地表水	15578	17572	9079	0	42229
		地下水	40943	15890	3277	759	60869
		外调水(引汉济渭)	0	0	0	0	0
		其他水源	0	0	14682	10028	24710
		合计	56521	33462	27038	10787	127808
	缺水量		−15855	−5591	−87306	−217	−108969
咸阳至潼关北	需水量		163773	25836	46048	3885	239542
	供水量	地表水	89235	1024	3795	0	94054
		地下水	27923	20190	14467	820	63400
		外调水(引汉济渭)	0	0	0	0	0
		其他水源	0	0	6854	2291	9145
		合计	117158	21214	25116	3111	166599
	缺水量		−46615	−4622	−20932	−774	−72943
合计	需水量		432871	109218	268780	23087	833956
	供水量	地表水	212008	33704	25170	157	271039
		地下水	140214	57092	19070	2688	219064
		外调水(引汉济渭)	0	0	0	0	0
		其他水源	0	0	34633	18030	52663
		合计	352222	90796	78873	20875	542766
	缺水量		−80649	−18422	−189907	−2212	−291190

表 11.23　规划年 2030 年各方案枯水年供缺水量汇总　（单位：万 m³）

方案	需水量	供水量	缺水量				
			农业	生活	工业	河道外生态	合计
方案一	930988	692338	−143164	−2	−93517	−1967	−238650
方案二	930988	694642	−145763	2704	−94213	−926	−236346
方案三	833956	674754	−80649	−3	−77088	−1462	−159202
方案四	833956	674754	−80649	−3	−77088	−1462	−159202
方案五	833956	674754	−80649	−3	−77088	−1462	−159202
方案六	833956	542766	−80649	−18422	−189907	−2212	−291190

3) 河道外用水部门供水保证率

根据长系列计算结果统计主要城市和工业园区生活供水、城市工业供水和城市生态供水保证率，以及主要灌区供水保证率。2030 规划水平年各个方案下，城市、灌区和工业园区生活用水保证率均达到 100%，城市河道外生态用水保证率也为 100%。各方案下，重点城市比县级城市的工业保证率高，方案三比方案一、方案二的工业保证率高；方案三重点城市工业供水保证率大于 95%，县级城市保证率大于 60%。各方案农业供水保证率均大于 50%，方案三保证率最高。

2. 河道内生态需水控制断面及水质配置结果

1) 各控制断面非汛期生态需水保证率

方案一即未考虑优先保障生态需水调控措施下，林家村、魏家堡和咸阳断面生态需水保证率分别为 46%、76% 和 60%，方案二和方案三除林家村断面生态需水保证率为 87% 之外，其他各断面生态需水保证率均达到 90%，符合设计保证率的要求。

2) 水质改善效果

根据渭河流域陕西段水量配置结果，规划水平年 2030 年不同方案调控后非汛期各断面不同来水频率的平均流量见表 11.24，模型运行后氨氮浓度的沿程变化见图 11.7。

表 11.24　规划水平年 2030 年调控后非汛期不同断面平均流量

（单位：m³/s）

方案	来水频率	断面名称及编号												
		林家村1	卧龙寺桥2	魏家堡3	常兴桥4	兴平5	咸阳6	咸阳铁桥7	天江人渡8	耿镇9	临潼10	沙王渡11	树园12	华县13
方案一	P=50%	30.4	30.1	31.1	28.9	30.0	33.0	39.8	49.7	56.8	69.3	70.4	71.5	77.9
	P=75%	12.6	7.1	8.0	6.6	7.6	9.6	15.5	31.1	38.1	44.4	45.5	46.6	50.4
方案二	P=50%	30.8	29.1	30.0	30.7	31.8	34.4	41.3	51.1	58.2	70.7	71.8	72.9	79.3
	P=75%	13.0	15.4	16.4	14.0	15.1	16.8	22.7	38.5	45.6	51.7	52.8	53.9	57.6

续表

方案	来水频率	断面名称及编号												
		林家村 1	卧龙寺桥 2	魏家堡 3	常兴桥 4	兴平 5	咸阳 6	咸阳铁桥 7	天江人渡 8	耿镇 9	临潼 10	沙王渡 11	树园 12	华县 13
方案三	$P=50\%$	31.1	31.2	32.2	34.5	35.6	37.1	45.7	56.3	62.9	70.4	72.4	74.5	68.9
	$P=75\%$	13.4	16.7	17.6	16.8	17.9	19.4	28.0	37.1	43.7	51.2	53.2	55.3	48.5
方案四	$P=50\%$	31.1	31.2	32.2	34.5	35.6	37.1	45.7	56.3	62.9	70.4	72.4	74.5	68.9
	$P=75\%$	13.4	16.7	17.6	16.8	17.9	19.4	28.0	37.1	43.7	51.2	53.2	55.3	48.5
方案五	$P=50\%$	31.1	31.2	32.2	34.5	35.6	37.1	45.7	56.3	62.9	70.4	72.4	74.5	68.9
	$P=75\%$	13.4	16.7	17.6	16.8	17.9	19.4	28.0	37.1	43.7	51.2	53.2	55.3	48.5
方案六	$P=50\%$	31.1	31.2	32.2	34.5	35.6	37.1	45.7	56.3	62.9	70.4	72.4	74.5	68.9
	$P=75\%$	13.4	16.7	17.6	16.8	17.9	19.4	28.0	37.1	43.7	51.2	53.2	55.3	48.5

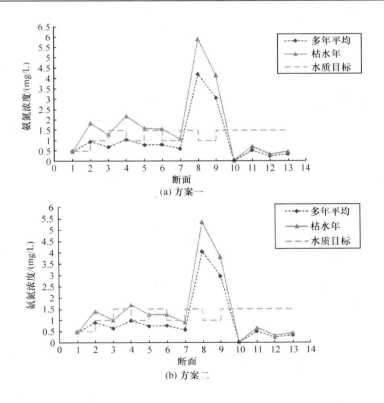

(a) 方案一

(b) 方案二

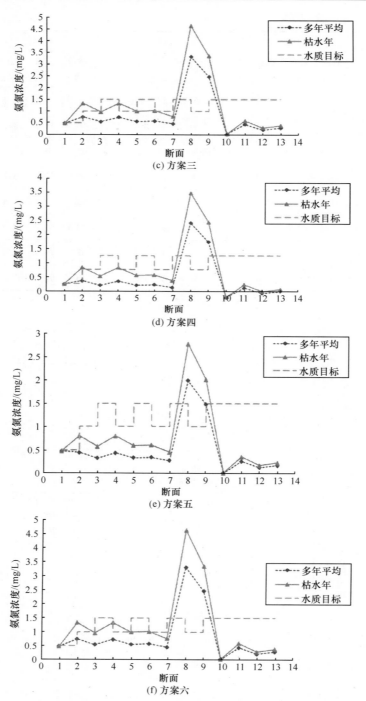

图 11.7　规划水平年 2030 年各方案各断面氨氮浓度的沿程变化

　　从图 11.7 可以看出非汛期断面流量经过调控以后,在天江人渡断面(断面 8)
NH_3-N 浓度达到最大。方案一和方案二 NH_3-N 浓度达标断面都有 10 个,达标率
为 77%,方案三达标断面均有 11 个,达标率为 85%。枯水典型年来水情形下,方
案一 NH_3-N 浓度达标断面有 7 个,达标率为 54%;方案二和方案三达标断面有 8
个,达标率为 62%。上述各方案水质情况均没达到陕西省渭河流域水功能区限制
纳污控制要求(水质达标率 82.4%)。因此,分别计算污染物削减 20% 和 40% 后
渭河水质达标情况,2030 年渭河陕西段非汛期氨氮排污量为 4324t,当非汛期污染
物削减量为 20% 和 40% 时,即削减氨氮排污量分别为 865t 和 1730t 时,渭河陕
西段各方案不同断面的水质沿程变化关系见图 11.7 中的方案四和方案五。多年平
均情形时,方案四和方案五 NH_3-N 浓度达标断面分别为 11 个和 12 个,达标率为
85% 和 92%;枯水年,达标断面分别为 9 个和 11 个,达标率为 69% 和 85%。由此
可见,当污染物削减后,平水年和枯水年非汛期各断面水质都有所改善,水质达标
率符合水功能区限制纳污控制要求。

第 12 章　渭河流域水资源合理配置方案综合评价

水资源合理配置方案综合评价是在进行水资源配置多方案比较的基础上,通过经济、技术和生态环境分析论证与比选,确定最合理配置方案。目前,国内外针对流域水资源配置方案合理性评价的研究还相对较少,迄今仍未建立起完善固定的评价指标体系、评价标准和确定的评价方法。因此,进行流域水资源合理配置方案评价研究,建立适合流域水资源合理配置方案评价的评价指标体系和综合评价方法具有非常重要的现实意义。

本章应用"三条红线"标准对渭河流域水资源配置方案进行评价,从经济、社会、生态环境和用水效率等方面对各方案进行全面的综合评价,从而推荐最优方案作为决策依据。

12.1　评价目的及准则

本书立足于流域水资源可持续发展的阶段性、层次性和区域性的客观实际,全面反映、表征、度量水资源合理配置的内涵和目标,建立具有实际操作意义的反映流域水资源合理配置的状况与进程,以及社会、经济和生态环境之间相互协调程度的指标体系及评价方法,从而科学地指导水资源配置(耿雷华等,2004),为渭河流域陕西段水资源的可持续利用、"三条红线"控制、生态恢复和保护提供有力的决策依据。

从水资源配置的目标("三条红线"控制)出发,制定出以下渭河流域水资源配置合理性的系统判别准则,包括社会合理性、经济合理性、生态环境合理性、资源合理性和效率合理性。

12.1.1　社会合理性准则

社会合理性是人们对经济或非完全经济度量分配形式所采取的理智调控,从而避免部分或个别地区因水资源过度胁迫而严重干扰区域社会发展秩序,从而失去社会发展的公平性。渭河流域属资源型缺水地区,水资源是支撑流域内人类生存、社会进步和经济发展的战略性资源,加上中、下游地区都以上游来水为主要的供水水源,区际用水之间存在强烈的竞争关系。因此,像渭河流域这样的缺水地区,水资源配置合理性评价首先是对配置区的公平性进行判断和评价。为保障配置区内社会发展的公平性和均衡性,避免部分地区或部分人群因水资源过度胁迫干扰正常的生活、生产和生态秩序,水资源配置必须确保配水的社会合理性。主要体现在区际配水公平、代际配水公平和不同用水部门配水公平等方面,具体可用生活保证率均方差、农业保证率均方差和工业保证率均方差等指标进行评价。

12.1.2　生态环境合理性准则

　　流域水资源系统包括流域生态环境系统和流域社会经济系统,配置系统的二元结构表明水资源配置的同时也是流域水资源在生态环境系统和社会经济系统之间的分配。因此,生态环境合理性成为配置合理性评价的另一主要准则,其目的是使整体生态状况不低于现状水平,满足区域天然生态保护的最低要求,以维护生态系统结构的稳定。陕西省渭河流域生态系统脆弱,对径流性水资源依存度较高,且控制渭河流域生态纳污能力是进行水资源配置的主要目标之一,因此对于渭河配置方案的生态环境合理性评价可以通过生态基流指标、氨氮浓度指标和污水排放量指标等方面进行评价。

12.1.3　效率合理性准则

　　广义水资源配置行为的目的是为了实现水资源利用总体效益最大化和最优化,而实现这一目标的唯一途径则是提高水资源的整体利用效率,因此配置前后水资源利用效率的对比成为评价区域水资源配置合理性的核心标准,配置的效率合理性评价也是"三条红线"配置方案合理性评价的核心准则。因此,渭河水资源配置效率合理性评价应在水循环统一框架下,从农业综合灌溉定额、工业用水定额、人均综合用水定额、灌溉用水有效利用系数及单位水 GDP 产出等方面进行评价。

12.1.4　经济合理性准则

　　为了形成良性经济激励和运行机制,在流域水资源配置中必须对其经济合理性进行评价。经济合理性以经济学理论为基础,是经济规律作用下的自然趋向,国际上大多采用这一标准对水资源配置效率进行评价。水资源配置的经济合理性评价主要包括两方面的内容,一是投入的经济合理性,即水资源开发措施必须符合边际投入最小化原则,因此评价内容包括不同调控措施的经济成本对比分析,如各项开源节流措施边际成本分析,针对渭河流域可选择农业单方节水投资指标、工业单方节水投资指标、生活单方节水投资指标和污水净化单方投资指标等;二是水资源配置的经济调控手段的评价,包括水价体系状态评价,如生活单方水价评价指标等。本章是通过"三条红线"来综合评价水资源配置的合理性,各个方案的水价均相同,因此经济子系统只采用节水投资指标来评定其合理性。

12.1.5　资源合理性准则

　　流域是由人和自然构成的复合系统,自然环境中包括了水、土地、矿产和光热等资源。人作为流域的活跃因子,通过资源开发利用与自然相互作用发生联系。流域资源的合理开发利用是流域经济可持续发展的关键,渭河流域陕西段属于典型的水资源匮缺地区,只有合理利用自然资源,才能使人与自然和谐相处,促进流域的可持续发展。

进行一个特定区域的水资源评价,首先要选择合适的评价指标体系,然后对评价指标进行赋权,最后由综合评价模型确定评价结果。因此,综合评价系统的合理性可以从三方面分析:一是指标体系建立是否完整,能否全面反映评价目的的要求;二是指标权重的选取是否合理,是否反映公认的价值准则;三是评价方法是否具有逻辑上的缺陷。因此,水资源合理配置方案综合评价的关键技术主要包括指标筛选技术、赋权技术和综合评价技术。本章水资源配置合理性评价的技术路线见图 12.1。

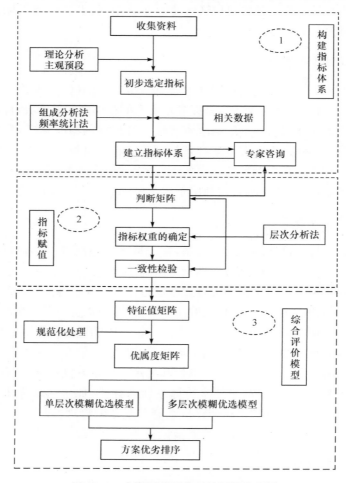

图 12.1　水资源配置合理性评价流程图

12.2　评价指标的选取

为了建立适合流域水资源合理配置方案评价的指标体系,以确保流域的生态平衡及社会经济的可持续发展。2002 年颁布的全国水资源规划技术细则中明确指出:方案评价的指标应具有一定的代表性、独立性和灵敏度,能够反映不同方案之间的差别(王浩等,2003)。但用什么样的方法选取指标才能达到要求,技术细则中并没有提及。依据上述水资源配置合理性评价系统判别准则及评价指标选取的基本原则,针对陕西省渭河流域水资源管理中存在的问题,构造了以下渭河流域水资源合理配置的评价指标体系。指标体系分为三层,分别为目标层、准则层和指标层,评价指标体系层次结构详细图见图 12.2。

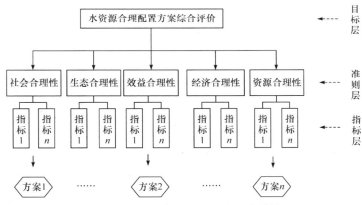

图 12.2　水资源合理配置评价层次结构图

12.2.1　目标层

水资源配置的目标就是合理配置水资源,使流域水资源可持续利用,在兼顾公平的情况下促进全流域社会、经济、生态和资源的协调发展。

12.2.2　准则层

流域是包括社会、经济、资源、生态等子系统的复杂系统,子系统的状况、特征必然会影响流域总系统的发展。水资源配置的合理性也是通过各子系统的合理性与子系统之间的协调性来体现的。因此,本书设计了社会合理性、经济合理性、生态合理性、资源合理性和效率合理性五个准则层,其中前四个准则各自表征了子系统的发展状况,效率合理性是配置方案合理性评价的核心准则。

12.2.3　指标层

评价指标是准则层的基本元素,也是准则层的基本组成单元,其中社会合理性指标包括各区生活、工业、农业和生态保障率均方差 4 项指标；生态环境合理性指标包括氨氮浓度、生态基流、污水排放量和水质达标率 4 项指标；经济合理性指标包括生活、工业、农业和雨污水净化单方节水投资 4 项指标；水资源开发利用合理性指标包括水资源开发利用率、生活供水保证率和农业供水保证率等 10 项指标；效率合理性指标包括单位水 GDP 产出、农业综合灌溉定额、工业用水定额和人均生活用水定额 4 项指标。

综上，渭河流域陕西段水资源配置合理性评价指标体系结果见表 12.1。

表 12.1　渭河流域水资源配置合理性评价指标体系

目标层	准则层	指标层	单位	备注（采用资料及计算公式）
水资源合理配置方案综合评价	W_s 社会指标层	R1 各区生活保障率均方差	—	均方差公式
		R2 各区农业保证率均方差	—	
		R3 各区工业保障率均方差	—	
		R4 各区生态保障率均方差	—	
	W_e 生态环境指标层	R5 氨氮浓度	mg/L	配置结果
		R6 生态基流保证率	m^3/s	
		R7 污水量	t	
		R8 水质达标率	%	
	W_j 经济指标层	R9 生活单方节水投资	元/m^3	参照《咸阳市节水型社会建设试点规划与方案》定性估算
		R10 农业单方节水投资	元/m^3	
		R11 工业节单方水投资	元/m^3	
		R12 污水净化单方投资	元/m^3	
	W_z 水资源开发利用指标层	R13 水资源开发利用率	%	总供水量/水资源总量
		R14 生活保证率	%	满足生活用水旬数/总旬数
		R15 农业保证率	%	满足农业用水旬数/总旬数
		R16 工业保证率	%	满足工业活用水旬数/总旬数
		R17 生态保证率	%	满足生态用水旬数/总旬数
		R18 生活用水缺水率	%	生活缺水量/生活需水量
		R19 农业用水缺水率	%	农业缺水量/农业需水量
		R20 工业用水缺水率	%	工业缺水量/工业需水量
		R21 生态用水缺水率	%	生态缺水量/生态需水量
		R22 雨污水回用量	万 m^3	配置结果
	W_x 效率指标层	R23 单位水 GDP 产出	元/m^3	总 GDP/总需水量
		R24 农业综合灌溉定额	m^3/亩	农业灌溉需水量/耕地面积
		R25 工业用水定额	m^3/元	工业需水量/工业产值
		R26 年人均用水定额	m^3/人	年生活需水量/总人口

12.3　综合评价模型选取

　　水资源配置的合理性综合评价是一个多层次、多目标和多任务的系统工程,涉及水资源、生态环境和社会经济系统工程等多个学科,是典型的多属性综合评价问题,即多属性决策问题,评价方法必然选择综合评价方法。由于各属性一般都具有不同的性质,且通常是相互冲突或不可公度的,从而使得多属性评价问题较为复杂(宋庆克等,2007)。我国学者自 20 世纪 70 年代起开始进行这方面研究,并陆续发表了一系列研究论文,提出了模糊综合评价法、投影寻踪决策法和数据包络分析法等方法。针对水资源配置方案优选问题,决策者在进行决策的过程中,始终存在模糊推理、模糊判断和模糊优选,然后通过综合判断,在众多方案中选择最优方案。因此,可以借助模糊评判相关理论,解决水资源复合系统的综合评价问题。

　　目前,建立在模糊集理论基础上的综合评价模型主要有三种:模糊综合评价评判模型、模糊优选模型及基于模糊一致矩阵理论的决策优选方法。其中,模糊优选模型是建立在相对隶属度基础上的多因素系统决策模型,避开了模糊综合评判模型中隶属度确定的"主观性"。模糊优选模型的计算过程有两个层次:单层次模糊优选和多层次模糊优选。

12.3.1　单层次模糊优选模型

　　系统有 n 个待优选的方案组成系统的优选方案集,m 个指标组成对优选对象进行评判的系统的指标集,则系统指标特征值矩阵为

$$X_{ij} = \begin{bmatrix} X_{11} & X_{12} & \cdots & X_{1n} \\ X_{21} & X_{22} & \cdots & X_{2n} \\ \vdots & \vdots & & \vdots \\ X_{m1} & X_{m2} & \cdots & X_{mn} \end{bmatrix} \tag{12.1}$$

式中,X_{ij} 表示方案 j 对第 i 个判断因素的特征值($i=1,2,\cdots,m$;$j=1,2,\cdots,n$)。

　　为消除 m 个因素特征值量纲不同的影响,需要对矩阵 X_{mn} 进行规范化处理。由于评价指标的类型往往不同,因此其规范化的方法也各异。一般情况下,评价指标有下列三种类型:效益型(越大越优型)、成本型(越小越优型)和中间型(越中越优型)。由于指标间的"好"与"坏",在很大程度上带有模糊性,因而可用相对隶属度函数取代传统的无量纲方法。

　　越大越优型指标的标准化公式为

$$r_{ij} = \frac{x_{ij}}{x_{i\max} + x_{i\min}}, x_{ij} \geqslant 0 \tag{12.2}$$

　　越小越优型指标的标准化公式为

$$r_{ij} = 1 - \frac{x_{ij}}{x_{i\max} + x_{i\min}}, x_{ij} \geqslant 0 \tag{12.3}$$

中间型指标的标准化公式为

$$r_{ij} = \frac{x_{ij}}{x_{i\max} + x_{i\min}}, x_{\min} \leqslant x_{ij} \leqslant x_{\max} \tag{12.4}$$

$$r_{ij} = \frac{x_{i\max} + x_{i\min} - x_{ij}}{x_{i\max} + x_{i\min}}, x_{\min} \leqslant x_{ij} \leqslant x_{\max} \tag{12.5}$$

标准化后的相对优属度值,经规范化后可得到优属度矩阵:

$$R_{mn} = \begin{bmatrix} r_{11} & r_{12} & \cdots & r_{1n} \\ r_{21} & r_{22} & \cdots & r_{2n} \\ \vdots & \vdots & & \vdots \\ r_{m1} & r_{m2} & \cdots & r_{mn} \end{bmatrix}$$

$$r_j = (r_{1j}, r_{2j}, \cdots, r_{mj})^T, (j = 1, 2, \cdots, n) \tag{12.6}$$

由于系统中全体 n 个方案的优选具有比较的相对性,系统方案的优先优势是相对于 m 个评价因素而言的,而向量 u_{Ij} 的 m 个分向量是参加优选的各个方案响应评价因素隶属度的最大值。它既是从 n 个方案实际评价因素的隶属度中产生,又有理想优序的目标,是一个现实与理想相结合的假想优序方案,可把它作为标准的优等方案。同理,向量 $1 - u_{Ij}$ 作为系统的劣等方案。

设 m 个评判指标的权向量 $\omega = (\omega_1, \omega_2, \cdots, \omega_m)^T$ 向量,满足:

$$\sum_{i=1}^{n} \omega_i = 1 \tag{12.7}$$

式中,ω_i 表示第 i 个评判因素的权重。

由于 u_{Ij} 和 $(1 - u_{Ij})$ 均在 $[0, 1]$ 中取值,会有无穷个模糊矩阵,所以需要根据一定的优化准则来求解最优矩阵,从而确定出第 j 个方案从属于优等方案隶属度的最优值,然后根据最大隶属度原则,得出 n 个方案的最优结果。

为了求出第 j 个方案从属于优等方案隶属度 u_{Ij} 的最优值 u_{Ij}^*,按照优化准则:参加优选的 n 个方案,对系统的优等方案和劣等方案的权广义距离的平方和最小,即 n 个方案的权广义优距离平方与权广义距离平方之和最小。

根据这一优化准则,得到第 j 个方案从属于优等方案的隶属度最优值 u_{Ij}^* 的计算模型,如下所示:

$$u_{Ij}^* = \cfrac{1}{1 + \left\{ \cfrac{\sum\limits_{K=1}^{m} [w_k \times (r_{kj} - g_k)]^p}{\sum\limits_{K=1}^{m} [w_k \times (r_{kj} - b_k)]^p} \right\}^{2/p}} \tag{12.8}$$

实际计算中,通常取 $p=2$,及取欧式距离。求出 n 个待选方案从属于优选方案的隶属度的最优值,根据最大隶属度的原则,可依据 u_{lj} 由大到小得出相应的 n 个方案的优劣顺序。

12.3.2　多层次模糊优选模型

设有待优选的 n 个方案组成的方案集评价因素集 M,将 M 分解成 m 个分系统,每个分系统有 $m_1,m_2,\cdots,m_m$ 个评价因素。设第 i 个分系统有 m_i 个评价因素,根据单层次模糊优选模型原理,得到第 i 个分系统中,n 个方案分别属于该分系统的优等方案的隶属度的最优值。计算模型为

$$u_{lj}^* = \cfrac{1}{1+\left\{\cfrac{\sum\limits_{K=1}^{m}\left[w_{kt}\times(r_{kjt}-g_{kt})\right]^p}{\sum\limits_{K=1}^{m}\left[w_{kt}\times(r_{kjt}-b_{kt})\right]^p}\right\}^{2/p}} \tag{12.9}$$

在各分系统评价结果的基础上进行高一层次的评价,设:$u_{lj}^*=u_{lj}$,高一层次的优属度矩阵为

$$u_{mn}=\begin{bmatrix} u_{11} & u_{12} & \cdots & u_{1n} \\ u_{21} & u_{22} & \cdots & u_{2n} \\ \vdots & \vdots & & \vdots \\ u_{m1} & u_{m2} & \cdots & u_{mn} \end{bmatrix} \tag{12.10}$$

高一层次的优等方案和劣等方案分别为
$$G=(G_1,G_2,\cdots,G_m)^\mathrm{T};B=(B_1,B_2,\cdots,B_m)^\mathrm{T}$$
m 个分系统在高一层次系统中的权向量为 $\omega=(\omega_1,\omega_2,\cdots,\omega_m)^\mathrm{T}$。

同理可得到高一层次系统中每个方案从属于优等方案的隶属度的最优值 S_i^*,计算模型为

$$S_i^* = \cfrac{1}{1+\left\{\cfrac{\sum\limits_{K=1}^{m}\left[w_k\times(u_{kj}-G_k)\right]^p}{\sum\limits_{K=1}^{m}\left[w_k\times(u_{kj}-B_k)\right]^p}\right\}^{2/p}} \tag{12.11}$$

对于更高层次的系统,依次类推,最后依据 S_i^* 的大小次序选出 n 个方案的最终优选结果。

12.4　渭河流域水资源合理配置综合评价结果分析

12.4.1　指标权重

在水资源配置合理性评价中,评价指标的权重(weights)是反映各评价指标对

水资源配置评价影响程度的量。如果说评价指标的选取与处理是综合评价的基础,则评价指标权重的确定是综合评价的关键,这是因为指标权重直接反映了每个评价指标(或各目标属性)的相对重要程度,决定着评价结果是否客观。权重的确定方法主要有灰色关联分析法、综合指数法、德尔菲法和层次分析法等,各种赋权方法都有其不同的特点和适用范围。本书采用层次分析法确定评价指标的权重,由层次分析法计算出的权重结果,最终要通过一致性检验,若判断矩阵的随机一致性比率具有一致性,则说明权重分配是合理的。

在水资源的配置中应遵循公平、效率和可持续三个原则,并且在这三者之间,公平(特别是代内的公平)是第一位的,也是最重要的;在保证公平和可持续的前提下,通过行政、经济等手段,使水资源能产生更大的经济效益是水资源配置管理的一项重要内容。基于"三条红线"的水资源合理配置综合评价中,生态环境优先考虑,其次是效率、水资源开发利用和经济、社会层;在工业、农业、生活、生态用水方面,优先满足生活、生态用水,然后考虑工业和农业用水。在以上工作的基础上,可得判断矩阵,见表 12.2。

表 12.2　第一层指标之间的成对对比表

指标	人口密度	城镇化率	工业化程度	城镇绿化覆盖率
人口密度	1	7	3	9
城镇化率	1/7	1	7/5	5/3
工业化程度	1/3	5/7	1	3/7
城镇绿化覆盖率	1/9	3/5	7/3	1

判断矩阵建立后,用方根求解此矩阵,即可得权重。方根法的计算步骤如下。

Step1:计算判断矩阵中各行元素的积

$m_1 = 1129.00, m_2 = 0.33, m_3 = 0.10, m_4 = 0.16$。

Step2:计算 m_i 的 n 次方根 $\omega_i = \sqrt[4]{m_i}$,得到 $\omega_1 = 3.71, \omega_2 = 0.76, \omega_3 = 0.57, \omega_4 = 0.62$。

Step3:将向量 $\omega_i = (\omega_1, \omega_2, \omega_3, \omega_4, \omega_5, \omega_6)$ 作归一化处理:$\omega_i = \dfrac{\omega_i}{\sum\limits_{i=1}^{4} \omega_i}$ 得

$$\omega_1 = 0.66, \omega_2 = 0.13, \omega_3 = 0.11, \omega_4 = 0.11。$$

合理性检验:$\mathrm{CI} = \dfrac{1}{n-1}(\lambda_{\max} - n)$。

得 CI=0.14,查表得 RI=0.90;CR=0.15/0.90=0.17>0.10。

判断矩阵不具有满意的一致性。因此,修改判断矩阵,见表 12.3。

表 12.3　第一层指标之间的成对对比表(修改判断矩阵)

指标	人口密度	城镇化率	工业化程度	城镇绿化覆盖率
人口密度	1	5	7/3	7/5
城镇化率	5	1	7/5	3/7
工业化程度	3/7	5/7	1	5/7
城镇绿化覆盖率	5/7	7/3	7/5	1

重新进行计算,判断矩阵具有满意的一致性。水资源配置方案各层权重计算结果如下。

(1) 社会子系统:$(R_1, R_2, R_3, R_4) = [0.31\quad 0.25\quad 0.13\quad 0.24]$;$CR = 0.05 < 0.10$。

同理,可以计算出其他每个子系统中各个因子指标的权重值。

(2) 生态环境子系统排序结果见表 12.4。

表 12.4　生态环境子系统排序表

指标	R5	R6	R7	R12	求积	W	W_i	λ_{max}	CI	CR
R5	1	1/5	3/7	1/7	0.01	0.41	0.11			
R6	5	1	5/3	7/5	512.33	2.25	0.21			
R7	7/3	3/5	1	3/5	1.96	1.14	0.23	4.00	0.01	0.01
R12	7	5/7	5/3	1	114.33	2.51	0.29			

$(R_5, R_6, R_7, R_{12}) = [0.11\quad 0.21\quad 0.23\quad 0.29]$;$CR = 0.01 < 0.10$。

(3) 经济子系统排序结果表见表 12.5。

表 12.5　经济子系统排序表

指标	R9	R10	R11	R12	求积	W	W_i	λ_{max}	CI	CR
R9	1	7/9	3/5	1	0.46	0.12	0.16			
R10	9/7	1	9/7	5/3	2.75	1.21	0.25			
R11	5/3	7/9	1	3/5	0.77	0.93	0.11	4.12	0.04	0.05
R12	1	3/5	5/3	1	1	1	0.19			

$(R_9, R_{10}, R_{11}, R_{12}) = [0.16\quad 0.25\quad 0.11\quad 0.20]$;$CR = 0.05 < 0.10$。

(4) 水资源开发利用子系统排序结果表见表 12.6。

表 12.6 水资源开发利用子系统排序表

指标	R13	R14	R15	R16	R17	R112	R19	R20	R21	R22	求积	W	W_i	λ_{max}	CI	CR
R13	1	9/7	9/5	7/3	9/5	7/5	5/3	7/3	7/5	7/3	172.12	1.67	0.15			
R24	7/9	1	7/5	7/3	5/3	1	7/5	7/3	5/3	5/3	312.42	1.40	0.13			
R15	5/9	5/7	1	5/3	3/5	3/5	1	7/5	3/7	7/5	0.20	0.12	0.07			
R16	3/7	3/7	3/5	1	5/3	3/5	5/7	1	3/7	5/3	0.08	0.77	0.07			
R17	5/9	3/5	5/3	3/5	1	5/7	5/3	7/3	1	7/3	2.16	1.01	0.10	10.30	0.03	0.03
R112	5/7	1	5/3	5/3	7/5	1	9/5	7/3	9/7	5	75.00	1.54	0.10			
R19	3/5	5/7	1	7/5	3/5	5/9	1	7/5	7/5	7/5	0.21	0.12	0.05			
R20	3/7	3/7	5/7	1	3/7	3/7	5/7	1	7/3	7/3	0.02	0.66	0.03			
R21	5/7	3/5	7/3	5/3	1	7/9	5/7	3/7	1	5/3	7.05	1.21	0.11			
R22	3/7	3/5	5/7	3/5	3/7	5	5/7	3/7	3/5	1	0.04	0.73	0.06			

(R13,R14,R15,R16,R17,R112,R19,R20,R21,R22)=[0.15　0.13　0.07　0.07　0.10　0.10　0.05　0.03　0.06　0.11];CR=0.03<0.10。

(5) 效率指标子系统排序结果见表 12.7。

表 12.7 效率指标子系统排序表

指标	R23	R24	R25	R26	求积	W	W_i	λ_{max}	CI	CR
R23	1	7/5	5/3	3	9.12	1.77	0.40			
R24	5/7	1	5/3	5/3	1.12	1.11	0.27	4.23	0.08	0.01
R25	3/7	3/5	1	7/9	0.20	0.67	0.15			
R26	1/3	3/5	9/7	1	0.26	0.71	0.16			

(R29,R30,R31,R32,R33)=[0.40　0.27　0.15　0.16]; CR=0.01<0.10。

同理,分析计算得到目标层下的各个子系统的判断矩阵,社会子系统、生态环境子系统、经济子系统、水资源开发利用子系统、效率子系统的权重分别表示为 W_s、W_e、W_j、W_z、W_x,计算结果见表 12.8。

表 12.8 目标层下各个系统排序表

指标	W_s	W_e	W_j	W_z	W_x	求积	W	W_i	λ_{max}	CI	CR
W_s	1	1/5	7/5	3/7	3/7	0.05	0.55	0.10			
W_e	5	1	5/3	7/5	5/3	19.44	1.12	0.31			
W_j	5/7	3/5	1	3/5	7/5	0.36	0.12	0.13	5.06	0.01	0.01
W_z	7/3	5/7	5/3	1	7/9	21.60	1.12	0.15			
W_x	7/3	3/5	5/7	9/7	1	1.21	1.05	0.31			

(W_s,W_e,W_j,W_z,W_x)=[0.10　0.30　0.16　0.20　0.22];CR=0.01<0.10。

12.4.2 评价模型结果

（1）评价的对象为 2020 水平年与 2030 水平年共 6 种渭河流域水资源配置方案,评价指标包括社会合理性、经济合理性、生态合理性、资源合理性和效率合理性五大类,共 34 项指标。根据渭河流域人口、社会、经济及生态需水量预测值,以及各方案配置计算结果,得到各规划水平年不同方案下的评价指标值,结果见表 12.9 和表 12.10。

表 12.9 2020 年不同典型年各方案指标值

指标	平水年(50%)						枯水年(75%)					
	I	II	III	IV	V	VI	I	II	III	IV	V	VI
R1	0.00	0.00	0.00	0.00	0.00	40.55	0.00	0.00	0.00	0.00	0.00	40.55
R2	8.09	8.04	8.66	8.66	8.66	8.66	8.09	8.04	8.66	8.66	8.66	8.66
R3	22.85	22.36	20.79	20.79	20.79	42.36	22.85	22.36	20.79	20.79	20.79	42.36
R4	13.99	13.99	8.49	8.49	8.49	36.42	13.99	13.99	8.49	8.49	8.49	36.42
R5	1.41	1.36	1.32	0.93	0.90	1.32	1.84	1.66	1.57	1.14	1.06	1.57
R6	72.40	94.60	94.60	94.60	94.60	94.60	72.4	94.60	94.6	94.6	94.60	94.60
R7	4324	4324	4324	3459	2594	4324	4324	4324	4324	3459	2594	4324
R8	46.00	46.00	54.00	77.00	100	54.00	15.00	31.00	38.00	77.00	92.00	38.00
R9	0.00	0.00	0.76	0.76	0.76	0.76	0.00	0.00	0.76	0.76	0.76	0.76
R10	0.00	0.00	1.14	1.14	1.14	1.14	0.00	0.00	1.14	1.14	1.14	1.14
R11	0.00	0.00	0.91	0.91	0.91	0.91	0.00	0.00	0.91	0.91	0.91	0.91
R12	0.00	0.00	0.00	0.73	0.73	0.00	0.00	0.00	0.00	0.73	0.73	0.00
R13	85.09	84.26	81.46	81.46	81.46	71.77	82.09	80.54	81.26	81.26	81.26	69.82
R14	100.0	100.0	100.0	100.0	100.0	69.22	100.0	100.0	100.0	100.0	100	69.22
R15	72.17	70.67	76.58	76.58	76.58	76.58	72.17	70.67	76.58	76.58	76.58	76.58
R16	68.84	68.42	80.22	80.22	80.22	44.22	68.84	68.42	80.22	80.22	80.22	44.22
R17	96.80	96.80	98.05	98.05	98.05	84.65	96.80	96.80	98.05	98.05	98.05	84.65
R18	0.00	0.00	0.00	0.00	0.00	9.69	0.00	0.00	0.00	0.00	0.00	10.96
R19	29.21	30.50	23.47	23.47	23.47	23.47	37.32	39.15	28.53	28.53	28.53	28.53
R20	16.50	16.82	4.82	4.82	4.82	33.36	22.68	22.92	11.18	11.18	11.18	45.3
R21	4.71	4.71	2.72	2.72	2.72	7.43	8.17	6.68	3.84	3.84	3.84	6.80
R22	42512	42512	42021	42021	42021	42021	42512	42512	40596	40596	40596	40596
R23	132.4	132.4	149.4	149.4	149.4	149.4	125.3	125.3	140.6	140.6	140.6	140.6
R24	318.4	318.4	305.0	305.0	305.0	305.0	354.7	354.7	339.9	339.9	339.9	339.9
R25	0.01	0.01	0.00	0.00	0.00	0.00	0.01	0.01	0.00	0.00	0.00	0.00
R26	39.17	39.17	36.70	36.70	36.70	36.70	39.17	39.17	36.70	36.70	36.70	36.70

注:表中 R1~R26 与表 12.1 中内容相对应,表 12.10~表 12.12 同。

表 12.10　2030 年不同典型年各方案指标值

指标	平水年(50%)						枯水年(75%)					
	I	II	III	IV	V	VI	I	II	III	IV	V	VI
R1	0.00	0.00	0.00	0.00	0.00	42.53	0.00	0.00	0.00	0.00	0.00	42.53
R2	11.27	12.50	10.34	10.34	10.34	10.34	11.27	12.50	10.34	10.34	10.34	10.34
R3	24.80	24.42	16.71	16.71	16.71	38.15	24.80	24.42	16.71	16.71	16.71	38.15
R4	30.87	30.87	21.49	21.49	21.49	48.23	30.87	30.87	21.49	21.49	21.49	48.23
R5	1.06	1.02	0.82	0.67	0.51	0.82	1.67	1.57	1.246	1.003	0.76	1.25
R6	73.40	94.60	94.60	94.60	94.60	94.60	73.40	94.60	94.60	94.60	94.60	94.60
R7	4021	4021	4021	3216	2412	4021	4021	4021	4021	3216	2412	4021
R8	77.00	77.00	85.00	85.00	92.00	85.00	54.00	62.00	62.00	69.00	85.00	62.00
R9	0.00	0.00	0.80	0.80	0.80	0.80	0.00	0.00	0.80	0.80	0.80	0.80
R10	0.00	0.00	1.01	1.01	1.01	1.01	0.00	0.00	1.01	1.01	1.01	1.01
R11	0.00	0.00	0.91	0.91	0.91	0.91	0.00	0.00	0.91	0.91	0.91	0.91
R12	0.00	0.00	0.00	0.31	0.31	0.00	0.00	0.00	0.00	0.31	0.31	0.00
R13	91.54	91.24	87.76	87.76	87.76	72.66	89.51	89.31	86.63	86.63	86.63	70.61
R14	100.0	100.0	100.0	100.0	100.0	53.50	100.0	100.0	100.0	100.00	100.0	53.50
R15	69.50	69.50	73.92	73.92	73.92	73.92	69.50	69.50	73.92	73.92	73.92	73.92
R16	60.09	59.84	78.55	78.55	78.55	38.12	60.09	59.84	78.55	78.55	78.55	38.12
R17	79.82	79.82	85.94	85.94	85.94	62.61	79.82	79.82	85.94	85.94	85.94	62.61
R18	0.00	0.00	0.00	0.00	0.00	16.06	0.00	0.00	0.00	0.00	0.00	17.31
R19	25.67	23.64	18.79	18.79	18.79	18.79	31.10	31.67	25.38	25.38	25.38	25.38
R20	19.65	22.65	12.10	12.10	12.10	48.94	27.04	26.79	13.14	13.14	13.14	54.26
R21	6.44	6.80	4.55	4.55	4.55	8.99	9.05	8.45	5.34	5.34	5.34	9.09
R22	59990	59990	52778	52778	52778	52778	59990	59990	53748	53748	53748	53748
R23	225.6	225.6	253.2	253.2	253.2	253.2	214.7	214.7	242.9	242.9	242.9	242.9
R24	312.6	312.6	300.7	300.7	300.7	300.7	348.3	348.3	337.1	337.1	337.1	337.1
R25	0.004	0.00	0.00	0.00	0.00	0.00	0.00	0.00	0.00	0.00	0.00	0.00
R26	44.20	44.20	41.58	41.58	41.58	41.58	44.20	44.20	40.03	40.03	40.03	40.03

（2）为消除单位量纲,使其各指标具有可比性,分别采用式(12.1)、式(12.2)和式(12.3)对其分别进行标准化处理:其中 R6,R8,R14,R15,R16,R17,R22,R23 属于越大越好型指标;R1,R2,R3,R4,R5,R7,R9,R10,R11,R12,R18,R19,R20,R21,R24,R25,R26 属越小越好型指标;R13 属于中间型指标。计算可得到 2020 年和 2030 年不同典型年各方案的标准化值,结果见表 12.11、表 12.12。

表 12.11　2020 年不同典型年各方案指标标准化值

指标	平水年(50%)						枯水年(75%)					
	I	II	III	IV	V	VI	I	II	III	IV	V	VI
R1	1.00	1.00	1.00	1.00	1.00	0.00	1.00	1.00	1.00	1.00	1.00	0.00
R2	0.52	0.52	0.48	0.48	0.48	0.48	0.52	0.51	0.48	0.48	0.48	0.48
R3	0.64	0.65	0.67	0.67	0.67	0.32	0.64	0.64	0.67	0.67	0.67	0.32
R4	0.69	0.69	0.81	0.81	0.81	0.19	0.69	0.68	0.81	0.81	0.81	0.18
R5	0.39	0.41	0.43	0.59	0.61	0.42	0.37	0.42	0.45	0.60	0.63	0.45
R6	0.43	0.57	0.57	0.57	0.56	0.56	0.43	0.56	0.56	0.56	0.56	0.56
R7	0.38	0.38	0.38	0.50	0.62	0.37	0.37	0.37	0.37	0.50	0.62	0.37
R8	0.32	0.31	0.37	0.53	0.68	0.36	0.14	0.28	0.35	0.71	0.85	0.35
R9	1.00	1.00	0.00	0.00	0.00	0.00	1.00	1.00	0.00	0.00	0.00	0.00
R10	1.00	1.00	0.00	0.00	0.00	0.00	1.00	1.00	0.00	0.00	0.00	0.00
R11	1.00	1.00	0.00	0.00	0.00	0.00	1.00	1.00	0.00	0.00	0.00	0.00
R12	1.00	1.00	1.00	0.00	0.00	1.00	1.00	1.00	1.00	0.00	0.00	1.00
R13	0.53	0.54	0.56	0.56	0.55	0.62	0.52	0.54	0.53	0.53	0.53	0.62
R14	0.59	0.59	0.59	0.59	0.59	0.40	0.59	0.59	0.59	0.59	0.59	0.40
R15	0.49	0.48	0.52	0.52	0.52	0.52	0.49	0.47	0.52	0.52	0.52	0.52
R16	0.55	0.55	0.64	0.64	0.64	0.35	0.55	0.54	0.64	0.64	0.64	0.35
R17	0.53	0.53	0.53	0.54	0.53	0.46	0.52	0.52	0.53	0.53	0.53	0.46
R18	1.00	1.00	1.00	1.00	1.00	0.00	1.00	1.00	1.00	1.00	1.00	0.00
R19	0.46	0.43	0.57	0.57	0.56	0.56	0.44	0.42	0.57	0.57	0.57	0.57
R20	0.57	0.56	0.87	0.87	0.87	0.12	0.59	0.59	0.80	0.80	0.80	0.19
R21	0.54	0.54	0.73	0.73	0.73	0.26	0.31	0.44	0.68	0.68	0.68	0.43
R22	0.50	0.50	0.50	0.49	0.49	0.49	0.48	0.48	0.51	0.51	0.51	0.51
R23	0.47	0.47	0.53	0.53	0.53	0.53	0.47	0.47	0.52	0.52	0.52	0.52
R24	0.51	0.51	0.49	0.48	0.48	0.48	0.51	0.51	0.48	0.48	0.48	0.48
R25	0.44	0.44	0.56	0.55	0.55	0.55	0.44	0.44	0.55	0.55	0.55	0.55
R26	0.48	0.48	0.52	0.51	0.51	0.51	0.48	0.48	0.51	0.51	0.51	0.51

表 12.12　2030 年不同典型年各方案指标标准化值

指标	平水年(50%)						枯水年(75%)					
	I	II	III	IV	V	VI	I	II	III	IV	V	VI
R1	1.00	1.00	1.00	1.00	1.00	0.00	1.00	1.00	1.00	1.00	1.00	0.00
R2	0.50	0.45	0.54	0.54	0.54	0.54	0.50	0.45	0.54	0.54	0.54	0.54
R3	0.54	0.55	0.69	0.69	0.69	0.30	0.54	0.55	0.69	0.69	0.69	0.30
R4	0.55	0.55	0.69	0.69	0.69	0.30	0.55	0.55	0.69	0.69	0.69	0.30
R5	0.32	0.35	0.47	0.57	0.67	0.47	0.31	0.35	0.48	0.58	0.68	0.48
R6	0.43	0.56	0.56	0.56	0.56	0.56	0.43	0.56	0.56	0.56	0.56	0.56
R7	0.37	0.37	0.37	0.50	0.62	0.37	0.37	0.37	0.37	0.50	0.62	0.37
R8	0.45	0.45	0.50	0.50	0.54	0.50	0.38	0.44	0.44	0.49	0.61	0.44
R9	1.00	1.00	0.00	0.00	0.00	0.00	1.00	1.00	0.00	0.00	0.00	0.00
R10	1.00	1.00	0.00	0.00	0.00	0.00	1.00	1.00	0.00	0.00	0.00	0.00
R11	1.00	1.00	0.00	0.00	0.00	0.00	1.00	1.00	0.00	0.00	0.00	0.00
R12	1.00	1.00	1.00	0.00	0.00	1.00	1.00	1.00	1.00	0.00	0.00	1.00
R13	0.51	0.51	0.54	0.54	0.54	0.64	0.51	0.51	0.52	0.52	0.52	0.64
R14	0.65	0.65	0.65	0.65	0.65	0.34	0.65	0.65	0.65	0.65	0.65	0.35
R15	0.48	0.48	0.51	0.51	0.51	0.51	0.48	0.48	0.51	0.51	0.51	0.51
R16	0.51	0.51	0.67	0.67	0.67	0.32	0.51	0.51	0.67	0.67	0.67	0.32
R17	0.53	0.53	0.57	0.57	0.57	0.42	0.53	0.53	0.57	0.57	0.57	0.42
R18	1.00	1.00	1.00	1.00	1.00	0.00	1.00	1.00	1.00	1.00	1.00	0.00
R19	0.42	0.46	0.57	0.57	0.57	0.57	0.45	0.44	0.55	0.55	0.55	0.55
R20	0.67	0.62	0.80	0.80	0.80	0.19	0.59	0.60	0.80	0.80	0.80	0.19
R21	0.52	0.49	0.66	0.66	0.66	0.33	0.37	0.41	0.62	0.62	0.62	0.37
R22	0.53	0.53	0.46	0.46	0.46	0.46	0.52	0.52	0.47	0.47	0.47	0.47
R23	0.47	0.47	0.52	0.52	0.52	0.52	0.46	0.46	0.53	0.53	0.53	0.53
R24	0.49	0.49	0.51	0.51	0.51	0.51	0.49	0.49	0.50	0.50	0.50	0.50
R25	0.40	0.42	0.57	0.57	0.57	0.57	0.42	0.42	0.57	0.57	0.57	0.57
R26	0.48	0.48	0.51	0.51	0.51	0.51	0.47	0.47	0.52	0.52	0.52	0.52

　　(3) 由评价指标体系知,评价指标共 26 个,分为 5 个子系统。根据式(12.5)计算可得到各个配置方案隶属于 5 个子系统的隶属度最优值(简称评分值),由式(12.6)计算出每个方案隶属于目标层的隶属最优值(简称综合评分值)。2020年、2030 年不同典型年评价结果分别见表 12.13、表 12.14。

表 12.13　2020 年不同典型年评价结果及排序

子系统	平水年(50%)						枯水年(75%)					
	I	II	III	IV	V	VI	I	II	III	IV	V	VI
社会	0.14	0.07	0.05	0.04	0.03	0.00	0.14	0.07	0.05	0.04	0.03	0.00
生态环境	0.00	0.07	0.11	0.71	1.00	0.12	0.00	0.09	0.17	0.92	1.00	0.17
经济	1.00	1.00	0.23	0.00	0.00	0.24	1.00	1.00	0.23	0.00	0.00	0.23
水资源开发利用	0.95	0.95	0.99	0.99	0.99	0.02	0.92	0.95	0.98	0.98	0.98	0.02
效率	0.08	0.08	1.00	1.00	1.00	1.00	0.08	0.08	1.00	1.00	1.00	1.00
综合评价	0.31	0.33	0.47	0.79	0.87	0.26	0.29	0.33	0.50	0.85	0.86	0.28
排序	5	4	3	2	1	6	5	4	3	2	1	6

表 12.14　2030 年不同典型年评价结果及排序

子系统	平水年(50%)						枯水年(75%)					
	I	II	III	IV	V	VI	I	II	III	IV	V	VI
社会	0.13	0.07	0.05	0.04	0.00	0.00	0.13	0.07	0.05	0.03	0.03	0.00
生态环境	0.00	0.14	0.31	0.76	1.00	0.31	0.00	0.14	0.26	0.70	1.00	0.26
经济	1.00	1.00	0.24	0.00	0.00	0.24	1.00	1.00	0.23	0.00	0.00	0.23
水资源开发利用	0.94	0.94	0.97	0.97	0.98	0.03	0.93	0.93	0.97	0.97	0.97	0.03
效率	0.01	0.02	1.00	1.00	1.00	1.00	0.02	0.01	1.00	1.00	1.00	1.00
综合评价	0.36	0.42	0.72	0.84	0.85	0.45	0.29	0.34	0.57	0.79	0.87	0.35
排序	6	5	3	2	1	4	6	5	3	2	1	4

由表 12.13 中的综合评价分数知,2020 年平水年份和枯水年份,方案 V 优于方案 IV,方案 IV 优于方案 III,方案 III 优于方案 II,方案 II 优于方案 I,方案 I 优于方案 VI。由表 12.14 中的综合评价分数知,2030 年平水年份和枯水年份,方案 V 优于方案 IV,方案 IV 优于方案 III,方案 III 优于方案 VI,方案 VI 优于方案 II,方案优于方案 I。

12.4.3　评价结果合理性分析

从各个子系统的评价结果来看,社会子系统:方案 I 最优,方案 VI 最差,方案 I 到方案 V 评分依次减小,由此说明方案 I 的配水区域用水保证率最公平,较好地体现了社会合理性准则。生态环境子系统:方案 V 评分值最高,方案 IV 次之,方案 I 评分最低,主要是由于方案 V 和方案 IV 均考虑了生态需水且对污染物进行了不同程度的削减,但方案 VI 没有进行用水效率控制,使得其污水排放量比方案 II 和方案 III 多,评价值比方案 II 和方案 III 小;方案 I 未考虑生态需水,对污染物不进行任何处理,不能满足"纳污控制"红线,因此评分最低。经济子系统:方案 I 和方案 II 最高,方案 III 和方案 VI 次之,方案 V 最差,这是由于方案 I 和方案 II 不考虑任何削污和用水效率措施,节水投资均为零;方案 III~方案 VI 均考虑了用水效率措施,且方案 IV 和方案 V 实施了不同程度的削污措施,使得节水投资和雨污水净化投资不断增加,经济评分相对较低。水资源开发利用子系统:方案 I 到方案 V 的评价分数相差不大;方案 VI 最低;主要是由于方案 VI 不考虑引汉济渭调水,使得整个渭河流域供需矛盾增大,尤其是在保证生态需水的情况下,生活保证率只有 50%~70%,少数城市基本生活用水都得不到满足。效率子系统:方案 III~方案 VI 评分最高,方案 I 和方案 II 最低,且高低评分相差较大,主要是由于方案 III~方案 VI 都考虑了用水效率措施,总需水量大大减少,使得各用水定额比方案 I 和方案 II 小,GDP 单方产出比方案 I 和方案 II 高。

从配置方案的水资源合理利用高低程度,以及"三条红线"的角度来看,方案 III~方案 V 下,各分区缺水程度小于其他三种方案,主要计算单元的生活、工业、生态和农业保证率较高;各断面生态需水保证率较高。但从水质改善效果来看,方案 V 下水质结果最优,且只有方案 V 符合水功能区限制纳污控制要求。即方案 V 在满足"三条红线"控制的条件下,水资源利用程度达到最高,因此方案 V 最优是合理的。

从权重分配来看:本章是基于"三条红线"的水资源合理配置综合评价,主要考虑用"三条红线"来控制最终的评价结果,因此赋予各准则层权重时,生态环境层第一,效率层第二,水资源开发利用层第三,经济层第四,社会层最后。虽然方案 I 和方案 II 的评分值在经济层最高,但效率层权重大于经济层,使得方案 I 和方案 II 的评分值在效率层中明显小于方案 III~方案 V,综合评分方案 III~方案 V 高于方案 I 和方案 II。方案 I 和方案 II 在效率层、水资源开发利用层和经济层评分值几乎相同,在社会层中方案 I 大于方案 II,生态环境层中方案 II 大于方案 I,但生态环境层权重明显高于社会层,因此方案 II 优于方案 I。方案 III~方案 V 在效率层、水资源开发利用层评分值相同且最高,但在生态环境层中方案 V 优于方案 IV,方案 IV 明显优于方案 III,效率层和生态环境层的权重较高,使得各方案最后的综合评价值方案 V 均为最高,其次为方案 IV,最后为方案 III。方案 VI 和方案 III 在生态环境层和效率层中的评分值相同,但在水资源开发利用层方案 III 优于方案 VI,使得综合评价值方案 III 优于方案 VI。方案 VI、方案 I 和方案 II 的评分排序在 2020 年和 2030 年不一致,2020 年综合评价值方案 II>方案 I>方案 VI,2030 年综合评分值方案 VI>方案 II>方案 I,主要是由于方案排序是由权重值和评分值综合决定的,虽然方案 VI 在社会层、经济层、水资源开发利用层的评分值均小于方案 I 和方案 II,但在生态环境层和效率层均大于方案 I 和方案 II。2020 年方案六最差,2030 年方案 I 最差,主要是由于 2030 年方案 VI 与方案 I 的评分差值在效率层和生态环境层都大于 2020 年,因此 2020 年方案 Ⅵ 劣于方案 Ⅰ、2030 年方案 Ⅵ 优于方案 Ⅰ 均是合理的。

综上分析可知,评价结果客观合理,2020 年综合评分值方案 Ⅴ>方案 Ⅳ>方案 Ⅲ>方案 Ⅱ>方案 Ⅰ>方案 Ⅵ,2030 年综合评分值方案 Ⅴ>方案 Ⅳ>方案 Ⅲ>方案 Ⅵ>方案 Ⅱ>方案 Ⅰ,即 2020 年和 2030 年无论是平水年份还是枯水年份,渭河流域水资源合理配置最优方案均推荐方案 Ⅴ。

第 13 章 结 论

　　渭河流域水资源供需矛盾日益加剧,严重制约了经济社会的发展和生态环境的改善。本书针对流域目前面临的水资源短缺、水生态恶化等问题,重点研究了流域水沙演变、气候变化和人类活动对渭河水沙的影响等问题;综合生态学、水文学、水力学和系统工程等理论方法,在对渭河流域系统进行健康诊断及健康流量重构的基础上,结合国家最严格的水资源管理制度,建立了基于"三条红线"的渭河流域水资源合理配置模型,并求解不同水平年的配置方案。

　　(1) 应用 M-K、R/S 法和小波方差等方法对渭河流域降水、蒸发、气温、径流、泥沙时间序列的趋势性、持续性、周期性、突变性及水沙关系进行了分析。结果表明,渭河流域多年平均降水量为 551mm,进入 1990s 以来,降水下降趋势明显;流域多年平均蒸发与气温均呈增加趋势;流域径流年内分配不匀,年际变化呈显著减小趋势,并于 1971 年和 1991 年发生突变;渭河多年平均输沙量为 3.86 亿 t,泥沙年内分配不均匀,主要集中于 6~9 月,并且呈现减少的趋势,于 20 世纪 70 年代和 90 年代末发生突变。渭河流域各水文站的水沙关系均为显著相关,且 60 年代水沙相关性最好。

　　(2) 根据全球气候模式 CMIP5,应用逐步回归算法预测渭河流域未来气温及降水。结果表明未来 5 个时期,多年平均降水的预测值与基准期实测值相比均有所减少,RCP4.5 较基准期减少了 132mm,RCP8.5 较基准期减少了 133mm;2010s、2020s 和 2030s 三个时期多年平均气温的预测值与基准期实测值相比均有所降低,2040s 和 2050s 两个时期多年平均气温的预测值与基准期实测值相比均有所升高,RCP4.5 较基准期降低了 0.17℃,RCP8.5 较基准期降低了 0.14℃。利用月水量平衡模型预测华县以上未来径流,结果显示:2020s 径流量增加 13%,2050s 和 2080s 分别减少 12.2% 和 8.2%。

　　(3) 采用水文统计法和 TOPMODEL 水文模型定量分离了气候变化和人类活动对渭河径流变化的影响。结果表明:人类活动对径流的影响从 20 世纪 70 年代开始占主导位置,气候变化的影响值在 90 年代后略有增大。采用 SWAT 分布式水文模型进一步细化了人类活动对渭河流域径流的影响,定量分离了气候变化、土地利用和其他人类活动三者对径流的影响。结果表明:渭河流域土地利用变化对径流的影响不大但相对平稳,气候变化是渭河流域 1990s 全区和 2000s 上游径流减少的主要因素,而其他人类活动是渭河流域 21 世纪初期下游径流减少的主要驱动力。

（4）界定了河流健康及其健康流量的概念和内涵。河流健康主要体现在保障河流自身基本生存需求的前提下，能够持续地为人类社会提供高效合理的生态服务功能，并实现服务功能综合价值最大化。河流健康流量是用以维持相对稳定的水沙通道、保持适度的水量和良好的水质，维护相对完整的河流生态系统，防止河道功能性断流的一系列流量及其过程。基于"压力-状态-响应"模型框架，构建了渭河流域健康评价指标体系；采用改进的集对分析方法，对渭河流域进行健康评价，评价结果显示：渭河流域系统仅林家村—魏家堡段河流健康综合评价等级为亚健康，其余四个河段均评价为不健康，渭河流域健康生命已受到威胁，河流健康维护工作势在必行。

（5）综合考虑不同河段在不同时段的生态基础流量、自净流量、输沙需水流量和水生生物需水流量，重构了保守保护目标、折中保护目标和最佳保护目标对应下的河流健康流量过程，推求了渭河流域不同保护目标下的健康（生态）需水量。从多年平均来看，保守河流保护目标下，非汛期林家村、魏家堡、咸阳、临潼和华县断面的健康水量依次为 1.58 亿 m³、1.73 亿 m³、3.24 亿 m³、11.56 亿 m³ 和 10.84 亿 m³，汛期输沙水量为 52.61 亿 m³，全年健康需水量为 63.45 亿 m³；折中河流保护目标下，非汛期林家村、魏家堡、咸阳、临潼和华县断面的健康水量为 2.81 亿 m³、4.67 亿 m³、5.99 亿 m³、13.15 亿 m³ 和 12.76 亿 m³，汛期输沙水量为 53.24 亿 m³，全年健康需水量为 66.00 亿 m³；最佳河流保护目标下，非汛期林家村、魏家堡、咸阳、临潼和华县断面的健康水量为 6.55 亿 m³、7.81 亿 m³、17.72 亿 m³、17.19 亿 m³ 和 17.37 亿 m³，汛期输沙水量为 53.24 亿 m³，全年健康需水量为 71.87 亿 m³。

（6）根据水资源开发利用红线控制推求了现状年 2010 年、规划年 2020 年和规划年 2030 年的可供水量，多年平均可供水量分别为 49.97 亿 m³、68.36 亿 m³ 和 73.93 亿 m³；结合渭河陕西段各行业用水现状，科学地确定出基于用水效率控制红线的研究区域不同水平年的用水效率指标，并进行基于用水效率控制红线的需水预测，现状年、2020 年和 2030 年多年平均需水量分别为 66.22 亿 m³、73.86 亿 m³ 和 78.95 亿 m³；根据《陕西省实行最严格水资源管理制度考核（暂行）办法》的要求，陕西省重要水功能区达标率控制目标是 82.4%。

（7）建立了基于"三条红线"的渭河流域水资源配置水质水量耦合模型，构建了现状年和规划水平年水资源系统概化节点图，采用模拟分析法对模型进行了求解。

（8）现状年 2010 年，优先保证河道内生态流量时，多年平均渭河流域供水量为 48.6 亿 m³，缺水量为 17.62 亿 m³，枯水年供水量为 47.06 亿 m³，缺水量为 24.08 亿 m³，各断面生态流量保证率均达到 90% 以上；不优先保证河道内生态基流时，多年平均总缺水量为 16.87 亿 m³，枯水年总缺水量为 23.76 亿 m³。缺水量最大的河段是咸阳至潼关段。

（9）规划水平年 2020 年和 2030 年，结合最严格水资源管理制度，考虑优先保证生态流量、用水效率和削减污染物调控手段，设置了六种方案，通过模型求解，获得了各方案的配置结果。

（10）从水资源配置的目标（"三条红线"控制）出发，构造了经济、社会、生态环境、用水效率和水资源开发利用五个方面的渭河流域水资源合理配置评价指标体系。采用模糊优选模型对渭河流域 2020 年和 2030 年水平年分别拟定的 6 种水资源配置方案进行了综合评价，结果显示，2020 年综合评分值方案 Ⅴ＞方案 Ⅳ＞方案 Ⅲ＞方案 Ⅱ＞方案 Ⅰ＞方案 Ⅵ，2030 年综合评分值方案 Ⅴ＞方案 Ⅳ＞方案 Ⅲ＞方案 Ⅵ＞方案 Ⅱ＞方案 Ⅰ，即 2020 年和 2030 年水平年均推荐方案 Ⅴ（考虑引汉济渭调水、保证生态基流、控制用水效率和污染物消减 40%）为渭河流域水资源合理配置的优选方案。

参 考 文 献

程吉林, 孙学花. 1991. 模拟技术、正交设计、层次分析与灌区优化规划. 江苏农学院学报, 12(3):74.

陈强, 秦大庸, 苟思, 等. 2010. SWAT 模型与水资源配置模型的耦合研究. 灌溉排水学报, 29(1):19-22.

陈宁, 张彦军. 1998. 水资源可持续发展的概念、内涵及指标体系. 地域研究与开发, 17(4):37-39.

陈建耀, 于静洁. 1999. 区域调水规模的指标体系与 PRED 综合论证. 地理研究, 18(4):374-380.

陈仁升, 康尔泗, 杨建平, 等. 2003. TOPMODEL 模型在黑河干流出山径流模拟中的应用. 中国沙漠, 23(4):428-434.

陈峪, 任国玉, 王凌, 等. 2009. 近 56 年我国暖冬气候事件变化. 应用气象学报, 20(5):539-545.

陈雪峰, 陈立, 李义天. 1999. 高、中、低浓度挟沙水流挟沙力公式的对比分析. 武汉水利电力大学学报, 32(5):1-5.

陈俊贤, 蒋任飞, 陈艳. 2015. 水库梯级开发的河流生态系统健康评价研究. 水利学报, 46(3):334-340.

畅建霞, 黄强, 王义民. 2001. 基于改进遗传算法的水电站水库优化调度. 水力发电学报, 74(3):85-90.

畅建霞, 黄强, 王义民, 等. 2002. 南水北调中线工程水量仿真调度模型研究. 水利学报, (12):85-90.

畅建霞, 黄强, 王义民, 等. 2004. 黄河流域水库群多目标运行控制协同方法研究. 中国科学 E 辑:技术科学, 34(S1):175-184.

曹明亮, 张弛, 周惠成, 等. 2008. 丰满上游流域人类活动影响下的降水径流变化趋势分析. 水文, 28(5):87-89.

董哲仁. 2005. 国外河流健康评估技术. 水利水电技术, 36(11):15-19.

董磊华, 熊立华, 于坤霞, 等. 2012. 气候变化与人类活动对水文影响的研究进展. 水科学进展, 23(2):278-285.

董增川, 刘凌. 2001. 西部地区水资源配置研究. 水利水电技术, 32(3):1-4.

丁相毅, 贾仰文, 王浩, 等. 2010. 气候变化对海河流域水资源的影响及其对策. 自然资源学报, 25(4):604-613.

丁晋利, 魏梓桂. 2010. 渭河陕西段水质趋势分析. 水资源与水工程学报, 21(1):141-144.

邓晓宇, 张强, 陈晓宏. 2015. 气候变化和人类活动综合影响下的抚河流域径流模拟研究. 武汉大学学报(理学版), 61(3):262-270.

邓晓军, 许有鹏, 翟禄新, 等. 2014. 城市河流健康评价指标体系构建及其应用. 生态学报, 34(4):993-1001.

丰华丽, 王超, 李剑超. 2002. 河流生态与环境用水研究进展. 河海大学学报(自然科学版),

30(3):19-23.

冯普林. 2005. 渭河健康生命的主要标志及评价指标体系研究. 人民黄河, 27(8):3-6.

冯彦, 何大明, 杨丽萍. 2012. 河流健康评价的主评指标筛选. 地理研究, 31(3):389-398.

郭生练, 郭家力, 侯雨坤, 等. 2015. 基于 Budyko 假设预测长江流域未来径流量变化. 水科学进
　　展, 26(2):1-9.

郭巧玲, 陈新华, 刘培旺, 等. 2014. 窟野河流域径流变化及人类活动对其的影响率. 水土保持
　　通报, 34(4):110-117.

高凡, 闫正龙, 黄强. 2011. 流域尺度海量生态环境数据建库关键技术——以塔里木河流域为
　　例. 生态学报, 31(21):6363-6370.

耿雷华, 王建生, 刘翠善. 2004. 浅谈水资源合理配置评价指标体系. 水利规划与设计, (3):
　　57-59.

黄粤, 陈曦, 包安明, 等. 2009. 干旱区资料稀缺流域日径流过程模拟. 水科学进展, 20(3):
　　332-336.

黄强, 畅建霞. 2007. 水资源系统多维临界调控的理论与方法. 北京:中国水利水电出版社:
　　35-40.

黄昌硕, 耿雷华. 2011. 基于"三条红线"的水资源管理模式研究. 中国农村水利水电, (11):
　　30-36.

黄牧涛, 王乘, 张勇传. 2004. 灌区库群系统水资源优化配置模型研究. 华中科技大学学报(自然
　　科学版), 32(1):93-95.

黄玉瑶. 2001. 内陆水域污染生态学——原理与应用. 北京:科学出版社:9.

黄少华, 陈晓玲, 王汉东, 等. 2009. GIS 环境下的流域水资源优化配置模型. 人民长江, 40(4):
　　65-112.

贺瑞敏, 王国庆, 张建云. 2007. 环境变化对黄河中游伊洛河流域径流量的影响. 水土保持研究,
　　14(2):278-279, 301.

贺瑞敏, 张建云, 鲍振鑫, 等. 2015. 海河流域河川径流对气候变化的响应机理. 水科学进展,
　　26(1):1-9.

何逢志, 任泽, 董笑语, 等. 2014. 神农架林区河流生态系统健康评价. 应用与环境生物学报,
　　20(1):35-39.

韩瑞光, 丁志宏, 冯平. 2009. 人类活动对海河流域地表径流量影响的研究. 水利水电技术,
　　40(3):3-7.

胡顺军. 2007. 塔里木河干流流域生态——环境需水研究. 杨凌:西北农林科技大学博士学位论文.

胡彩虹, 王纪军, 柴晓玲, 等. 2013. 气候变化对黄河流域径流变化及其可能影响研究进展. 气
　　象与环境科学, 36(2):57-64.

郝振纯, 苏振宽, 鞠琴. 2014. 土地利用变化对阜平流域的径流影响研究. 中山大学学报(自然科
　　学版), 53(3):128-133.

贾仰文, 高辉, 牛存稳, 等. 2008. 气候变化对黄河源区径流过程的影响. 水利学报, 39(1):
　　52-58.

蒋卫国. 2003. 基于 RS 和 GIS 的湿地生态系统健康评价——以辽河三角洲盘锦市为例. 地理与

地理信息科学，19(2):28-31.

金君良，王国庆，刘翠善，等.2013.黄河源区水文水资源对气候变化的响应.干旱区资源与环境，27(5):137-143.

刘丙军，陈晓宏.2009.基于协同学原理的流域水资源合理配置模型和方法.水利学报，40(1):60-66.

刘昌明，李道峰，田英，等.2003.基于DEM的分布式水文模型在大尺度流域应用研究.地理科学进展，22(5):437-445.

刘昌明，刘小莽，郑红星.2008.气候变化对水文水资源硬性问题的探讨.科学对社会的影响，(2):21-27.

刘昌明，刘文彬，傅国斌，等.2012.气候影响评价中统计降尺度若干问题的探讨.水科学进展，23(3):427-437.

刘恒，涂敏.2005.对国外河流健康问题的初步认识.中国水利，(4):19-22.

刘纪远，匡文慧，张增祥，等.2014.20世纪80年代末以来中国土地利用变化的基本特征与空间格局.地理学报，69(1):3-13.

刘晓燕，张原峰.2006.健康黄河的内涵及其指标.水利学报，37(6):649-654.

刘晓燕，刘昌明，杨胜天，等.2014.基于遥感的黄土高原林草植被变化对河川径流的影响分析.地理学报，69(11):1595-1603.

刘晓岩，魏加华，刘晓伟，等.2005.黄河水量调度决策支持系统的理论方法与实践.北京:中国水利水电出版社.

刘志方，刘友存，郝永红，等.2014.黑河出山径流过程与气象要素多尺度交叉小波分析.干旱区地理，37(6):1137-1145.

刘学锋，向亮，翟建青.2013.环境变化对滦河流域径流影响的定量研究.自然资源科学，28(2):244-252.

刘文琨，裴源生，赵勇，等.2013.水资源开发利用条件下的流域水循环研究.南水北调与水利科技，11(1):44-49.

李春晖，崔岘，庞爱萍，等.2008.流域生态健康评价理论与方法研究进展.地理科学进展，27(1):9-17.

李国英.2004.黄河治理的终极目标是"维持黄河健康生命".人民黄河，26(1):1-3.

粟晓玲，康绍忠.2009.石羊河流域多目标水资源配置模型及其应用.农业工程学报，25(11):128-132.

骊建强.2008.河流健康复杂系统评价的IFMMAAM.河海大学学报(自然科学版)，36(2):152-156.

罗跃初，周忠轩，孙轶，等.2003.流域生态系统健康评价方法.生态学报，23(8):1606-1615.

梁士奎，左其亭.2013.基于人水和谐和"三条红线"的水资源配置研究.水利水电技术，44(7):1-4.

穆兴民.2000.黄土高原土壤水分与水土保持措施相互作用.农业工程学报，16(2):41-45.

倪用鑫，冉大川，杨二，等.2015.TOPMODEL模型在黄河中游未控区间的应用研究.人民黄河，37(9):24-31.

欧春平,夏军,王中根,等.2009.土地利用/覆被变化对 SWAT 模型水循环模拟结果的影响研究——以海河流域为例.水力发电学报,28(4):125-129.

庞治国,王世岩,胡明罡.2006.河流生态系统健康评价及展望.中国水利水电科学研究院学报,4(2):151-155.

沈大军,孙雪涛.2010.水量分配和调度——中国的实践与澳大利亚的经验.北京:中国水利水电出版社.

宋进喜,李怀恩.2004.渭河生态环境需水量研究.北京:中国水利水电出版社.

宋庆克,汪希龄,胡铁牛.1997.多属性评价方法及发展评述.决策与决策支持系统,7(4):128-138.

宋晓猛,张建云,占车生,等.2013.气候变化和人类活动对水文循环影响研究进展.水利学报,44(7):779-790.

孙超,牛最荣.2009.区域水资源优化配置研究——以甘肃省鄂尔多斯盆地为例.甘肃水利水电技术,45(1):1-2.

孙宁,李秀彬,冉圣洪,等.潮河上游降水-径流关系演变及人类活动的影响分析.地理科学进展,26(5):41-47.

孙天青,张鑫,梁学玉,等.2010.秃尾河径流特性及人类活动对径流的影响分析.人民长江,41(8):48-50.

孙可可,陈进.2011.基于武汉市水资源"三条红线"管理的评价指标量化方法探讨.长江科学院院报,28(12):5-9.

孙雪岚,胡春宏.2008.河流健康评价指标体系初探.泥沙研究,(4):21-27.

邵霜霜,张毓涛,师庆东,等.2015.乌鲁木齐河流域径流与气候变化的年内相关性分析.安全与环境学报,15(1):350-354.

陕西省统计局.2008.陕西省统计年鉴 2008.北京:中国统计出版社.

山成菊,董增川,樊孔明,等.2012.组合赋权法在河流健康评价权重计算中的应用.河海大学学报(自然科学版),40(6):622-628.

唐芳芳,徐宗学,左德鹏.2012.黄河上游流域气候变化对径流的影响.资源科学,34(6):1079-1088.

王钊.2004.广东省水资源演变情势分析.武汉:武汉大学硕士学位论文.

王国庆,张建云,贺瑞敏.2006.环境变化对黄河中游汾河径流情势的影响研究.水科学进展,17(6):853-858.

王浩,陈敏建,秦大庸.2003.西北地区水资源合理配置和承载能力研究.郑州:黄河水利出版社.

王浩,雷晓辉,秦大庸,等.2003.基于人类活动的流域产流模型构建.资源科学,25(6):14-18.

王浩,贾仰文,王建华,等.2005.人类活动影响下的黄河流域水资源演化规律初探.自然资源学报,20(2):157-162.

王浩,李扬,任立良,等.2015.水文模型不确定性及集合模拟总体框架.水利水电技术,46(6):21-26.

王西琴.2007.河流生态需水理论、方法与应用.北京:中国水利水电出版社.

王彦君,王随继,苏腾.2015.降水和人类活动对松花江径流量变化的贡献率.自然资源学报, 30(2):304-314.

王义民,孙佳宁,畅建霞,等.2015.考虑"三条红线"的渭河流域(陕西段)水量水质联合调控研究.应用基础与工程科学学报,23(5):861-872.

王偲,窦明,张润庆,等.2012.基于"三条红线"约束的滨海区多水源联合调度模型.水利水电科技进展,32(6):6-10.

王慧敏,张玲玲,王宗志,等.2004.基于供应链的南水北调东线水资源配置与调度的可行性研究综述.水利经济,22(3):2-4,54-64.

王宗志,胡四一,王银堂.2010.基于水量与水质的流域初始二维水权分配模型.水利学报, 41(5):524-530.

王蔚,徐昕,董壮,等.2016.基于投影寻踪-可拓集合理论的河流健康评价.水资源与水工程学报,27(2):122-127.

吴泽宁.1990.经济区水资源优化分配的多目标投入产出模型.郑州工学院学报,3:81-86.

文伏波,韩奇为,许炯心,等.2007.河流健康的定义与内涵.水科学进展,18(1):140-150.

汪美华,谢强,王红亚.2003.未来气候变化对淮河流域径流深的影响.地理研究,22(1):79-88.

武玮,徐宗学,李发鹏.2012.渭河关中段水文情势改变程度分析.自然资源学报,27(7): 1124-1137.

夏军,王渺林.2008.长江上游流域径流变化与分布式水文模拟.资源科学,30(7):962-967.

夏军,刘春蓁,任国玉.2011.气候变化对我国水资源影响研究面临的机遇与挑战.地球科学进展,26(1):1-12.

夏军,石卫,雒新萍,等.2015.气候变化下水资源脆弱性的适应性管理新认识.水科学进展, 26(2):279-286.

许新宜,王浩,甘泓,等.1997.华北地区宏观经济水资源规划理论与方法.郑州:黄河水利出版社.

许继军,杨大文,刘志雨,等.2007.长江上游大尺度分布式水文模型的构建及应用.水利学报, 38(2):182-190.

谢新民,赵文骏,裴源生,等.2002.宁夏水资源优化配置与可持续利用战略研究.郑州:黄河水利出版社.

谢彤芳,沈珍瑶.2004.涉及生态环境需水的水资源合理配置研究.水利水电技术,35(9): 17-19.

徐宗学.2010.水文模型:回顾与展望.北京师范大学学报(自然科学版),46(3):278-289.

徐斌,何发智,刘攀,等.2015.基于组件模型的地表水资源配置系统设计.南水北调与水利科技,13(3):525-529.

姚治君,管彦平,高迎春.2003.潮白河径流分布规律及人类活动对径流的影响分析.地理科学进展,22(6):600-606.

杨大文,张树磊,徐翔宇.2015.基于水热耦合平衡方程的黄河流域径流变化归因分析.中国科学:技术科学,45(10):1024-1034.

杨新,延军平,刘宝元.2005.无定河年径流量变化特征及人为驱动力分析.地球科学进展,

20(6):633-642.

杨辉辉,王先甲.2008.区域水资源优化配置.珠江现代建设,(6):3-6.

杨文慧,杨宇.2006.河流健康概念及诊断指标体系的构建.水资源保护,22(6):28-32.

杨馥,曾光明,刘鸿亮,等.2008.城市河流健康评价指标体系的不确定性研究.湖南大学学报
　　(自然科学版),35(5):63-66.

杨鹏鹏,黄晓荣,柴雪蕊,等.2015.南水北调西线引水区近50年径流变化趋势对气候变化的
　　响应.长江流域资源与环境,24(2):271-277.

袁兴中,叶林奇.2001.生态系统健康评价的群落学指标.环境导报,(1):45-47.

袁飞,谢正飞,任立良,等.2005.气候变化对海河流域水文特性的影响.水利学报,36(3):
　　274-279.

殷会娟,冯耀龙.2006.河流生态环境健康评价方法研究.中国农村水利水电,(4):55-57.

英爱文,姜广斌.1996.辽河流域水资源对气候变化的响应.水科学进展,7(s1):68-72.

周凤岐,崔敬波,赵松涛.2005.土地利用变化对流域水资源的影响.东北水利水电,23(251):
　　28-29.

周祖昊,王浩,秦大庸,等.2009.基于广义ET的水资源与水环境综合规划研究Ⅰ:(理论).水
　　利学报,40(9):1025-1032.

张翠萍,张原锋,高际萍.1999.渭河下游近期水沙特性及冲淤规律.泥沙研究,(3):17-25.

张泽中,李群,黄强,等.2008.基于河流健康生态环境需水内涵及确定方法.西安理工大学学
　　报,24(2):196-200.

张建生,闫正龙,王晓国,等.2009.塔里木河下游沙漠化土地时空变化遥感分析.农业工程学
　　报,25(10):161-165.

张红武,张清.1992.黄河水流挟沙力的计算公式.人民黄河,(11):7-9.

张翔,邓志民,李丹,等.2014.汉江流域土地利用/覆被变化的水文效应模拟研究.长江流域资
　　源与环境,23(10):1449-1455.

张强,李裕,陈丽华.2011.当代气候变化的主要特点、关键问题及应对策略.中国沙漠,31(2):
　　492-499.

张晶,董哲仁,孙东亚,等.2010.基于主导生态功能分区的河流健康评价全指标体系.水利学
　　报,41(8):883-892.

赵克勤.1998.成对原理及其在集对分析(SPA)中的作用与意义.大自然探索,17(66):90.

赵振武.2004.渭河下游洪水演进数值模拟及防洪减灾对策研究.武汉:武汉大学硕士学位论文.

赵建世,王忠静,翁文斌.2002.水资源复杂适应配置系统的理论与模型.地理学报,57(6):639-
　　647.

赵银军,丁爱中,沈福新,等.2013.河流功能理论初探.北京师范大学学报(自然科学版),
　　49(1):68-74.

朱卫红,曹光兰,李莹,等.2014.图们江流域河流生态系统健康评价.生态学报,34(14):
　　3969-3977.

曾思栋,张利平,夏军,等.2013.永定河流域水循环特征及其对气候变化的响应.应用基础与
　　工程科学学报,21(3):501-511.

曾思栋，夏军，杜鸿，等. 2014. 气候变化、土地利用/覆被变化及 CO_2 浓度升高对滦河流域径流的影响. 水科学进展，25(1):10-20.

左其亭，马军霞，陶洁. 2011. 现代水资源管理新思想及和谐论理念. 资源科学，33(12):2214-2220.

左德鹏，徐宗学，隋彩虹，等. 2013. 气候变化和人类活动对渭河流域径流的影响. 北京师范大学学报(自然科学版)，49(2/3):115-123.

Afzal J, Noble D H, Weatherhead E K. 1992. Optimization model for alternative use of different quality irrigation waters. Journal of Irrigation and Drainage Engineering, 118(2):218-228.

Alejandro F S, Miguel M R, Omar R M. 2007. Assessing implications of land-use and land-cover change dynamics for conservation of a highly diverse tropical rain forest. Biological Conservation, 138(1-2):131-145.

Alvaro S, Germán B, Marina H, et al. 2015. Land use and land cover change impacts on the regional climate of non-Amazonian South America: A review. Global and Planetary Change, 128: 103-119.

An K G, Park S S, Shin J Y. 2002. An evaluation of a river health using the index of biological integrity along with relations to chemical and habitat conditions. Environment International, 28(5):411-420.

Anahita M, Olivier D, Maxime L, et al. 2014. Uncertainty asscociated with river healh assessment in a varying environment: The case of a predictive fish-based index in France. Ecological Indicators, 43:195-204.

Barbour M T, Gerritsen J, Snyder B D, et al. 2002. Rapid Bioassessment Protocols for Use in Streams and Wadeable river: Periphyton, Benthic InverteBrates and Fish. Second edition, 5230-5249.

Beven K, Freer J. 2001. Equifinality, data assimilation, and uncertainty estimation in mechanistic modelling of complex environmental systems using the GLUE methodology. Journal of Hydrology, 249(1-4):11-29.

Bosch J M, Hewlett J D. 1982. A review of catchment experiments to determine the effect of vegetation changes on water yield and evapotranspiration. Journal of Hydrology, 55(1-4):3-23.

Cai X, Mckinney D. 2001. Soloving nonliner water management model using a combined genetic algorithm and linear programming approach. Advances in Water Resources, 2(6):667-676.

Cameron D, Beven K, Naden P. 2000. Flood frequency estimation by continuous simulation under climate change(with uncertainty). Hydrology and Earth System Sciences&Discussions, 4(3): 393-405.

Cayan D R, Kammerdiener S A, Dettinger M D, et al. 2001. Changes in the onset of spring in the western United States. Bulletin of the America Meteorological Society, 82(3):399-416.

Chang J X, Bai T, Huang Q, et al. 2014. Optimization of water resources utilization by PSO-GA. Water Resource Management, 27(10):3525-3540.

Chang J X, Huang Q, Wang Y M. 2014. Genetic algorithms for optimal reservoir dispatching.

Water Resources Management, 14(2):5-15.

Chang J X, Meng X J, Wang Z Z, et al. 2013. Optimized cascade reservoir operation considering ice flood control and power generation. Journal of Hydrology, 519:1042-1051.

Chang J X, Wang Y M, Erkan I, et al. 2014. Impact of climate change and human activities on runoff in the Weihe River Basin, China. Quaternary International, 380-381:169-179.

Chen Y, Xu C, Hao X, et al. 2009. Fifty-year climate change and its effect on annual runoff in the Tarim River Basin, China. Quaternary International, 2009, 208(1-2):53-61.

Chiew F, Memahon T. 1994. Application of the daily rainfall-runoff model Modhydrolog to 28 Australian catchments. Journal of Hydrology, 153(1-4):383-416.

Christensen N S, Wood A W, Voisin N, et al. 2004. The effects of climate change on the Hydrology and water resources of the Colorado river basin. Climatic Change, 62(1-3):337-363.

Cohon J. 1974. Multi-objective programming and planning. Dover:Dover Publications.

Cristina A, Maria J P. 2016. Assessing minimum environmental flows in nonpermanent rivers: The choice of thresholds. Environmental Modelling &Software, (79):120-134.

Dickinson R E, Errico R M, Giorgi F, et al. 1989. Regional climate model for the western United States. Climate Change, 15:383-422.

Dvorak V, Hladny J, Kasparek L. 1997. Climate change hydrology and water resources impact and adaptation for selected river basins in the Czech Republic. Climate Change, 36(1):93-106.

Fairweather P G. 1999. State of environmental indicators of river health:exploring the metaphor. Freshwater Biology, 41:221-234.

Gautam M R, Acharya K, Tuladhar M K. 2010. Upward trend of streamflow and precipitation in a small, non-snow-fed, mountainous watershed in Nepal. Journal of Hydrology, 387(3-4):304-311.

Gleick P H. 1987. The development and testing of a water balance model for climate impact assessment:modeling the Sacramento basin. Water Resources Research, 23(6):1049-1061.

Guo H, Hu Q, Jiang T. 2008. Annual and seasonal streamflow responses to climate and landcover changes in the Poyang Lake basin, China. Journal of Hydrology, 355(1-4):106-122.

Han J C, Huang G H. 2012. Fuzzy constrained optimization of ecofriendly resenoir operation using self-adaptire genetic algorithm:a case study of a casecade reservior system in the Yalong River,China. Ecohydrology,5(6):768-778.

Huang Q, Chang J X, Wang Y M. 2004. Synergy methodology for multi-objective reservoir operation control of reseroirs in Yellow River Basin. China Science E, 47:212-223.

IPCC. 2001. Climate Change 2001:The Scientific Basis. Contribution of working group I to the third assessment report of the intergovernmental panel on climate change. Cambridge, United Kingdom and New York, USA:Cambridge University Press:30-31.

IPCC. 2007a. Climate Change 2007:The Physical Science Basis. Contribution of working group I to the fourth assessment report of the intergovernmental panel on climate change. Cambridge, United Kingdom and New York, USA:Cambridge University Press:10-18.

IPCC. 2007b. Climate Change 2007:Synthesis Report. Contribution of working groups I, II and III to the fourth assessment report of the intergovernmental panel on climate change. Cambridge, United Kingdom and New York, USA:Cambridge University Press:45-50.

Karr. 1999. Defining and measuring river health. Freshwater Biology, 41(2):221-234.

Keppeler E T, Ziemer R R. 1990. Logging effects on streamflow:water yield and summer low flows at Caspar Creek in northwestern California. Water Resources Research, 26 (7): 1669-1679.

Kolb T E,Wagner M R,Covington W W. 1994. Concept of forest health:utilitarian and ecosystem perspectives. Journal of Forestry,1994,92(7):10-15.

Ladson A R, White L J, Doolan J A, et al. 1999. Development and testing of an Index of stream condition of water way management in Australia. Fresh water viol, 41:453-468.

Leopold J C. 1997. Getting a handle on ecosystem health. Science, 276:876-887.

Li F, Zhang Y Q, Xu Z X, et al. 2013. The impact of climate change on runoff in the southeastern Tibetan Plateau. Journal of Hydrology, 505(15):188-201.

Liu Q, Cui B. 2011. Impacts of climate change/variability on the streamflow in the Yellow River Basin, China. Ecological Modelling, 222(2):268-274.

Maja S, Andre G. Savitsky, Daene C. 2005. Optimizing long-term water allocation in the Amudarya River delta:a water management model for ecological impact assessment. Environmental Modeling & Software, 20:529-545.

Marks D H. 1971. A new method for the realtime operation of reservoir systems. Water Resources Research, 23(7):1376-1390.

Masse A. 1962. Design of water resource management. Cambridge:Harvard University Press: 1-8.

Mckinney D C, Cai X. 2002. Linking GIS and water Resource management models:an method an objectoriented method. Environmental Modeling and Software, 17(5):413-425.

Meneses B M, Reis R, Vale M J, et al. 2015. Land use and land cover changes in Zêzere watershed(Portugal)— Water quality implications. Science of the Total Environment, 527-528:439-447.

Merz R, Parajka J, Bloschli G. 2011. Time stability of catchment model parameters:implications for climate impact analysis. Water Resources Research, 47(2):W02531.

Meyer J L. 1997. Stream health:incorporating the human dimension to advance stream ecology. Journal of the North American Benthological Society, 16(2):439-447.

Meyer R K, Biggs H. 1999. Integrating indicators, endpoints and value systems in strategic management of the river of the Kruger National Park. Freshwater Biology, 41(2):254-263.

Middelkoop H, Daamen K, Gellens D, et al. 2001. Impact of climate change on hydrological regimes and water resources management in the rhine basin. Climate Change, 49 (1-2): 105-128.

Mimikou M A, Baltas E A. 1997. Climate change impacts on the reliability of hydroelectric energy production. Hydrological Sciences Journal，42(5)：661-678.

Nemec J，Schaake J. 1982. Sensitivity of water resources system to climate variation. Hydrological Science，27(3)：323-343.

Norma J，Dudley N Z. 1971. Optimization of conjunctive use of surface water and groundwater with water quality constrains. Proceedings of Annual Water Resources Planning and Management Conference，6～9：408-413.

Norris R H，Thoms M C. 1999. What is the river health. Freshwater Biology，41：197-209.

Oberhänsli H，Novotná K，Písková A. 2011. Variability in precipitation，temperature and river runoff in W Central Asia during the past 2000 years. Global and Planetary Change，76(1-2)：95-104.

Pearson D. 1982. The derivation and use of control curves for the regional allocation of water resources. Water Resources Research，7：907-912.

Putz G，Burke J M，Smith D W，et al. 2003. Modelling the effects of boreal forest landscape management upon streamflow and water quality：basic concepts and considerations. Journal of Environmental Engineering and Science，2(S1)：S87-S101.

Rapport D J，Costanza R，Mcmichael A J. 1979. Assessing ecosystem health. Trends in Ecology & Evolution，1998，13(10)：397-402.

Reza R，Sergei S，Babak A. 2015. Optimal water allocation through a multi-objective compromise between environmental，social，and economic preferences. Environmenal Modelling & Software，64：18-30.

Robert C，Petersen J R. 1992. The RCE：a riparian，Ehannel，and environmental inventory for small streams in the agricultural landscape. Freshwater Biology，27：295-306.

Rong G，Yi L，Qi T Z. Effects of projected climate change on the glacier and runoff generation in the Naryn River Basin，Central Asia. Journal of Hydrology，523：240-251.

Roos M. 1987. Possible changes in California snowmelt patterns，22-31.

Sahin V，Hall M J. 1996. The effects of afforestation and deforestation on water yields. Journal of Hydrology，178(1-4)：293-309.

Sercon. 1997. Environment Agency River Habitat Survey：1997 Field Survey Guidance Manual. Wallingford：Center for Ecology and Hydrology，National Environment Research Council，UK.

Shan B Q，Ding Y K，Zhao Y. 2016. Development and preliminary application of a method to assess river ecological status in the Hai River Basin，north China. Science Direct，39(01)：144-154.

Shishani M，Victor K，Richard K. 2014. River health assessment using macroinvertebrates and water quality parameters：A case of the Orange River in Namibia. Original Research Article Physics and Chemistry of the Earth，76-78：140-148.

Simpson J，Norris R，Barmuta L，et al. 1999. National River Health Program. Austrilian River Assessment System，8：2-19.

Sulzman E W，Poiani K A，Kittel T G F. 1995. Modeling human-induced climatic change：A summary for environmental managers. Environmental Management, 19(2):197-224.

Tang L H, Yang D W, Hu H P, et al. 2011. Detecting the effect of land-use change on streamflow, sediment and nutrient losses by distributed hydrological simulation. Journal of Hydrology, 28:172-182.

Tang, Y. 2007. Parallelization strategies for rapid and robust evolutionary multiobjective optimization in water resources applications. Water Resources, 30(3):335-353.

Uthpala P, Basant M. 2014. A framework for assessing river health in peri-urban landscapes. Ecohydrology & Hydrobiology, 14(2):121-131.

Villarreal B, Karwan M H. 1982. Optimization theory and application. Journal of Optimization Theory and Application, 38(1):45-63.

Wang H, Yang Z, Saito Y. 2007. Stepwise decreases of the Huanghe(Yellow River) sediment load(1950~2005): impacts of climate change and human activities. Global and Planetary Change, 57(3-4):331-354.

Wardlaw R, Sharif M. 1999. Evaluation of genetic algorithms for optimal reservoir system operation. Water Resour Plan Manage, 125(1):25-33.

Whipple W. 1998. Water resources:a new era for coordination. Reston,1:45-49.

Wills R, Liu P. 1984. Optimization model for groundwater planning. Journal of Water Resource Planning and Management, ASCE, 110(3):333-347.

Wu S, Li J, Huang G H. 2007. Modeling the effects of elevation data resolution on the performance of topography-based watershed runoff simulation. Environmental Modelling & Software, 22(9):1250-1260.

Xu C Y. 2000. Modelling the effects of climate change on water resources in central Sweden. Water Resources Management, 14(3):177-189.

Xu J, Yang D, Yi Y. 2008. Spatial and temporal variation of runoff in the Yangtze River basin during the past 40 years. Quaternary International, 186(1):32-42.

Xu Z, Liu Z, Fu G. 2010. Trends of major hydroclimatic variables in the Tarim River basin during the past 50 years. Journal of Arid Environments, 74(2):256-267.

Xue Z, Liu J P, Ge Q A. 2011. Changes in hydrology and sediment delivery of the Mekong River in the last 50 years: connection to damming, monsoon, and ENSO. Earth Surface Processes and Landforms, 36(3):296-308.

Yeh. 1985. Resenoir management and operations models: a state of the art-review. Water Resources Research,21(12):1797-1818.

Zhang Q, Xu C Y, Chen Y D, et al. 2009. Spatial assessment of hydrologic alteration across the Pearl River Delta, China, and possible underlying causes. Hydrological Process, 23(11):1565-1574.

Zhang Q,Jiang T, Chen Y D, et al. 2010. Changing properties of hydrological extremes in south china:natural variations or human influences. Hydrological Process, 24:1421-1432.

Zhang X G, Liu Y Y, Fang Y H, et al. 2012. Modeling and assessing hydrologic processes for historical and potential land-cover change in the Duoyingping watershed, southwest China. Physics and Chemistry of the Earth, Parts A/B/C:19-29.

Zhou H C. 2014. Optimization of water diversion based on reservoir operating rules: a case study of the Biliu River reservoir, China. Journal of Hydrologic Engineering, 19(2):411-421.

Zitzler E, Deb, Thiele L, et al. 2000. Comparison of multiobjective evolutionary algorithms: empirical results. Evolutionary Computation, 8(2):173-195.